二酸化炭素・水素分離膜の開発と応用

Developments and Applications of CO₂ or H₂ Permselective Membranes

《普及版／Popular Edition》

監修 中尾真一，喜多英敏

シーエムシー出版

はじめに

　地球温暖化防止は，人類において最大かつ喫緊のグローバルな問題であり，世界中でいろいろな取り組みが試みられている。2015年にパリで開催されたCOP21では，各国が温暖化原因物質である二酸化炭素の削減目標を発表した。我が国は2030年までに2013年比で26％の二酸化炭素の削減を約束しているが，この削減量を達成するためには，発電所などの排出源からの二酸化炭素を分離回収し，地底に隔離・貯留するCCS（Carbon Capture and Storage）技術が必須である。また，低炭素化社会の構築のために，製造業においてはプロセス全般の効率化や低環境負荷型プロセスへの移行が必要になっており，同時に二酸化炭素を排出しない水素の製造，利用技術の開発が重要になってきている。これらのプロセス技術の中で重要な役割を占めているのは分離プロセス技術であるが，従来の分離プロセス技術は大量のエネルギーを消費することから，省エネルギー技術として膜分離プロセス技術が注目されている。本書では，地球温暖化ガスの分離濃縮や水素エネルギー開発など地球持続のための技術開発において期待を集めている二酸化炭素および水素分離膜，さらには膜反応器の研究と開発の現状を紹介し将来を展望する。

　膜による気体分離は1970年代後半の水素分離膜の実用化以来，有機高分子膜が主に用いられてきたが，近年は高選択かつ高透過性の気体分離膜を得るための新しい膜材料の設計指針の探索が続けられ，オングストロームサイズの細孔による分子ふるい能を膜に導入した無機多孔体のシリカ，ゼオライト，分子ふるい炭素や金属有機構造体（MOF）などの新規な分離膜の研究開発が活発化している。膜の実用化には，膜素材の研究開発はもとより，製膜技術，モジュール化技術，分離システムの構築の各要素技術が確立されなければならない。本書ではこれらに関する重要な高分子膜と無機膜の最近の研究成果を多数盛り込み，あわせて，それらの実用化例についても紹介している。また，反応と膜分離を一体化させることでプロセスの効率化を目指す膜反応器の最新の研究成果についても紹介している。今後，ますます重要性を増す，地球持続のための膜分離技術のレビューとして活用していただければ幸いである。さらに，これから研究開発を展開しようとする研究者にとっても多くのヒントが得られるものと確信している。

　最後に，本書をまとめるにあたり，大変ご尽力をいただいたシーエムシー出版の渡邊翔氏に御礼申し上げる。

2018年3月

中尾真一・喜多英敏

普及版の刊行にあたって

　本書は 2018 年に『二酸化炭素・水素分離膜の開発と応用』として刊行されました。普及版の刊行にあたり内容は当時のままであり加筆・訂正などの手は加えておりませんので，ご了承ください。

2024 年 11 月

シーエムシー出版　編集部

執筆者一覧（執筆順）

中尾 真一	工学院大学　先進工学部　環境化学科　教授	
喜多 英敏	山口大学　大学院創成科学研究科　教授（特命）	
田中 一宏	山口大学　大学院創成科学研究科　准教授	
川上 浩良	首都大学東京　都市環境学部　環境応用化学科　教授	
田中 俊輔	関西大学　環境都市工学部　エネルギー・環境工学科　准教授	
長澤 寛規	広島大学　大学院工学研究科　化学工学専攻　助教	
金指 正言	広島大学　大学院工学研究科　化学工学専攻　准教授	
都留 稔了	広島大学　大学院工学研究科　化学工学専攻　教授	
甲斐 照彦	（公財）地球環境産業技術研究機構　化学研究グループ　主任研究員	
神尾 英治	神戸大学　大学院工学研究科　先端膜工学センター　助教	
松山 秀人	神戸大学　大学院工学研究科　先端膜工学センター　教授	
上宮 成之	岐阜大学　工学部　化学・生命工学科　教授	
原 重樹	（国研）産業技術総合研究所　材料・化学領域　ナノ材料研究部門　総括研究主幹	
熊切 泉	山口大学　大学院創成科学研究科　准教授	
谷原 望	宇部興産㈱　ポリイミド・機能品事業部　ポリイミド・機能品開発部　ガス分離膜グループ　グループリーダー	
須川 浩充	ダイセル・エボニック㈱　スペシャリティ製品営業部　マネージャー	
森里 敦	Principal Scientist, Pittsburg Membrane R&D, Process System, Cameron, A Schlumberger Company	
岡田 治	㈱ルネッサンス・エナジー・リサーチ　代表取締役社長	
武脇 隆彦	三菱ケミカル㈱　無機材料研　主席研究員	

矢野 和宏	日立造船㈱　機能性材料事業推進室　分離膜グループ　主管技師
余語 克則	（公財）地球環境産業技術研究機構 化学研究グループ／無機膜研究センター　副主席研究員； 奈良先端科学技術大学院大学　客員教授
藤村 靖	日揮㈱　インフラ統括本部　技術イノベーションセンター 技術研究所　所長
甲斐 慎二	田中貴金属工業㈱　新事業カンパニー　技術開発統括部 金属材料開発部　主任技術員
吉宗 美紀	（国研）産業技術総合研究所　化学プロセス研究部門 膜分離プロセスグループ　主任研究員
原谷 賢治	（国研）産業技術総合研究所　化学プロセス研究部門 膜分離プロセスグループ　元研究副部門長
山本 浩和	NOK㈱　技術本部　機能膜開発部　主事
川瀬 広樹	日本特殊陶業㈱　事業開発事業部　事業開発部　主任
高木 保宏	日本特殊陶業㈱　技術開発本部　戦略技術企画部　課長
伊藤 正也	日本特殊陶業㈱　事業開発事業部　企画管理部　副参事
井上 隆治	日本特殊陶業㈱　技術開発本部　課長
西田 亮一	（公財）地球環境産業技術研究機構　無機膜研究センター 副センター長／主席研究員
伊藤 直次	宇都宮大学　大学院工学研究科　物質環境化学専攻　教授
古澤 毅	宇都宮大学　大学院工学研究科　物質環境化学専攻　准教授

執筆者の所属表記は，2018年当時のものを使用しております。

目　次

【第Ⅰ編　二酸化炭素・水素分離膜の開発と応用】

第1章　二酸化炭素・水素分離膜総論　　喜多英敏

1　はじめに ………………………………… 3
2　膜による気体分離 ……………………… 4
3　高分子膜 ………………………………… 5
4　無機膜 …………………………………… 6
5　おわりに ………………………………… 7

第2章　二酸化炭素分離膜

1　高分子膜 ………………………………… 9
　1.1　セルロース膜 ………… **田中一宏** … 9
　1.2　ポリスルホン膜 ……… **田中一宏** …14
　1.3　ポリイミド膜 ………… **田中一宏** …19
　1.4　Thermally Rearranged（TR）
　　　 Polymer 膜 …………… **川上浩良** …30
　1.5　Polymer of Intrinsic Microporosity
　　　 （PIM）膜 ……………… **川上浩良** …35
　1.6　Mixed-Matrix Membrane（MMM）
　　　 ………………………… **川上浩良** …40
2　無機膜 …………………………………47
　2.1　ゼオライト ………… **喜多英敏** …47
　　2.1.1　はじめに ………………………47
　　2.1.2　ゼオライト膜の製膜 ……………48
　　2.1.3　CO$_2$分離性能 …………………50
　　2.1.4　おわりに ………………………54
　2.2　多孔性金属錯体（MOF）の分離膜
　　　　への展開 ………… **田中俊輔** …55
　　2.2.1　はじめに ………………………55
　　2.2.2　MOFの特性 ……………………55
　　2.2.3　MOFの製膜 ……………………56
　　2.2.4　おわりに ………………………62
　2.3　炭素膜 ……………… **喜多英敏** …66
　　2.3.1　はじめに ………………………66
　　2.3.2　炭素膜の製膜 …………………66
　　2.3.3　CO$_2$分離性能 …………………69
　　2.3.4　おわりに ………………………71
　2.4　シリカ系多孔膜によるCO$_2$分離
　　　 …… **長澤寛規, 金指正言, 都留稔了** …73
　　2.4.1　はじめに ………………………73
　　2.4.2　アモルファスシリカ膜 ………73
　　2.4.3　ゾル-ゲル法によるシリカ系多
　　　　　孔膜の細孔径制御とCO$_2$分離
　　　　　性能 ……………………………74
　　2.4.4　親和性付与によるCO$_2$分離性
　　　　　能の向上：アミノシリカ膜 ……76
　　2.4.5　大気圧プラズマCVDシリカ膜
　　　　　 ………………………………78
　　2.4.6　おわりに ………………………78
　2.5　その他の無機膜 ……… **喜多英敏** …80
　　2.5.1　はじめに ………………………80
　　2.5.2　多孔質ガラス膜 ………………80
　　2.5.3　Dual-Phase 膜 …………………82
3　促進輸送膜 ………………… **甲斐照彦** …84

Ⅰ

3.1 はじめに …………………… 84	4.1 イオン液体膜のCO₂選択透過性能
3.2 促進輸送膜の研究開発動向 ………… 85	…………………………… 90
3.3 おわりに …………………… 87	4.2 イオン液体の設計 …………… 91
4 イオン液体膜 …… **神尾英治，松山秀人** … 89	4.3 イオン液体膜の構造設計 ……… 94

第3章 水素分離膜

1 高分子膜 …………………………… 99	…………………… **原 重樹** … 138
1.1 ポリイミド膜 ………… **田中一宏** … 99	2.3 炭素膜 ……………… **喜多英敏** … 143
1.2 その他の高分子膜 … **喜多英敏** … 106	2.3.1 はじめに ………………… 143
1.2.1 はじめに ………………… 106	2.3.2 炭素膜の構造 …………… 143
1.2.2 高分子の1次構造と気体の透過	2.3.3 水素分離 ……………… 147
選択性との関係 …………… 106	2.3.4 おわりに ……………… 149
1.2.3 水素分離膜 ……………… 107	2.4 ゼオライト膜 ……… **熊切 泉** … 150
1.2.4 おわりに ……………… 110	2.4.1 はじめに ………………… 150
2 無機膜 ……………………………… 111	2.4.2 ゼオライト細孔構造と，ゼオラ
2.1 シリカ膜 …………………… 111	イト膜による水素選択性の発現
2.1.1 ゾル-ゲル法によるシリカ系膜	…………………………… 150
の水素透過特性 …… **金指正言，**	2.4.3 水素分離用のゼオライト膜合成
長澤寛規，都留稔了 … 111	への異なるアプローチ ……… 151
2.1.2 CVD膜 ………… **中尾真一** … 120	2.4.4 ゼオライト膜の水素透過性 … 152
2.2 金属 ……………………… 132	2.4.5 膜構造の影響 …………… 154
2.2.1 パラジウム膜 … **上宮成之** … 132	2.4.6 共存する分子の吸着阻害 …… 154
2.2.2 非パラジウム系金属膜	2.4.7 おわりに ……………… 155

【第Ⅱ編 二酸化炭素・水素分離膜の実用プロセス】

第1章 二酸化炭素分離膜の実用プロセス

1 ポリイミド膜を用いるプロセス ……… 159	1.1.3 二酸化炭素分離 …………… 163
1.1 BPDA系ポリイミド中空糸膜による	1.1.4 おわりに ……………… 164
二酸化炭素分離 …… **谷原 望** … 159	1.2 エボニック製ガス分離膜
1.1.1 はじめに ……………… 159	「SEPURAN®」を用いた効率的なバ
1.1.2 ポリイミド中空糸膜および膜モ	イオガス精製技術および他の展開事
ジュール ………………… 159	例について ………… **須川浩充** … 166

Ⅱ

  1.2.1　バイオガスの分離 ……… 166
  1.2.2　稀有ガスの分離 …………… 168
2　酢酸セルロース膜を用いるプロセス—CO$_2$原油強制回収施設における膜分離法によるCO$_2$分離技術 …… 森里　敦 … 171
 2.1　はじめに ……………………… 171
 2.2　高分子膜による天然ガスCO$_2$分離の歴史 …………………………… 171
 2.3　天然ガス精製プラントにおけるCO$_2$膜分離プロセス ………………… 173
  2.3.1　前処理（Pre-Treatment）…… 173
  2.3.2　SACROC EOR CO$_2$膜分離プラント …………………………… 174
  2.3.3　Denbury CO$_2$膜分離プラント …………………………………… 176
  2.3.4　浮体式生産貯蔵積出設備（Floating Production, Storage and Offloading：FPSO）におけるCO$_2$膜分離 ……………… 177
3　CO$_2$選択透過膜（促進輸送膜）の各種CO$_2$脱分離・回収プロセスへの応用 …………………………… 岡田　治 … 180
 3.1　水素製造プロセスへの応用 ……… 180
  3.1.1　CO$_2$選択透過膜（促進輸送膜）の原理と水素製造プロセスへの適用効果 ……………………… 180
  3.1.2　CO$_2$選択透過膜の開発 ……… 181
 3.2　おわりに ……………………… 187
4　CO$_2$分離・回収（Pre-combustion）のための分子ゲート膜モジュールの開発 …………………………… 甲斐照彦 … 188
 4.1　はじめに ……………………… 188
 4.2　分子ゲート膜 ………………… 189
 4.3　次世代型膜モジュール技術研究組合による分子ゲート膜モジュールの開発 ……………………………… 190
 4.4　おわりに ……………………… 193
5　ゼオライト膜を用いるプロセス ……… 194
 5.1　ゼオライト膜による二酸化炭素分離 ………………………… 武脇隆彦 … 194
  5.1.1　高シリカCHA型ゼオライト膜の特徴と浸透気化特性 ……… 194
  5.1.2　高シリカCHA型ゼオライト膜のCO$_2$分離特性 ……………… 196
 5.2　オールセラミック型膜エレメントによるゼオライト分離膜のガス分離応用 ……………………… 矢野和宏 … 199
  5.2.1　緒言 ……………………… 199
  5.2.2　オールセラミック型膜エレメント …………………………… 199
  5.2.3　ガス分離プロセスに向けた適用 ………………………………… 199
  5.2.4　結言 ……………………… 203
 5.3　CO$_2$分離回収コストの大幅低減を実現可能な革新的ピュアシリカゼオライト膜の開発 ……… 余語克則 … 204
  5.3.1　はじめに ………………… 204
  5.3.2　CO$_2$分離材料としてのピュアシリカゼオライト ……………… 205
  5.3.3　ピュアシリカCHA型ゼオライト膜の開発とCO$_2$分離性能 … 206
  5.3.4　実用化のイメージ・インパクト ………………………………… 207
 5.4　DDR型ゼオライト膜を用いた天然ガス精製プロセス … 藤村　靖 … 209
  5.4.1　DDR型ゼオライト膜の構造と特徴 ……………………… 209
  5.4.2　大面積分離膜エレメントの製造とプロセス化 ………………… 210
  5.4.3　DDR型ゼオライト膜の天然ガ

ス精製プロセスへの適用 …… 211
　5.4.4 DDR 型ゼオライト膜の天然ガ
　　　ス精製プロセスへの適用検討例
　　　　　　　　　　　　　　　　 212
　5.4.5 DDR 型ゼオライト膜分離プロ
　　　セスの開発状況 ………… 213

第 2 章　水素分離膜の実用プロセス

1　水素分離プロセスにおけるパラジウム基
　水素分離膜 ……………… 甲斐慎二 … 214
　1.1　はじめに ……………………… 214
　1.2　パラジウム基水素分離膜を用いた水
　　素高純度化技術 ………………… 214
　1.3　水素分離膜に使用されるパラジウム
　　基合金 …………………………… 215
　1.4　実用プロセスへの応用 ……… 217
　1.5　まとめ ………………………… 219
2　ゼオライト膜を用いるプロセス
　　　　………………………… 余語克則 … 220
　2.1　はじめに ……………………… 220
　2.2　水素精製システムへのゼオライト膜
　　の適用 …………………………… 220
　2.3　ピュアシリカゼオライト膜による水
　　　素精製 …………………………… 222
　2.4　まとめと今後の展望 ………… 224
3　水素精製用カーボン膜モジュールとその
　応用プロセス
　　…… 吉宗美紀, 原谷賢治, 山本浩和 … 226
　3.1　はじめに ……………………… 226
　3.2　有機ハイドライド型水素ステーショ
　　ン構想 …………………………… 226
　3.3　中空糸カーボン膜の開発 …… 227
　3.4　カーボン膜モジュールの製造検討概
　　要 ………………………………… 229
　3.5　モジュール性能評価 ………… 230
　3.6　プロセス設計検討 …………… 231
　3.7　おわりに ……………………… 232

【第Ⅲ編　二酸化炭素・水素分離膜を用いる膜反応器】

第 1 章　膜反応器総論　　都留稔了

1　はじめに ………………………… 235
2　膜反応器の機能による分類 …… 235
3　膜反応器で用いられる分離膜 … 237
4　膜反応器の分類 ………………… 239
5　膜反応器システムの構築 ……… 240
6　膜反応器の産業応用 …………… 242
7　おわりに ………………………… 243

第 2 章　二酸化炭素透過膜を用いる膜反応器　　熊切　泉

1　はじめに ………………………… 245
2　炭化水素を原料とした水素製造への膜反
　応器の適用 ……………………… 245
3　水素選択透過膜，または，二酸化炭素選

択透過膜を適用したプロセスの違い … 246
　4　水性ガスシフト反応への二酸化炭素分離
　　技術の適用 ……………………………… 248
　5　高温二酸化炭素分離技術の適用 ……… 248
　6　おわりに ………………………………… 251

第3章　水素透過膜を用いる膜反応器

1　メタン水蒸気改質膜反応器 …………… 253
　1.1　多孔質膜
　　　…**都留稔了, 長澤寛規, 金指正言**… 253
　　1.1.1　はじめに ……………………… 253
　　1.1.2　シリカ膜の耐水蒸気性および水
　　　　　素選択性の向上 ……………… 253
　　1.1.3　触媒膜の開発と膜反応器への応
　　　　　用 ………………………………… 255
　　1.1.4　まとめ ………………………… 257
　1.2　触媒一体化モジュール …**川瀬広樹,**
　　　　髙木保宏, 伊藤正也, 井上隆治… 259
　　1.2.1　はじめに ……………………… 259
　　1.2.2　開発背景 ……………………… 259
　　1.2.3　MOCの構造・動作原理 …… 260
　　1.2.4　MOCの耐久性 ……………… 261
　　1.2.5　MOCの耐久性を支える3つの
　　　　　対策 …………………………… 262
　　1.2.6　さらなる耐久性の向上のために
　　　　　………………………………… 264
　　1.2.7　おわりに ……………………… 264
2　MCH脱水素膜反応器 … **西田亮一**… 265
　2.1　はじめに ……………………………… 265
　2.2　水素社会構築とエネルギーキャリア
　　　としてのメチルシクロヘキサン
　　　（MCH） ……………………………… 265
　2.3　MCH脱水素用膜反応器の開発 … 267
　　2.3.1　水素分離膜の長尺化 ………… 268
　　2.3.2　脱水素プロセスの低コスト化
　　　　　………………………………… 269
　　2.3.3　その他課題への対応 ………… 271
　2.4　おわりに ……………………………… 273
3　アンモニア分解-脱水素膜反応器
　　　……………… **伊藤直次, 古澤　毅**… 274
　3.1　水素貯蔵輸送材料としてのアンモニ
　　　ア ……………………………………… 274
　3.2　アンモニア分解による水素製造の課
　　　題 ……………………………………… 275
　3.3　低温分解に活性な触媒の探索 …… 276
　　3.3.1　アンモニア分解触媒の現状 … 276
　　3.3.2　低温活性触媒の調製 ………… 276
　3.4　低温下で耐久性のあるパラジウム複
　　　合膜の開発 …………………………… 278
　　3.4.1　Pd/Pt/Al$_2$O$_3$複合膜 ………… 279
　　3.4.2　Pd/Ti/Al$_2$O$_3$複合膜試験 …… 281
　3.5　膜反応器によるアンモニア分解の促
　　　進 ……………………………………… 282
　　3.5.1　CVD法による管状パラジウム
　　　　　膜の作製 ……………………… 282
　　3.5.2　メンブレンリアクターによるア
　　　　　ンモニア分解 ………………… 285
4　シリカ膜を用いる硫化水素の熱分解膜反
　　応器 ………………… **中尾真一**… 287
　4.1　水素化脱硫と硫化水素の熱分解反応
　　　………………………………………… 287
　4.2　シリカ膜の製膜と膜反応器 ……… 288
　4.3　膜反応器の性能 …………………… 289

第Ⅰ編
二酸化炭素・水素分離膜の開発と応用

第1章　二酸化炭素・水素分離膜総論

喜多英敏*

1　はじめに

　地球温暖化の防止に向けたCOP21が，2015年11月にパリで開催され，2020年以降の温暖化対策の国際枠組み（パリ協定）が2015年12月に締結され，2030年に向けた各国の削減目標が決定された。日本は2030年には2013年度排出量の26％減を目標としているが，欧州では2050年までに，二酸化炭素の排出量を1990年の水準から80％以上削減する意欲的な目標が掲げられている。いずれにしても，低炭素化社会の構築のために，製造業においてはプロセス全般の効率化や低環境負荷型プロセスへの移行が必要になっている。特に分離プロセスにおいて大量のエネルギーを消費することから，新エネルギー・省エネルギー関連技術として膜分離プロセスが注目されている。図1は科学技術振興機構の研究開発戦略センターが2015年度にまとめた分離工学

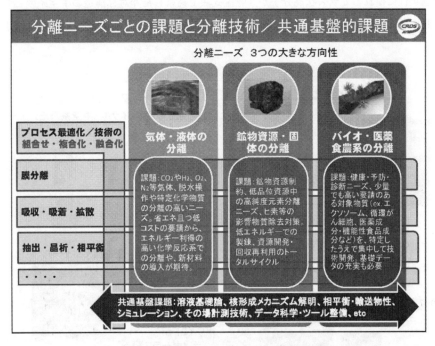

図1　分離工学イノベーション

---

*　Hidetoshi Kita　山口大学　大学院創成科学研究科　教授（特命）

イノベーションの概念図である。分離工程では，従来，蒸留プロセスが多用されてきた。例えば，石油化学産業の消費するエネルギー内の約40％を蒸留操作が占め，低エネルギーの分離技術が求められている。一方，気体分離では温暖化ガス（CO_2）の分離・回収の必要性，水素社会をめざした高純度の水素の分離・貯蔵が重要になっている。

2　膜による気体分離

膜分離技術は，医療・食品関連分野では透析膜やろ過膜として血液や食品の分離精製・濃縮に利用され，水処理関連分野では大規模に海水淡水化や浄水技術をはじめ下水・廃水処理にも利用され，さらに半導体産業を支える超純水の製造にも欠かせない技術となっている。これらの分野では高分子膜による実用化が世界中で進んでいる。

膜による気体分離では図2に示すように，1970年代後半に高分子膜による水素分離が実用化し，その後，炭酸ガス分離（天然ガスやランドフィルガスからの分離），空気分離（窒素富化あるいは酸素富化ガスの製造），空気の除湿，揮発性有機化合物（VOC）の空気からの分離などに適用されてきた。膜素材としては，溶解度選択性を利用したVOCの分離に用いられるシリコンゴム膜（膜モジュールはスパイラル型）の他は，酢酸セルロース，ポリスルホン，ポリイミドなど拡散選択性に優れるガラス状高分子が，乾湿式法で紡糸した非対称構造の中空糸膜として主に用いられてきた。膜分離装置は小型で運転操作およびメンテナンスが容易であること，小容量で

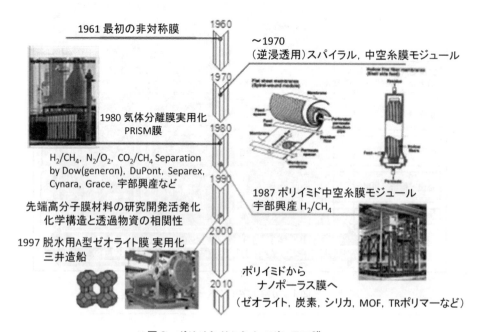

図2　ポリイミドからナノポーラス膜へ

第1章　二酸化炭素・水素分離膜総論

の処理が可能である等の特徴を有している。高分子気体分離膜の需要は窒素富化，次いで炭酸ガス，水素分離の順となっているが，近年，地球温暖化ガスの分離濃縮への適用も注目されている。

一方，無機膜による気体分離は米国のマンハッタン計画の中で多孔質膜が6フッ化ウラン-235の濃縮で大規模に使用された以外は近年まで注目されることが少なかった。緻密膜である金属パラジウム膜以外は，従来の無機多孔質素材では細孔径が大きく高い分離選択性が得られないが，近年サブナノメートルサイズの細孔をもつ無機多孔質膜の研究が活発化し，本書で紹介されているシリカ膜，ゼオライト膜，炭素膜では優れた分離選択性が報告され注目されている。

3　高分子膜

本書では最近の高分子膜による気体分離の研究開発の現状について，二酸化炭素分離膜（セルロース，ポリスルホン，ポリイミド，TR，PIM，MMM）と水素分離膜（ポリイミドとその他の高分子膜）にわけて紹介されている。さらに，実用化プロセスとして酢酸セルロース膜とポリイミド膜が，地球温暖化ガスの分離濃縮への適用例として促進輸送膜が紹介されている。

非多孔質の高分子膜の気体透過挙動は溶解拡散モデルで説明され，透過係数 $P\,[\mathrm{cm}^3(\mathrm{STP})\mathrm{cm}/(\mathrm{cm}^2\,\mathrm{s}\,\mathrm{cmHg})]$ は溶解度係数 $S\,[\mathrm{cm}^3(\mathrm{STP})/(\mathrm{cm}^3\,\mathrm{cmHg})]$ と拡散係数 $D\,[\mathrm{cm}^2/\mathrm{s}]$ の積で表される。気体分子は高分子膜中へ溶解し，高分子鎖の熱運動で生じる間隙を高圧側から低圧側に拡散する。A, B 2成分気体の透過選択性は透過係数比 $P_\mathrm{A}/P_\mathrm{B}$（理想想分離係数）で表すことができ，溶解選択性（$S_\mathrm{A}/S_\mathrm{B}$）と拡散選択性（$D_\mathrm{A}/D_\mathrm{B}$）の積として表せる。

高性能な気体分離膜素材の分子設計指針を得ることを目的に，一次構造を広範囲に系統的に変え気体の透過選択性との関係がこれまでに様々な高分子膜で調べられている。主要な高分子膜については本書の各論で紹介されている。熱的・化学的安定性および機械的特性に優れ実用的素材であるポリイミドについては，特にその化学構造と気体の透過選択性との関係が詳細に明らかになっている。すなわち，ポリイミドの一次構造に溶解度係数はあまり依存しないが，拡散係数および拡散選択性は著しく依存する。ポリイミドのようなガラス状高分子では，凍結された高分子鎖間隙が拡散に寄与するので，その体積分率および，その平均サイズとサイズ分布が拡散係数を支配する主な因子である。さらに，高分子鎖の局所運動および側鎖の運動は，サイズの揺らぎを生じ，拡散係数を増加させるが，同時に分子ふるい効果を低減する結果，拡散選択性を減少させることになる。一連のポリイミドやポリスルホンの分子構造と透過物性の相関性についての研究で，高透過・高分離性を実現するためには，高分子鎖が剛直でかつ非平面構造（繰り返し単位中の芳香環が互いに捻れた構造）をとり，高分子鎖の充填を阻害すると同時に，局所運動性を抑制するように分子設計する必要が明らかとなっている。しかし，一次構造から拡散選択性を制御するだけでは，得られる膜の分離性能に限界があるので，光架橋などで，分子鎖間隙のサイズとその分布について直接的制御を図ることが考えられている。その際の評価法として近年，陽電子消滅寿命測定法から高分子膜の自由体積孔を評価する試みが提案されている。

さらに，種々の高分子膜の化学構造と透過選択性の相関についての探索が進むと共に，選択性の高い膜は透過性が小さく，透過性が大きくなると選択性が小さくなるトレードオフの関係がより明瞭になり，膜性能の上限が明らかになってきた。このため，高選択かつ高透過性の分離膜を得るための新しい分子設計指針として，高分子膜では本書のTR膜やPIM膜の項で紹介されているように，サブナノメートルサイズの細孔による分子ふるい能を膜に導入する検討が始まっている。あわせて，高分子膜の優れた製膜性や生産性は実用化においては非常に重要な性質であり，分離膜は実用化を念頭に置いてはじめて意味を持つことから，分離膜の設計指針として高分子と無機分子ふるいとのハイブリット膜（Mixed Matrix Membrane）の研究も活発になっている。詳細はMMMの項を参照されたい。

一方，透過分子の大きさと形状が類似している CO_2/N_2 分離系に対しては従来の高分子膜の拡散選択性は小さく，大規模な燃焼排ガス発生源から二酸化炭素を分離回収できる高性能な気体分離膜を得るために二酸化炭素と強い親和性のある物質を導入し溶解選択性を上げる工夫がなされている。関連した話題として本書では促進輸送膜を取り上げている。

4 無機膜

無機膜の製膜ではアルミナ，シリカ，チタニアなどの金属酸化物，炭化ケイ素，窒化ケイ素や金属粉の焼結法が主な製膜法である。多孔質セラミックスもファインセラミックスの製造工程と同様に，原料−混練−成形−乾燥−焼成−加工を経て製造される。多孔質セラミックスの代表的な用途は，自動車排気ガス浄化用触媒担体とディーゼル車から排出される黒鉛微粒子浄化用ディーゼル・パティキュレート・フィルター（DPF）で，その他に断熱材とセラミックスフィルターがある。セラミックスフィルターの分離膜への応用は精密ろ過膜や限外ろ過膜の範囲で，上・下水の水処理，ビール・酒類や食品，バイオリアクターなどでの菌類除去などへ用途が広がっている。一方，細孔径が数nm以下のメソ孔やミクロ孔レベルの多孔質膜では，粉末粒子の焼結では細孔径を小さくできないので，ゾルゲル法やCVD法によりアルミナ，シリカ，チタニアやジルコニア膜，前駆体高分子の熱分解法で炭素膜，水熱合成法でゼオライト膜，分相法で多孔質ガラス膜が製膜されている。なお，これらのナノレベルの細孔を持つ多孔質膜では機械的強度を有する多孔質支持体（細孔径100 nm〜1 μm）の上にナノレベルの細孔を有する層を薄膜に製膜した複合膜の構造が一般的である。この場合の支持体には，硬度，耐熱性，耐摩耗性，耐食性に優れ，セラミックス材料として最も広く使用されて市販品が入手しやすい α−アルミナ多孔質支持体が多く用いられている。また，無機膜の形態は，高分子と同様の平膜と管状膜に加えて，れんこんあるいはハニカム状の成形体が使用される。

多孔体に含まれる細孔は細孔径によってミクロ孔（〜2 nm），メソ孔（2〜50 nm），マクロ孔（50 nm〜）に分類されているが，サブナノメーターサイズの分子径の水素や二酸化炭素分子の多孔質膜による分離では，膜に開いた孔に対する気体分子の透過性の差を利用して分離するもの

第1章　二酸化炭素・水素分離膜総論

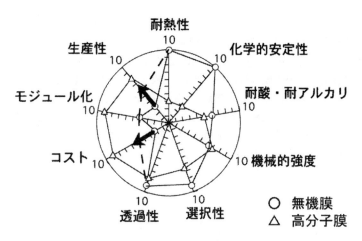

図3　高分子膜と無機膜の比較

で，透過する物質の種類，条件，膜の孔径などにより，クヌーセン拡散，表面拡散，毛管凝縮またはミクロポアフィリングおよび分子ふるいによる分離に分類され，高い分離性は分子ふるい機構と二酸化炭素の場合はミクロ孔中での表面拡散，毛管凝縮またはミクロポアフィリング，で発現できる。

5　おわりに

従来の実用化している高分子膜と比較すると，図3に示すように透過性能や膜の安定性で無機膜は評価が高いが，生産性やコストの点で今後一層の検討が必要で，無機膜と高分子膜の長所を生かした複合膜の検討も盛んである。さらに，無機膜にはこれまでの高分子膜では実用化していない高温での分離，炭化水素や非水溶媒系での分離や触媒膜として膜リアクターなど様々な応用展開が期待され，本書でも第Ⅲ編で詳細に紹介されている。今後は両方の膜の研究開発の進展と共に，化学工業における膜分離プロセスの重要性がますます拡大していくものと思われる。

文　献

1) R. W. Baker, Membrane Technology and Application 3rd Ed., Wiley (2012)
2) L. M. Robeson, *J. Membr. Sci.*, **320**, 390 (2008)
3) L. M. Robeson *et al.*, *J. Membr. Sci.*, **453**, 71 (2014)
4) "Special issue of *Polymer* on porous polymers", *Polymer*, **55**, 302-452 (2013)

5) 特集"環境・エネルギー問題と膜",膜, **29**, 250-300 (2004)
6) 特集"水素と膜分離",膜, **30**, 2-45 (2005)
7) 特集"無機多孔質薄膜の新展開",膜, **30**, 232-253 (2005)
8) 特集"水素製造のための膜分離技術の進展",膜, **31**, 258-274 (2006)
9) 特集"低炭素化社会へ貢献する分離膜",膜, **36**, 84-121 (2011)
10) 特集"次世代エネルギー技術で期待される分離膜",膜, **37**, 60-94 (2012)
11) 日本膜学会編,膜学実験法―人工膜編,日本膜学会 (2006)
12) 吉川正和監修,機能膜技術の応用展開,シーエムシー出版 (2011)

第2章　二酸化炭素分離膜

1　高分子膜
1.1　セルロース膜

田中一宏*

　セルロースは地球上で最も多量に生産される再生可能な高分子材料である。直鎖状の多糖類で，1つの繰り返し単位に3つの水酸基を持つ。熱分解温度（250℃）以下では溶融しないので，膜に成形するためには溶液にする[1]。しかし，多様な水素結合による強固な二次構造の形成のため水にも一般の有機溶媒にも溶けない。そこで，水酸基を化学修飾して水素結合の形成を阻害し可溶性を付与する必要がある[1]。同じ置換基でも繰り返し単位当たりの置換基の数，置換度（0～3），により溶解性は大きく異なる。入手しやすいセルロール系の膜材料は水酸基の一部をアセチル基に置換した酢酸セルロースである。その化学構造を図1に示す。一般に置換度が2.4のものを二酢酸セルロース，置換度が2.9のものを三酢酸セルロースと呼ぶ。前者はアセトンに可溶であるが後者はアセトンに溶けにくい。

　酢酸セルロースの第一の特徴は製膜性に優れていることである。世界で初めて非対称膜化に成功した高分子材料である[2]。非対称膜とは，一方の表面にのみ非常に薄くて欠陥のない「緻密なスキン層」が存在し，それ以外の部分は微細な多孔質構造になっている膜である。膜の厚みのほとんどの部分を占める多孔質部分は膜の機械的強度を維持し，物質の透過に対する抵抗は小さくなければならない。スキン層から膜の反対側に向かって孔サイズが連続的に大きくなるようなマクロな孔が三次元的に連結する構造となるように作られる。スキン層の厚みは0.1～1μmであ

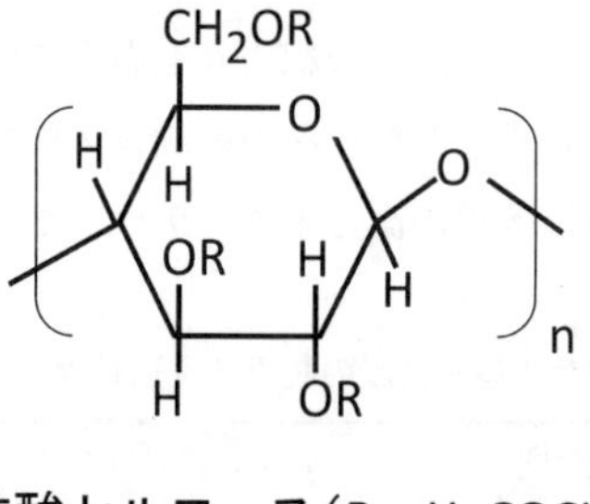

酢酸セルロース（R = H, COCH$_3$）

図1　酢酸セルロースの化学構造

---

*　Kazuhiro Tanaka　山口大学　大学院創成科学研究科　准教授

る。酢酸セルロースをアセトンに溶解し，溶液を適当な基板に薄く塗布して所定時間経過した後，非溶媒である水に浸漬，乾燥することで非対称膜が作られる。非対称膜は分離性を発現するスキン層と膜の強度を保持する多孔質部分が1つの材料でできている。スキン層と多孔質層を連続的に形成できる素材は製膜性に優れた素材に限定される。また，分離性に直接は関与しない多孔質層が大半を占めるので実用化する場合はある程度安価な材料に限られる。高い分離性と透過性を兼ね備えていても製膜性の悪い材料や高価な材料は安価な材料で作製した多孔質部の上にスキン層として薄膜化する方法も採用される。このような形態の膜は複合膜と呼ばれる。

　酢酸セルロースの非対称膜は海水の淡水化などに用いられる逆浸透膜の透過量を実用レベルに上げるために開発されたものである。この技術は逆浸透膜だけでなく，ガス分離膜を含めた多くの分離膜の実用化にも貢献している。酢酸セルロースの非対称膜そのものも，逆浸透膜に加えてガス分離膜への実用化が1980年代中頃[3]には達成された。

　非対称膜の膜モジュールの形態は2種類ある。一つは細長いストロー状の中空糸膜に成形したもので，ストローの壁が非対称構造になっているもの，もう一つは平らな非対称膜にスペーサーを重ねてロール状に巻いて大面積化したスパイラル型膜モジュールである。この2種類の膜モジュールに成形された酢酸セルロースが，現在でも二酸化炭素分離膜として多数利用されている[4]。

　表1に酢酸セルロースの純ガスに対する透過係数とガラス転移温度および結晶化度を示す[5]。置換度が増加するとガス透過係数は増加する。置換度が高い膜は高い結晶化度を示している。通常の高分子膜の結晶部はガスに対して不透過部として働く。したがって，置換度の増加に伴うアモルファス部分の透過係数の増加は表1の数値以上である。水素結合の数が減り高分子鎖の運動性が増加したためと考えられる。結晶化度の増加も高分子鎖の運動性が関与していると考えられる。逆に，透過係数の比で評価した理想分離係数は置換度の増加に伴い減少する。

　図2に酢酸セルロース膜のガス透過分離特性と他の高分子膜との比較を示す。ここでは他の高分子膜の透過分離特性をRobesonによりまとめられた高分子膜のガス透過分離特性の上限線で示している[6]。この線は，いろいろな化学構造の高分子膜に対して報告された膨大な文献値を透過性と分離性の両対数でプロットした時，その線よりも右上にデータが存在しないような直線のことである。主に供給圧力が1 atm程度と低い圧力の純ガスに対する透過係数のデータから作成されている。この線の左下の領域に多数の高分子膜のデータが存在することを意味する。純ガス

表1　置換度の異なる酢酸セルロース膜の純ガス透過特性（35℃, 1 atm）と諸物性値[5]

置換度	T_g [℃]	結晶化度 [%]	透過係数 [Barrer] H_2	CO_2	CH_4	理想分離係数 H_2/CH_4	CO_2/CH_4
1.75	205	27	6.1	1.8	0.052	116	35
2.45	187	37	12	4.8	0.15	80	32
2.84	185	52	16	6.6	0.20	78	33

T_g：ガラス転移温度，理想分離係数＝純ガス透過係数の比。

第2章　二酸化炭素分離膜

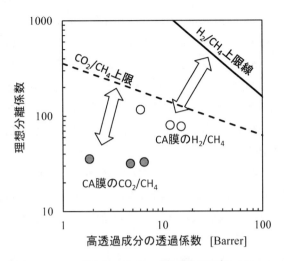

図2　酢酸セルロース緻密膜の純ガス透過分離特性[5]（35℃, 1 atm）と Robeson の上限線[6]

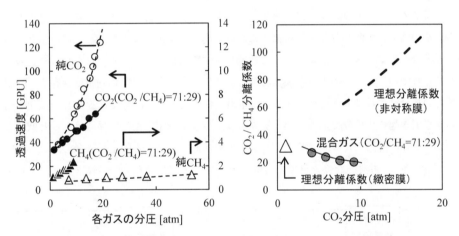

図3　酢酸セルロース非対称膜の純ガス透過実験と混合ガス透過実験の比較（室温，透過側圧力は大気圧）[7]
(a)CO_2 と CH_4 の透過速度の分圧依存性，(b)CO_2 と CH_4 の透過速度の比。緻密膜の理想分離係数は表1の値[5]を示す。

を用いた基礎研究データを見る限り，酢酸セルロースは分離膜素材として特に優れているわけではないことがよくわかる。

　実際にガス分離膜が用いられている天然ガスの精製プロセスにおける供給ガス圧力は 40 atm 以上であり，図2のデータが集められた条件に比べて高い圧力である[4]。このような高い圧力では分離性が大きく低下することが知られている。図3に高圧における混合ガス透過実験と低圧の純ガス透過実験を比較した研究結果を示す[7]。CO_2 の純ガス透過速度は供給圧力の増加に伴い急

激に増加する。1 atm に比べて 20 atm における CO_2 透過速度は 3 倍以上になる。これは膜に溶解した CO_2 分子による可塑化の結果である。可塑化とは高分子鎖の主鎖の運動が促進され高分子膜が柔軟になる現象である。溶解した CO_2 分子は高分子鎖間隙に入り込み高分子鎖の間隙を広げ，高分子鎖間の相互作用を弱める。その結果，高分子鎖の運動が促進される。CO_2 分子は重い物の下に丸い棒などを入れ移動しやすくする転（ころ）のような役割をする。高分子鎖の運動性の増加により CO_2 分子の拡散係数が指数関数的に増加するので透過係数の急激な増加が観測される[8]。実際，CO_2 の溶解度は 5～10 wt％にもなり，膜は膨潤する。ガスの溶解に伴うマクロな膨潤現象は Dilation と呼ばれ，いろいろな高分子膜に対して CO_2 以外のガスでもその寸法変化が観測されている[9]。CH_4 の純ガス透過速度は 50 atm を超えても 1.5 倍程度しか増加しない。CH_4 の溶解度は CO_2 の 1/7 程度であるため[5]，可塑化効果が小さいと考えられる。この結果，純ガスの透過速度の比である理想分離係数は圧力の増加に伴い大きく増加することになる。見かけ上，透過速度と分離係数が増加するかのような結果となるが，実際に混合ガスで透過実験を行うと，各ガスの透過速度の比はむしろ減少する。共存する CO_2 の可塑化により活性化された高分子鎖の運動は CH_4 の拡散係数を増加させ，透過速度が増加する。混合ガスにおける CH_4 の透過速度は，同じメタン分圧の純ガス透過速度より大きく，10 atm 付近で比較すると 3 倍以上になっている。その結果，実際の分離係数は高圧において理想分離係数よりも著しく低い値となる。

図2で酢酸セルロースの右上に位置する性能を示す膜素材としていろいろな化学構造のポリイミドが知られているが，そのような膜素材でも図3に示すような可塑化効果は存在し，酢酸セルロースと同様分離係数は大きく減少する[10]。産出される天然ガスに含まれる H_2S や炭化水素も可塑化効果を引き起こす成分であるため，実際の利用環境で測定した分離係数はもっと低くなり，結果的に，既存の酢酸セルロース膜よりも高い分離性能を保持する膜素材は今のところない，と指摘されている[4]。古典的な膜素材である酢酸セルロースが今でも実際の膜素材として利用され

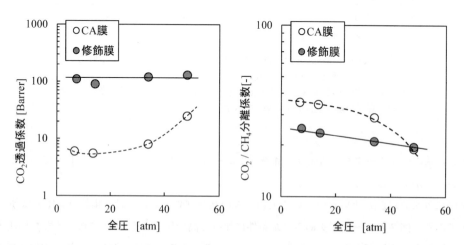

図4　ビニルトリメトキシシラン修飾した酢酸セルロース膜の CO_2/CH_4 混合ガス透過分離特性[11]
（3成分混合ガス（$H_2S/CO_2/CH_4$ = 20/20/60），35℃）

第2章　二酸化炭素分離膜

続けている理由は様々あると考えられるが，安価な材料であること，製膜性に優れていること，この性能でもアミン吸収法に比べてメリットが出るような用途があるためと推測される。逆に言えば，ある程度の分離性能を安定して示す安価な CO_2 分離膜素材が現れれば置き換わる可能性の高い膜素材でもある。

　可塑化効果は高濃度で膜に溶解した CO_2 分子により膜が膨潤し，高分子鎖間の相互作用が弱まり主鎖の運動が活発化する現象である。これを架橋により抑制しようという研究が複数ある。このうち，ビニルトリメトキシシランを酢酸セルロースの側鎖に導入し，ゾルゲル反応により架橋を形成した膜の CO_2/CH_4 透過分離性は興味深いものである[11]。図4にその結果を示す。架橋した膜の CO_2 の透過係数は未修飾膜よりも高い値を維持している。これは化学修飾に伴う結晶化度の低下とガラス転移温度の低下によると説明されている。分圧が増加しても CO_2 透過係数の増加は見られない。分離係数は低い圧力では未修飾膜よりもやや低いものの，48 atm での分離係数は同じである。可塑化効果を抑制しているわけではないが，高圧における大きな膨潤を防ぐことで H_2S が高濃度で高圧という厳しい条件における透過分離性能が改善されているものとみられる。安価な方法で実用性が高いと述べられている。

文　　献

1) 磯貝　明ほか，セルロースの科学，朝倉書店（2003）
2) S. Loeb *et al.*, US Patent 3133132（1964）
3) W. A. Schell, *J. Membr. Sci.*, **22**, 217（1985）
4) R. W. Baker *et al.*, *Ind. Eng. Chem. Res.*, **47**, 2109（2008）
5) A. C. Puleo *et al.*, *J. Membr. Sci.*, **47**, 301（1989）
6) L. M. Robeson, *J. Membr. Sci.*, **320**, 390（2008）
7) M. D. Donohue *et al.*, *J. Membr. Sci.*, **42**, 197（1989）
8) S. A. Stern *et al.*, *J. Membr. Sci.*, **7**, 47（1980）
9) Y. Kamiya *et al.*, *Macromolecules*, **33**, 3111（2000）
10) A. Bos *et al.*, *Sep. Purif. Technol.*, **14**, 27（1998）
11) C. S. K. Achoundong *et al.*, *Macromolecules*, **46**, 5584（2013）

1.2 ポリスルホン膜

田中一宏[*]

　芳香族ポリスルホンは150℃以上のガラス転移温度を示すスーパーエンジニアリングプラスチックであるが，比較的低価格で入手可能な合成高分子である。酢酸セルロースと同じく優れた製膜性に特徴がある。非対称膜の作製も可能で，ガス分離膜の他にも，限外ろ過膜，精密ろ過膜，透析膜などとして販売されている[1]。

　ポリスルホンは主鎖にスルホン結合（$-SO_2-$）を持つところに特徴がある。芳香環がスルホン結合とエーテル結合あるいはイソプロピリデン結合で連結した化学構造のものが多い。中でも図1に化学構造を示すPSF，PES，PPSUの3種類は工業的に生産されている。いずれも非晶質でガラス転移温度は200℃前後と高い。図1にはSolvay社が販売しているポリスルホンの商標も示す[1]。図1とは異なる略号が用いられる場合もある。Radelを用いていると明記しているのにタイトルや本文中でポリエーテルスルホンと書いている学術論文もある。後述するようにこの3種類のガス透過性の差は大きくはないが注意を要する。

　一般にポリスルホンはビスフェノールと活性芳香族ジハライドの2種類のモノマーから合成される。化学構造の異なる2種類のモノマーの組み合わせにより系統的に化学構造が異なるポリスルホンを合成することができる[2〜4]。化学修飾によりポリスルホンのフェニレン環にニトロ基，

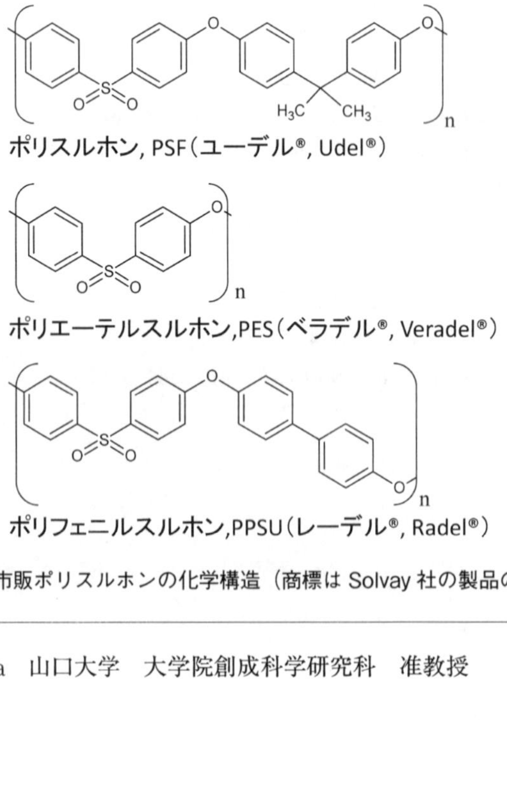

ポリスルホン, PSF（ユーデル®, Udel®）

ポリエーテルスルホン, PES（ベラデル®, Veradel®）

ポリフェニルスルホン, PPSU（レーデル®, Radel®）

図1　市販ポリスルホンの化学構造（商標はSolvay社の製品のもの）

---

[*] Kazuhiro Tanaka　山口大学　大学院創成科学研究科　准教授

第 2 章 二酸化炭素分離膜

トリメチルシリル基[5]，アミノ基[6]などの置換基を導入することもできる。ポリスルホンは実用的な高性能材料でありながら化学修飾も可能なため，化学構造とガス透過分離特性の関係を調べる素材としても使われたことがあり，化学構造の異なる多くのポリスルホンのガス透過性が報告されている[7]。図 2 にその例を示す。

表 1 は文献に報告されている主なポリスルホンの純ガスに対する透過分離特性とガラス転移温度である。主鎖に易動性のエーテル結合が少なく，置換基などの位置が結合軸に対して対称的で，分子間力を強める極性基などが存在するものほどガラス転移温度が高くなる傾向がある。一般的な耐熱性高分子の傾向[8]と同じである。

表 1 のポリスルホン類の CO_2 の透過性の違いは主に高分子鎖の充填密度の違い，充填密度がどれだけ疎であるか，を反映している。通称「自由体積」と呼ばれる高分子鎖間の隙間をガス分子は拡散する。密度から評価した自由体積の分率が高いほど透過性が高いという相関関係がある。主鎖が剛直（柔軟性が乏しく直線的）なほど高分子鎖の充填が阻害され，自由体積分率が大きくなる傾向にある。T_g が高くなる傾向と類似している。メチル基の置換位置が対称か（TMPSF）非対称か（DMPSF）の違いで CO_2 透過性が一桁も異なる点は興味深い。トリメチルシリル基はかさ高い上に運動性が非常に高いため例外的に高い透過性をもたらす。高い CO_2 透過性を示すポリスルホンほど低い CO_2/CH_4 分離性を示すトレードオフの傾向がみられるが，TMPSF は PSF と同じ分離性を維持しながら CO_2 透過性が 3 倍以上増加している。対称なメチル置換によりフェニル環の回転運動が抑制され分子サイズの大きな CH_4 の拡散を抑制している。NH_2 基の

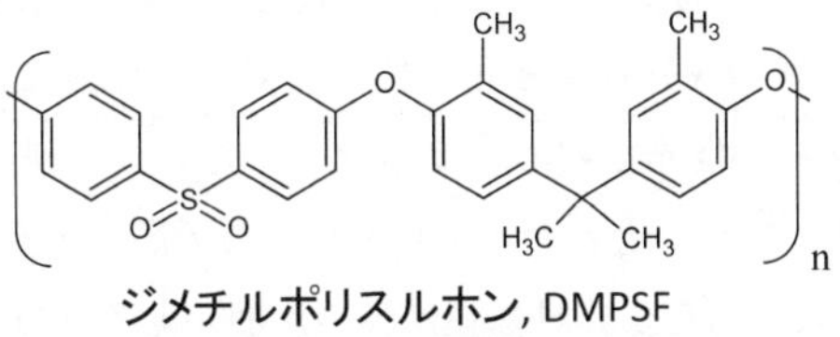

ジメチルポリスルホン, DMPSF

テトラメチルポリスルホン, TMPSF

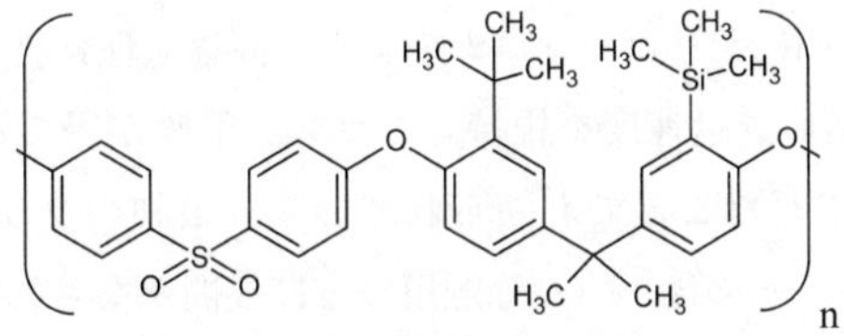

トリメチルシリル置換ポリスルホン, Si-PSF

図 2　置換ポリスルホンの例

表1 ポリスルホン類の純ガス透過特性（35℃, 1～10 atm）とガラス転移温度 T_g

ポリマー	T_g [℃]	透過係数[Barrer]			理想分離係数		
		He	CO_2	O_2	He/CH_4	CO_2/CH_4	O_2/N_2
PSF[2]	186	13	5.6	1.4	49	22	5.6
PES[3]	225	8	2.8	−	80	28	−
PPSU[4]	231	12	5.6	1.3	47	22	5.4
DMPSF[2]	180	12	2.1	0.64	170	30	7.0
TMPSF[2]	242	41	21	5.6	43	22	5.3
Si-PSF[5]	155	46	29	7.1	−	−	5.5
PSF-CH_2NH_2[6]	185	−	2.0	0.7	−	18	6.4

理想分離係数＝純ガス透過係数の比。

導入は CO_2 透過選択性の向上を狙っているが，結果は逆である。これは NH_2 と CO_2 との相互作用が強すぎ，CO_2 の拡散係数が低下したためである。1980年代後半から1990年代前半の期間にこのような化学構造とガス透過選択性との相関関係がポリスルホンだけでなくポリカーボネートやポリイミドなどを用いて盛んに研究された。剛直で局所運動が抑制された主鎖を持ち，かつ，高分子鎖の充填を阻害するような化学構造の高分子が透過性と分離性の両方が高い CO_2/CH_4 分離に適するという経験則が導かれたが，これは Robeson の上限線[9]を構成する芳香族系高分子の特徴[10]と一致する。ただ，ポリスルホンの CO_2 透過係数と CO_2/CH_4 分離係数のプロットはいずれも Robeson の上限線に比べて左下に存在する。つまり，透過性と分離性の両方ともあまり高くない。前節の酢酸セルロースと同様，ガス透過分離性能が優れた分離膜素材という訳ではない。

このようなポリスルホンが CO_2 分離膜として使われている理由は酢酸セルロースと同じく優れた製膜性にあると思われる。世界で初めて実用化されたガス分離膜装置「プリズムセパレーター」の膜の主成分はポリスルホンと言われている[11]。この膜の形態は非対称中空糸膜である。中空糸は細いストロー状の糸である。非対称膜は膜の片面が非多孔質の緻密な薄いスキン層，反対側は多孔質層となっている。多孔質層はスキン層の直ぐ下まで続き，孔と孔の間が連結した貫通孔からなる。多孔質側表面からスキン層まで孔径が次第に小さくなるように作られる。スキン層から多孔質層まで同じ材料で作られる膜が非対称膜である。緻密なスキン層とは欠陥がない，貫通孔がないという意味である。スキン層を薄くするほど透過速度を高くできるが，欠陥もできやすくなる。無欠陥の薄いスキン層を作る技術の開発には時間がかかるが，欠陥率がある程度までであれば，スキン層の外側にシリコーンゴムのような高透過性材料の薄いコート層を塗布することで実用的な分離性と高い透過速度を維持したガス分離膜が得られる[12]。プリズムセパレーターはこの技術により実現したことでも知られている。最初のプラントは水素分離膜として1977年に建てられている[13]。その後，CO_2 分離用などに展開がなされているようである。

ポリエーテルスルホンでは有効膜厚が 50 nm という薄膜も作製されている[14]。有効膜厚とは同じ素材で作製した膜の透過速度は膜厚に反比例するという仮定に基づいて，厚みを測定しやす

第2章　二酸化炭素分離膜

い厚い非多孔質膜で測定した透過速度と薄膜の透過速度の比から算出する膜厚である。この膜のCO_2の透過速度はシリコーンゴム塗布前は72 GPU，塗布後は60 GPU，CO_2/N_2理想分離係数は塗布前が40，塗布後は60（25℃，5 atm，純ガス透過実験）と報告されている。別の膜でCO_2の透過速度35 GPU，CO_2/CH_4理想分離係数51と報告している[14]。表1のCO_2/CH_4理想分離係数よりも高い理由は測定温度が低いためと推測される。

CO_2による可塑化の影響も酢酸セルロースと同様に大きいと思われるが，決定的なデータは示されていない。50 μmの膜厚の厚い試験用ポリスルホン膜に対してCO_2/CH_4（50 %／50 %）混合ガスを用いた実験では35 atmまで分離係数の低下は観測されていない[15]。むしろ，二元収着移動モデルの予測通りCO_2の優先吸着によってCH_4の透過が抑制され理想分離係数よりも少し高い分離係数が観測されている。しかし，2 μm以下の薄膜では状況が違う可能性が指摘されている[16]。薄膜になるほどCO_2の可塑化効果によるとみられるCO_2の透過係数の供給圧力に対する増加が，より低圧から生じることが観測されている。ただ，CO_2の純ガス透過実験しか行われておらず，前節の酢酸セルロース膜に対して示されているような混合ガスに対する分離係数の低下のデータは得られていない。

CO_2分離膜に関する論文で今でもポリスルホンがよく使われているが，その多くはポリスルホン自体のガス透過分離特性を主として利用するものではなく，より優れたガス透過分離特性を示す膜素材の薄膜化の支持体としての利用が多い。ポリスルホンは多様なサイズの孔を持つ多様な多孔質膜が市販されている。これに高い透過分離性が期待される別の高分子膜素材を塗布するなど，複合膜の多孔質支持体としての用途が多い[17,18]。

また，Mixed Matirx Membrane（MMM）のマトリックスとしての利用も急増している。MMMとは高分子膜にガス透過分離性能の高いフィラーを分散させ，その高分子膜のガス透過分離性を引き上げることを狙った膜である。フィラーとしてゼオライト微粒子，分子ふるい炭素微粒子，多孔性金属錯体（MOF）微粒子が用いられる。フィラー素材単独の膜は高分子膜の上限線を超える高い性能を示すが，製造コストが極めて高いという短所がある。MMMの利点は低コストの高分子とフィラーの微粒子を混ぜるだけで，ゼオライトやMOFの単独膜と高分子膜の性能の中間的な性能を有する膜を作ることができる可能性があるところである。PSFやPESは比較的安価で製膜性に優れた膜素材であるという点ではマトリックス素材として適していると考えられる。実際，MMMの研究の初期から使われている[19]。しかし，マトリックス自体のガス透過分離性能もMMMの性能を左右する重要な因子であり，この観点からは最適とは言えないかもしれない。MMMの概念を確認する基礎研究あるいはフィラーの性能の高さを確かめる研究で用いられていると考えられる。ただ，透過性と分離性の両方が同時に増加するポリスルホンMMMの報告例はあまりなく，透過性と分離性のどちらかが増加し，もう一方は変わらないかむしろ減少するという結果がほとんどという状況である[20,21]。

文　　献

1) Solvay 社カタログ,SPECIALTY POLYMERS (2015)
2) J. S. McHattie *et al.*, *Polymer*, **32**, 840 (1991)
3) J. S. Chiou *et al.*, *J. Appl. Polym. Sci.*, **33**, 1823 (1987)
4) C. L. Aitken *et al.*, *Macromolecules*, **25**, 3651 (1992)
5) I. W. Kim *et al.*, *Macromolecules*, **34**, 2908 (2001)
6) K. Ghosal *et al.*, *Macromolecules*, **29**, 4360 (1996)
7) J. Y. Park *et al.*, *J. Membr. Sci.*, **125**, 23 (1997)
8) 高分子学会編,高性能芳香族系高分子材料,丸善 (1990)
9) L. M. Robeson, *J. Membr. Sci.*, **320**, 390 (2008)
10) B. D. Freeman, *Macromolecules*, **32**, 375 (1999)
11) 仲川勤,膜のはたらき―気体透過膜を中心に―,共立出版 (1985)
12) J. M. S. Henis *et al.*, *J. Membr. Sci.*, **8**, 233 (1981)
13) 西岡晴夫,膜,**21**, 283 (1996)
14) I. Pinnau *et al.*, *Ind. Eng. Chem. Res.*, **29**, 2028 (1990)
15) T. A. Barbari *et al.*, *J. Membr. Sci.*, **42**, 69 (1989)
16) C. A. Scholes *et al.*, *J. Membr. Sci.*, **346**, 208 (2010)
17) A. S. Kovvali *et al.*, *Ind. Eng. Chem. Res.*, **40**, 2502 (2001)
18) S. Duan *et al.*, *J. Membr. Sci.*, **283**, 2 (2006)
19) T. M. Gur, *J. Membr. Sci.*, **93**, 283 (1994)
20) L. Y. Jiang *et al.*, *AIChE J.*, **52**, 2898 (2006)
21) E. E. Oral *et al.*, *J. Appl. Polym. Sci.*, **131**, 40679 (2014)

1.3 ポリイミド膜

田中一宏*

　ポリイミドはイミド結合を主鎖に有する高分子の総称である。多くの場合，酸二無水物とジアミンの重縮合により合成されるので，五員環または六員環のイミド環を主鎖に有する。芳香族の酸二無水物およびジアミンから得られる芳香族ポリイミドのガラス転移温度は300℃を超えるものもある。スーパーエンジニアリングプラスチックの中でも特に耐熱性が高い高分子である。モノマーの組み合わせを変えることにより様々な化学構造のポリイミドを得ることができる。二種類以上の酸二無水物あるいはジアミンから共重合ポリイミドを得ることもできるので，各モノマーの種類と混合比率を変えることで物性を容易に調整できる高分子である。市販の試薬として入手できる酸二無水物とジアミンの種類も豊富で，化学構造と物性との相関関係を調べる材料としても適している。

　図1に代表的なポリイミドの合成経路を示す。ポリイミドは通常二段階の合成経路を経て合成される。第一段階は適当な極性溶媒中で酸二無水物とジアミンを当モル量反応させポリアミド酸（polyamic acid）を得る重合である。第二段階のポリアミド酸の脱水閉環反応によりポリイミドが得られる。溶媒に可溶なポリイミドはポリイミド溶液から直接ポリイミド膜を作製することができる。ポリイミドには溶媒に不溶なものも多いが，前駆体のポリアミド酸は多くの場合溶媒に可溶で，ポリアミド酸溶液から膜を成形し，そのポリアミド酸膜を200℃以上で加熱してポリイミド膜を作製することもできる。

　芳香族ポリイミドではファンデルワールス相互作用だけでなく，電子密度の低い酸二無水物残基と電子密度の高いジアミン残基の間に電荷移動（CT）相互作用が働く。CT錯体は可視光の

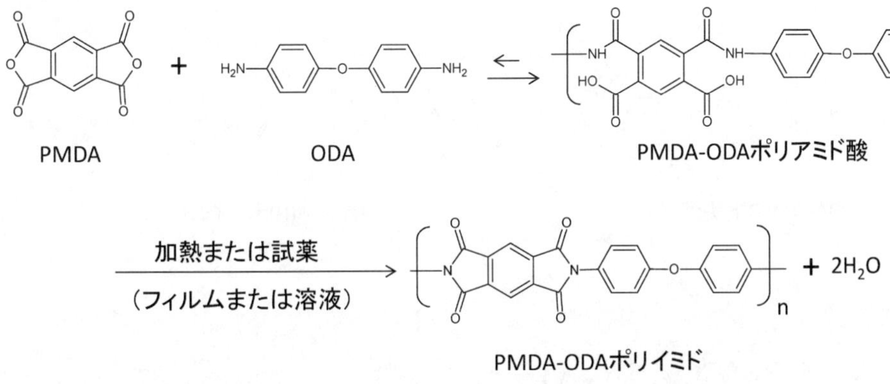

図1　PMDA-ODA ポリイミドの合成反応式

＊　Kazuhiro Tanaka　山口大学　大学院創成科学研究科　准教授

短い波長域の光を吸収するため，ポリイミドフィルムには特有の黄色を呈するものが多い。一方，脂肪族環からなるポリイミドはCT相互作用が働かずそのフィルムは無色である。また，トリフルオロメチル基を有するモノマーやアミノ基の両オルソ位にメチル基を有するジアミンから合成されるポリイミドも立体障害によりCT相互作用が働かずそのフィルムは無色である。これらのポリイミドは溶媒に可溶である。

　現在，ガス分離膜として宇部興産製とAir Liquide製の2種類のポリイミド分離膜が市販されている。宇部興産は1970年代にビフェニルテトラカルボン酸無水物（BPDA）を開発し，これから得られるポリイミドを非対称中空糸膜に製造する技術を開発し，これを実用化している[1,2]。このポリイミドは特定の有機溶媒に溶けるため成型加工性に優れている。PMDA型ポリイミドよりもガス透過性が高く耐加水分解性にも優れている。水素分離膜からCO_2分離膜，窒素分離膜，脱水膜などの用途へと展開されている。研究によく使われる市販のポリイミド，Matrimid®はBTDA型のポリイミドである。6FDA型のポリイミドは高いガス透過分離性能を示す。NTDA型ポリイミドは耐加水分解性に優れていると言われており燃料電池用電解質膜素材として研究されている。図2にそれぞれの例を示す。

　1960年に高分子量のポリイミドが合成され，1972年にはガス分離膜素材に適するポリイミドの化学構造や熱処理に関する特許がDuPontから出されている[3]。特許では多数の化学構造の異なるポリイミドのH_2とCH_4の透過係数がまとめられている。1980年代から1990年代にかけて，ガス分離膜に用いる高分子の分子設計指針を探る研究が活発化した。ポリイミドは化学構造を系統的に変えることができるので，ガス透過性と化学構造との相関関係を議論する学術論文が多数発表された。

　図3に筆者の研究室で調べた種々の化学構造のポリイミドのCO_2/CH_4透過選択性のデータを示す[4,5]。この図ではCO_2とCH_4の各純ガス透過実験で得られたそれぞれの透過係数の比を選択性として示している。比較としてMatrimidの文献値も示す[6]。一つ一つのプロットが化学構造

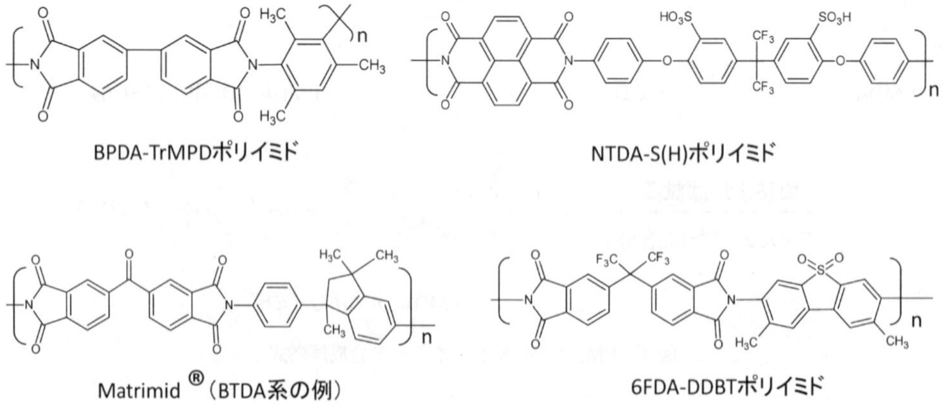

図2　BPDA型，BTDA型，6FDA型，NTDA型の各ポリイミドの例

第2章　二酸化炭素分離膜

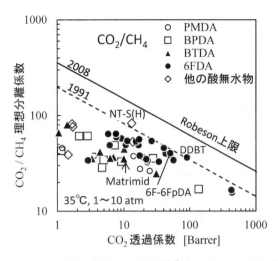

図3　種々の化学構造のポリイミド膜[4,5]の CO_2/CH_4 透過選択性
　　　（35℃，1～10 atm）（未公表データも含む）

の異なるポリイミドの性能を示す。酸二無水物の種類（PMDA，BPDA，BTDA，6FDA，その他）により区別している。NT は NTDA，6F は 6FDA である。また，一部はジアミンの種類（DDBT，S(H)）も示す。これらの略号と化学構造との対応は図1と図2に示す。6FpDA については図7に示す。分離膜素材としては透過性と選択性の両方が高いものが好ましいが，両者にトレードオフの関係があり，透過性の高い素材は選択性が低く，選択性が高い素材の透過性は低い傾向がある。1991年に Robeson はそれまでの膨大な文献値をまとめて，このトレードオフの関係に上限が存在することを明示した[7]。文献に発表された多数の高分子膜のガス透過性と選択性を図3のように両対数プロットすると，その線よりも右上にデータが存在しないような直線を引くことができることを示した。ここではこの線を上限線と呼ぶことにする。2008年に再び新たなデータを追加して引いた上限線[8]は当初の予想通りほぼ同じ傾きで右上に移動している。当初の線はいろいろなポリイミドのデータのすぐ右に引かれていたが，その後に開発された PIM 膜が上限線を押し上げている。PIM 膜とはミクロ孔を有する高分子膜である。図3のポリイミドは芳香族環が内部回転可能な単結合やエーテル結合などで連結している線状の芳香族高分子である。結合周りで芳香環がある範囲で角度を変えることができる。一方，PIM の主鎖ははしご構造で内部回転可能な結合が存在せず，また，スピロ結合のように主鎖にねじれを持ち込む化学構造を持ち，溶媒に可溶な剛直高分子である。この線の右上には TR 膜と呼ばれるポリベンズオキサゾール類のデータも存在する。PIM は溶媒に可溶な素材であるのに対して TR 膜は溶媒には溶けず，水酸基を有するポリイミドの加熱処理により得られるため，Robeson は別の扱いをしている。

　図3では省略しているが，1 Barrer 以下のポリイミドも複数存在している。モノマーの化学構造を変えることでポリイミドの透過係数は3桁以上も変化する。図2に化学構造を示した 6FDA-DDBT および NTDA-S(H) はポリイミドの中でも高い性能を示している。市販の Matrimid

21

はポリイミド類の中では比較的選択性の低い素材である。図3のデータは酸二無水物の種類別に示しており，同じ透過係数で比べると，PMDA＜BTDA，BPDA＜6FDAの順に選択性が高い傾向がある。

　図4にポリイミドのCO_2の透過係数と各ポリイミドの自由体積分率V_Fとの関係を示す。透過係数は対数軸，V_Fの軸は逆数である。この図はゴム状高分子膜中の低分子化合物の拡散係数と自由体積分率との関係を説明する自由体積モデル[9]に沿ったプロットである。自由体積モデルに使われる自由体積は定義上，ガラス状高分子では使えない。図4の自由体積分率V_Fは原子団寄与法により高分子鎖の0℃における体積を推算し，実際の比容積から差し引いた高分子鎖間隙の体積分率である[10]。興味深いことに，定義は異なるものの，自由体積モデルと類似の右下がりの直線的な傾向がポリイミドにおいてもみられる。ポリイミドのガス透過性は主に高分子鎖間隙の割合が支配していることを示す。この右下がりの傾向はばらつきが大きいように見える。これは自由体積を構成する一つ一つの高分子鎖間隙である自由体積孔のサイズの分布が異なるためと考えられる[11]。図4において，ジアミンにTrMPDを用いた3つのポリイミドを点線で，DDBTを用いた3つのポリイミドを破線で，それぞれ結んでいる。各ジアミンの化学構造は図2に示す。この2系統は同じV_Fの他のポリイミドと比べて数倍あるいは1桁以上大きな透過係数を示している。TrMPDはイミド環から見て両方のオルソ位に，DDBTは片方のオルソ位にメチル基が存在し，この単結合周りの回転を阻害して主鎖を剛直にしており，これによりサイズの大きな自由体積孔が高い割合で存在すると考えられる。実際，陽電子消滅法を用いて自由体積孔のサイズ分布を評価したところ，この考察を裏付けるデータが得られている[11]。図4と同じ相関関係は拡散

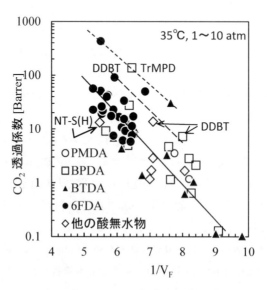

図4　種々の化学構造のポリイミド膜[4,5]のCO_2の透過係数と自由体積分率V_Fの逆数との相関（35℃，1〜10 atm）

第2章 二酸化炭素分離膜

係数と V_F の間でも確認している[12,13]。化学構造の異なるポリイミドの間で溶解度係数の差は拡散係数の差に比べて小さいため，透過係数と V_F との間にも同様の関係がみられている。図4においてNT-S(H) は V_F が小さく，また，V_F が同じ他のポリイミドよりも透過係数が低めである。これは強い極性基により高分子鎖の充填が密になり，大きなサイズの自由体積孔の割合も低いためと推測される。

図5に CO_2 と CH_4 の拡散係数の比，拡散選択性と CO_2 の拡散係数との関係を示す。拡散係数は透過係数を溶解度係数で除して得られる濃度平均拡散係数を用いている[14]。この時の溶解度係数は平衡収着実験で得られたポリイミド膜へのガスの溶解度係数である。タイムラグから求めた見かけの拡散係数ではない。全体として右下がりの傾向があり，拡散係数が高いポリイミドほど拡散選択性は低い。自由体積孔が大きいほど CO_2 分子も拡散しやすいが，その効果はサイズのより大きな CH_4 分子の方が受けやすい。この図においてもポリイミドをいくつかのグループに分類できる。同じ拡散係数のもので比較すると，酸無水物がPMDA＜BTDA，BPDA＜6FDAの順に拡散選択性が高い傾向がみられる。6FDA型ポリイミドの高い拡散選択性はかさ高なトリフルオロメチル基が酸無水物の2つの縮合環の局所運動を抑制しているためである。ガラス状高分子であるポリイミドでは主鎖のスケールの大きな運動（セグメント運動）は凍結されているが，環の振動のような局所運動は起きている。局所運動は自由体積孔のサイズを変動させる。局所運動が活発であると自由体積孔のサイズの変動幅が大きくなり，分子サイズの大きな CH_4 の拡散係数の増加を招き，拡散選択性が低下する。局所運動を抑制することが拡散選択性の向上につながる。同じ分子設計指針は前節で述べたポリスルホンを用いた研究でも導かれており[15]，ガラス状高分子一般に当てはまる。逆にエーテル結合が多いポリイミドやフェニル基を側鎖に持つポリ

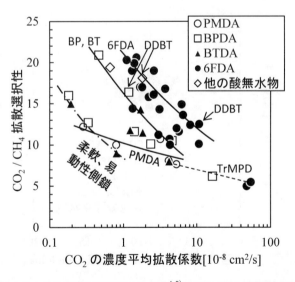

図5　種々の化学構造のポリイミド膜[4,5]の CO_2/CH_4 拡散選択性と CO_2 の濃度平均拡散係数との相関（35℃，1〜10 atm）

イミドのように主鎖あるいは側鎖の局所運動性が高いポリイミドは拡散係数と拡散選択性の両方が低い。図4において大きくずれているTrMPD系のポリイミドは，図5においては同じ拡散係数を示す他のポリイミドに比べて低い拡散選択性を示す。大きなサイズの自由体積孔の割合が多いためと考えらえる。一方，図4において同様にずれているDDBT系ポリイミドの拡散選択性は高い。立体障害となるメチルの置換位置が2個のオルソ位か（TrMPD），片方のオルソ位か（DDBT）の違いでこのような差が表れている。実際，TrMPDの3つのメチル基を1つに減らした化学構造のトルエンジアミンから得られるポリイミドはほどほどに高い拡散選択性を示す[12]。

図6に各ポリイミドのCO_2/CH_4の溶解度選択性と膜中のカルボニル基およびスルホニル基の濃度[14]との関係を示す。溶解度係数は平衡収着実験で得られた値である。官能基の濃度に関係なく溶解度選択性は3〜4の間であると見ることができるが，やや右上がりの傾向があるようにも見える。いずれにしても溶解度選択性よりも拡散選択性の方が大きく，また，化学構造の違いによる透過選択性の違いは拡散選択性の違いを反映している。

図3を見ると，上限線に近い性能を示すポリイミドが複数あるが，6FDA-DDBTあるいはその左側に位置する6FDA-6FpDAがバランスの良い性能を示すポリイミドと言える。しかし，実際の天然ガスの精製プロセスで分離装置に供給される原料ガスは40 atm以上の高圧である。また，メタン以外の炭化水素成分が共存する。高圧のCO_2および共存成分による可塑化効果でどの程度まで分離性が減少するのかを知る必要があるが，そのような実験はあまり行われていない。関連する実験結果を図7に示す。

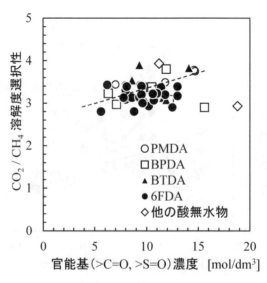

図6　種々の化学構造のポリイミド膜[4,5]のCO_2/CH_4の溶解度選択性と官能基濃度との相関（35℃, 1〜10 atm）

第2章　二酸化炭素分離膜

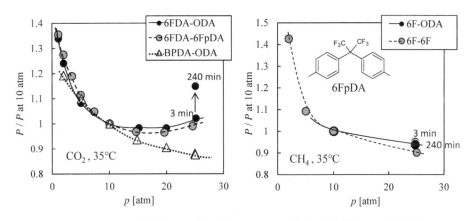

図7　ポリイミド膜の純CO₂ガスと純CH₄ガスに対する透過係数の圧力依存性

このデータは我々の研究室で測定したCO₂とCH₄の透過係数の供給圧力依存性である。ポリイミドのようなガラス状高分子のガス透過係数は二元収着移動モデルで説明される[16]。このモデルに従うとガスの透過係数はその供給圧力の増加とともに減少する。図7の6FDA型ポリイミドではCO₂の透過係数は15 atm付近から増加に転じている。これは可塑化効果によると考えられる。高分子膜に高濃度で溶解したCO₂分子が高分子鎖の運動を促進し，CO₂の拡散係数が増加するためと説明される[17]。一方，CH₄の透過係数は25 atmまで減少し続けている。CH₄の溶解度はCO₂の溶解度の1/3～1/4と小さいので可塑化効果が見られない。図7のような結果は他のポリイミドあるいは他の高分子でも観測されている[18]。

図7に示した6FDA-ODAの各圧力における透過係数は実験開始後3分目に決定した値であるが，25 atmにおいて測定を240分まで続けるとCO₂の透過係数のゆっくりとした増加が観測される。この現象はCO₂の可塑化による高分子鎖の緩和を反映していると考えられる[18]。CH₄ではそのような増加は見られない。高圧の混合ガスに対する透過分離実験を行うには至っていないが，おそらく分離係数は大きく低下すると考えられる。また，前節でも紹介したように，20～30 μmの厚い膜で可塑化効果が認められなくても，2 μm以下の薄膜では比較的低い圧力で可塑化効果の影響が現れるという報告がポリスルホンでなされている[19]。

このような可塑化効果を架橋により抑制する研究は早くから検討され，図8に示すPDMCポリイミドと呼ばれる架橋ポリイミドの研究が知られている[20]。近年，PDMCポリイミドを薄膜化する技術が進展し，その非対称中空糸膜の高圧の混合ガス透過実験結果が報告されている[21]。図9にその結果を示す。図9には酢酸セルロースの非対称膜の混合ガスに対する分離性能も示す[22]。PDMCポリイミドの実用的な薄膜は実際の操作条件に近い高い圧力において酢酸セルロースの薄膜を超える分離性を維持しながら同等以上のCO₂透過速度を示している。ただ，CO₂濃度が比較的低い条件では宇部興産のポリイミド膜も酢酸セルロース膜を上回る分離性能を示すことが報告されている[23]。全圧65 atmの天然ガスのCO₂濃度を6％から2％未満に脱炭酸する

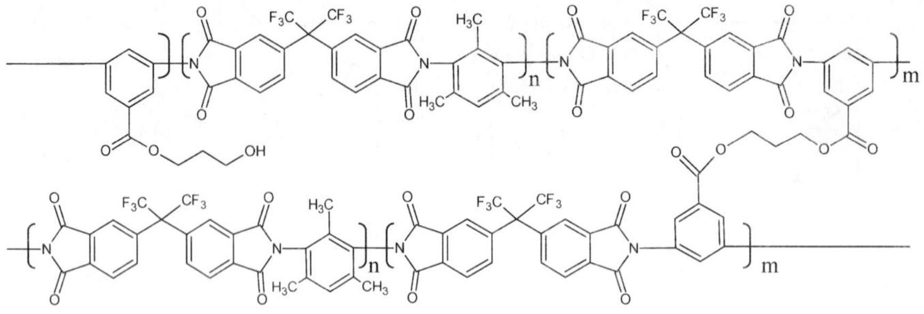

図8 PDMC ポリイミド

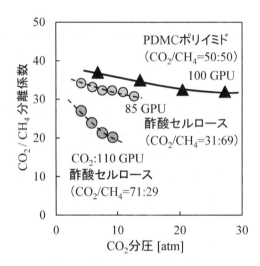

図9 PDMC ポリイミド非対称中空糸膜[21]と酢酸セルロース非対称膜[22]の CO_2/CH_4 混合ガスに対する分離係数の CO_2 分圧依存性（CO_2 透過速度[GPU]は測定最大圧力における値）

分離試験を行い，酢酸セルロース膜が100日で2％の条件を超えるようになったのに対してポリイミド膜は2年間以上2％未満を維持できたことが報告されている。CO_2 濃度が20％以下で利用が可能と述べられている[24]。

最後に，CO_2/N_2 分離膜の開発における溶解度選択性からのアプローチについて紹介する。図10に化学構造を示すアミン修飾ポリイミドとポリエチレンオキサイド鎖を有するポリイミド（PEO-PI）である。その主な膜の CO_2/N_2 透過分離性能を図11に示す。CO_2 に対して特段の親和性を持つ官能基を持たない膜素材として6FDA-DDBTのデータも示した。CO_2/N_2 分離の透過分離性は温度と圧力，水蒸気の有無によって大きく変わるので，条件の異なるデータの比較には注意を要する。PEO鎖と芳香族ポリイミドのブロック共重合体は純ガスで高い透過選択性を示す[25]。この膜はPEO相と芳香族ポリイミド相がミクロ相分離していることが確認されている。CO_2 に対して特異的な親和性を示すことが知られているPEOは製膜できない高分子である。機

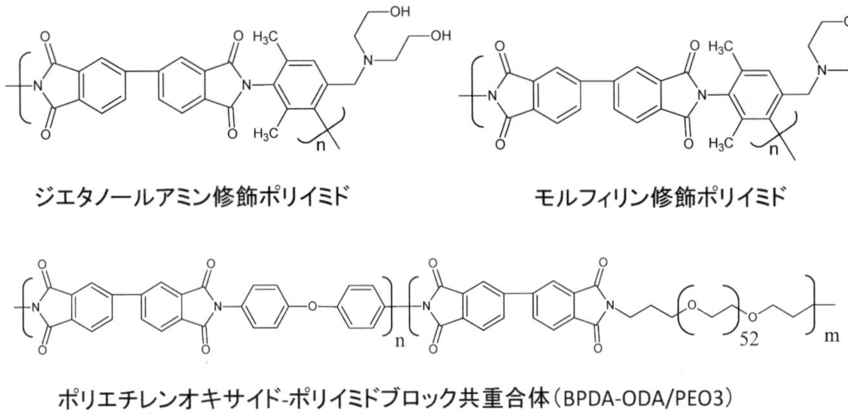

第 2 章　二酸化炭素分離膜

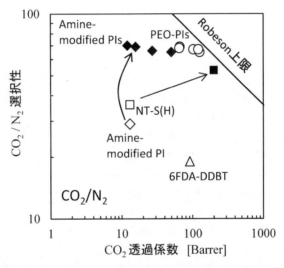

図 10　Amine 修飾ポリイミドと PEO セグメント化ポリイミドの例

図 11　PEO セグメント化ポリイミド膜[25]（○），アミン修飾ポリイミド膜[27]（◇，◆），スルホン化ポリイミド膜[28]（□，■）の CO_2/N_2 透過分離性能
（○：25℃，2 atm の純ガス；◇：35℃，2 atm の純ガス；◆：35℃，2 atm の 70〜80％RH 加湿混合ガス；□：35℃，1 atm の純ガス；■：50℃，1 atm の 81％RH 加湿混合ガス；△：35℃，10 atm の純ガス）

械的強度と製膜性に優れたポリイミドで PEO 膜の作製を可能にした膜である。この素材は中空糸複合膜の形態で 1μm の薄膜への成形にも成功している[26]。また，アミン修飾ポリイミド膜も加湿した混合ガスに対して PEO-PI と同等の高い透過分離性を示す[27]。この膜では湿度の増加に伴う分離係数の増加と透過係数の減少も確認されている。膜に溶解した水分子がアミンと CO_2 との相互作用を強めていると考えられている。火力発電所の煙道ガスからの CO_2 の分離回収では水蒸気が共存しているので水蒸気共存による分離係数の増加は都合のよいものである。

NT-S(H)も水蒸気共存下では高い透過分離性能を示す[28]。純ガスに対しては拡散選択性が支配的であるが，スルホン酸基の存在により相対湿度80％RH以上で含水率が30％を超える。収着した水により膜が膨潤するので加湿に伴って透過係数が大きく増加し，同時に分離係数も増加する。膨潤で拡散選択性が失われると同時に膜の極性の増加に伴い溶解度選択性が増加し，分離性の増加につながると考えられる。Robesonの上限線は高分子膜素材の物性としての透過選択性の上限であり，そのような上限線と水で膨潤した膜の性能を直接比較することに意味はないが，図11では目安として描いている。上限線を引く際に促進輸送膜のデータは考慮されておれず，いくつかの促進輸送膜は上限線の右上に位置する。CO_2/N_2分離では測定条件が分離性能に強く影響するため，異なる測定条件で得られた性能で分離膜としての優劣の判断は難しい。図11は拡散選択性が主な分離要因であるCO_2/CH_4分離と溶解度選択性の寄与が効果的であるCO_2/N_2分離では膜素材の開発方針が異なることを示唆している。

文　献

1) 中村明日丸, 高分子, **35**, 1078 (1986)
2) 楠木喜博ほか, 化学工学, **59**, 392 (1995)
3) H. H. Hoehn, US Patent 3,822,202 (1972)
4) 岡本健一, 田中一宏, 高分子, **42**, 682 (1993)
5) 喜多英敏, 田中一宏, 古賀智子, 高分子, **57**, 894 (2008)
6) D. Q. Vu *et al., J. Membr. Sci.*, **211**, 311 (2003)
7) L. M. Robeson, *J. Membr. Sci.*, **62**, 165 (1991)
8) L. M. Robeson, *J. Membr. Sci.*, **320**, 390 (2008)
9) H. Fujita, *Fortschr. Hochpolym. Forsch.*, **3**, 1 (1961)
10) K. Tanaka *et al., Polymer J.*, **25**, 577 (1993)
11) K. Tanaka *et al., Bull. Chem. Soc. Jpn.*, **65**, 1891 (1992)
12) K. Tanaka *et al., J. Polym. Sci., Part B, Phys. Ed.*, **30**, 907 (1992)
13) K. Tanaka *et al., J. Polym. Sci., Part B, Phys. Ed.*, **33**, 1907 (1995)
14) K. Tanaka *et al., Polymer*, **33**, 585 (1992)
15) J. S. McHattie *et al., Polymer*, **32**, 840 (1991)
16) T. A. Barbari *et al., J. Membr. Sci.*, **42**, 69 (1989)
17) S. A. Stern *et al., J. Membr. Sci.*, **7**, 47 (1980)
18) K. Okamoto *et al., Polymer*, **31**, 673 (1990)
19) C. A. Scholes *et al., J. Membr. Sci.*, **346**, 208 (2010)
20) C. Staudt-Bickel *et al., J. Membr. Sci.*, **155**, 145 (1999)
21) C. Ma *et al., J. Membr. Sci.*, **428**, 251 (2013)
22) M. D. Donohue *et al., J. Membr. Sci.*, **42**, 197 (1989)

第2章　二酸化炭素分離膜

23) 楠木喜博, 膜, **21**, 276 (1996)
24) 楠木喜博, 高分子, **45**, 328 (1996)
25) K. Okamoto et al., *Macromolecules*, **28**, 6950 (1995)
26) H. Suzuki et al., *J. Membr. Sci.*, **146**, 31 (1998)
27) K. Okamoto et al., *Chem. Lett.*, 613 (1996)
28) K. Tanaka et al., *Polymer*, **47**, 4370 (2006)

1.4 Thermally Rearranged (TR) Polymer膜

川上浩良*

　高分子気体分離膜は，研究例が多いにもかかわらず高分子膜を用い実用化に至った例はまだ少ない。その最大の理由は，気体分離性能の気体透過性と気体選択性にTrade-offの関係が存在し，そのUpper-boundを超えられないためである。これら性能を打破するため，これまで多くの高分子材料が合成され評価されてきた。高分子材料にはポリジメチルシロキサン（PDMS）に代表されるゴム状高分子と，ポリイミドやポリスルホンに代表されるガラス状高分子がある。

　ゴム状高分子は

$$P = DS \tag{1}$$

となり，気体透過係数Pは拡散係数Dと溶解度係数Sの積で表される。Pの単位は［$cm^3(STP)$ $cm\, cm^{-2}\, s^{-1}\, cmHg^{-1}$］，$D$は［$cm^2\, s^{-1}$］，$S$は［$cm^3(STP)\, cm^{-3}\, cmHg^{-1}$］で表され，ゴム状高分子の気体透過は単純な溶解-拡散機構で示される。

　一方，ガラス状高分子は

$$P = k_D D_D \{1 + FK/(1 + bp)\} \tag{2}$$
$$F = D_H/D_D,\ K = bC_H'/k_D$$

と表すことができる。ここでk_Dはヘンリー型の溶解度係数，D_D，D_Hはヘンリー型の拡散係数，ラングミュア型の拡散係数，C_H'，bはラングミュア容量定数，親和力定数である。ガラス状高分子膜の気体透過は二元輸送モデルで示され，この式(2)を用いることによりその気体透過挙動は定量的に表すことができる。二酸化炭素（CO_2）は二元輸送モデルによく従うが，水素（H_2）はモデル式に従わないなど，この二元輸送モデルは万能ではなく，透過する気体の条件によっては気体透過挙動がこの式から大きく逸脱することが知られている。つまり，ガラス状高分子膜での気体透過機構は，現在においてもまだ完全に解明された訳ではない。

　高分子CO_2分離膜の気体透過で特に注意すべきことは，「高分子膜の可塑化」である。CO_2分離は温暖化問題と絡め注目されているが，凝集性気体であるCO_2は，ポリイミドやポリカーボネートなどのガラス状高分子を容易に可塑化することが知られている。特にCO_2高圧力下で気体透過を行うと，膜の可塑化により気体透過性が著しく増加することが報告されている（気体選択性は低下）。CO_2分離膜においては，気体透過安定性を考えると，膜の可塑化は特に注意すべき問題となる。

＊　Hiroyoshi Kawakami　首都大学東京　都市環境学部　環境応用化学科　教授

第2章 二酸化炭素分離膜

　一方，ここで取り上げるTR高分子はいわゆるラダー高分子（はしご状高分子）で，従来は高強度や高耐熱性を目的に合成が進められてきた芳香族系複素環状高分子（ガラス状高分子）である。したがってTR高分子は，CO_2による可塑化を含め，膜の気体透過安定性には優れていると考えられている。TR高分子の合成は，例えば下の反応式に示されるように，芳香族テトラアミンと芳香族テトラカルボン酸二無水物の組み合わせから行われる。TRポリマーの特徴は高温（300℃以上）で熱処理を行うことにより，高分子構造の再配列が起こり，気体透過に適した自由体積が構築されることである。TR高分子の高いCO_2透過性を気体透過機構から説明すると，CO_2透過性に最も影響を与えるパラメーターはCO_2溶解性であり，気体選択性に影響を与える最も重要なパラメーターは拡散選択性であることがわかってきた（図1）[1]。

　また，TR高分子の気体分離特性を整理してみると，Upper-boundを超える要因は比較的高い気体選択性が支配因子であることがわかる（図2）[1]。しかし，CO_2透過係数は10,000［Barrer］を超えることは難しく，気体透過性の改善が大きな問題である。

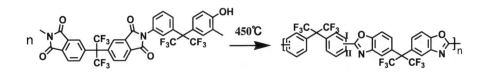

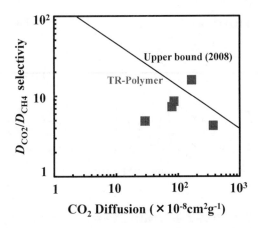

図1　TR系高分子のD_{CO_2}と(D_{CO_2}/D_{CH_4})選択性の関係
図はL. M. Robeson *et al.*, *J. Membr. Sci.*, **525**, 18-24（2017）を参照して作成。

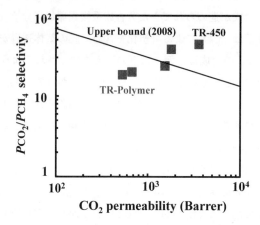

図2 TR系高分子のP_{CO_2}と(P_{CO_2}/P_{CH_4})選択性の関係
図は L. M. Robeson *et al., J. Membr. Sci.*, **525**, 18-24（2017）を参照して作成。
Barrer = 1×10^{-10} [cm^3(STP)cm/(cm^2・sec・cmHg)]

表1 TR系高分子の気体透過係数と選択性の関係1

Polymer	P_{CO_2}	P_{CO_2}/P_{N_2}	P_{H_2}	P_{H_2}/P_{N_2}	Ref.
TR-1-450	1710	18	−	−	2)
6FDA + bisAPAF：DBZ（5：5）	1800	21	2895	34	3)
6FDA + bisAPAF：DBZ（2：8）	525	29	1680	13	3)

Pの単位：Barrer = 1×10^{-10} [cm^3(STP)cm/(cm^2・sec・cmHg)]

第2章　二酸化炭素分離膜

TDA1-APAF → (460℃, (a) 15 min, (b) 30 min) → **TR TDA1-APAF** (a)TR 460 (b)TRC 460

TR 6FDA-APAF

表2　TR系高分子の気体透過係数と選択性の関係2

Polymer	P_{CO_2}	P_{CO_2}/P_{N_2}	P_{H_2}	P_{H_2}/P_{N_2}	Ref.
TDA1-APAF	40	27	94	63	4)
TR-460	1328	23	1547	27	5)
Aged TR-460	699	24	1304	44	5)
TRC460	2386	22	2264	21	5)
TR6FDA-APAF	398	21	408	22	6)
TR6FDA-APAF	261	21	294	23	7)

P の単位：Barrer $= 1 \times 10^{-10} [\mathrm{cm}^3(\mathrm{STP})\mathrm{cm}/(\mathrm{cm}^2 \cdot \mathrm{sec} \cdot \mathrm{cmHg})]$

　表1,2には，代表的なTR高分子のCO$_2$透過係数（P_{CO_2}）とH$_2$透過係数（P_{H_2}）と気体選択性の関係を示す[2〜7]。表2には熱処理が気体透過性に与える効果を示したが，嵩高い構造を高分子側鎖や主鎖に導入した芳香族系高分子を合成できれば，熱処理依存的に気体透過性を増加できることがわかる。剛直な構造が気体透過性に有利ではあるが[8〜12]，一方で合成された高分子の溶媒への溶解性は著しく制限されるため，気体分離膜で要求される中空糸構造などの成型性は劣り，膜の薄膜化も極めて困難となる。これら製膜因子をいかに向上させるかが今後の重要な課題である。

文　　献

1) L. M. Robeson *et al., J. Membr. Sci.*, **525**, 18 (2017)
2) D. Naiying *et al., Energy Environ. Sci.*, **5**, 7306 (2012)

3) J. I. Choi *et al.*, *J. Membr. Sci.*, **349**, 358 (2010)
4) F. Alghunaimi *et al.*, *J. Membr. Sci.*, **520**, 240 (2016)
5) F. Alghunaimi *et al.*, *Polymer*, **121**, 9 (2017)
6) S. H. Han *et al.*, *Macromolecules*, **43**, 7657 (2010)
7) M. Calle *et al.*, *Macromolecules*, **46**, 8179 (2010)
8) S. Kim *et al.*, *J. Membr. Sci.*, **441**, 1 (2013)
9) Y. Jiang *et al.*, *Polymer*, **52**, 2244 (2011)
10) H. Wang *et al.*, *J. Membr. Sci.*, **385**, 86 (2011)
11) Y. F. Yeong *et al.*, *J. Membr. Sci.*, **397**, 51 (2012)
12) S. Li *et al.*, *J. Membr. Sci.*, **434**, 137 (2013)

1.5 Polymer of Intrinsic Microporosity (PIM) 膜

川上浩良[*]

実用化を考えて気体分離膜設計をすると，今後は超高気体透過性膜の開発が特に重要となる。超高気体透過性膜として特に知られている高分子は，ポリ［1-(トリメチルシリル)-1-プロピン］(PTMSP) である（下図）。

$P_{O_2} = 7.8 \times 10^{-7}$[cm³(STP)cm/(cm² sec cmHg)], $P_{O_2}/P_{N_2} = 1.4$ at 30℃

PTMSPはガラス状高分子でありながら二酸化炭素透過係数（P_{CO_2}），酸素透過係数（P_{O_2}）がポリジメチルシロキサンの10倍以上であることが明らかとなり，多くの関心を持たれるようになった。PTMSPは，固い主鎖構造に嵩高い置換基を有することがその構造的な特徴である。またPTMSP膜の興味深い現象は，アルコール処理等を施したPTMSP膜が分子レベルの孔が存在するような特異的な気体分子収着挙動を示すことである。しかし，その孔は経時的に減少することが明らかになっている。

現在はその分子構造の考えを組み込んだ微多孔性高分子であるPIM系高分子が高分子気体分離膜の候補として盛んに研究されている。PIM系膜の代表的な高分子の構造と気体透過特性を表1に示す[1~4]。PIM系膜の特徴は，高分子膜中に存在する固有な微細孔が非常に大きな表面積を持ち，その孔に気体が溶解することにより気体透過性が向上するという，気体透過機序にある（Buddらが最初に報告したPIM-1の孔径はIUPACにより2 nm以下と定義されている）。また，PTMSP膜と同様に製膜後のPIM系膜をメタノール溶液に浸漬し孔をさらに押し広げる処理を行うと，気体透過性が5倍程度向上することも明らかになっている（約10,000［Barrer：10⁻¹⁰ [cm³(STP)cm/(cm² sec cmHg)]程度］。しかしこのような前処理を施すとPTMSP膜程ではないが，PIM系膜の気体透過性は経時的な影響を受け，時間とともに著しく減少し処理前の気体

PIM-1

---

[*] Hiroyoshi Kawakami　首都大学東京　都市環境学部　環境応用化学科　教授

TZ-PIM

PIM-EA-TB

PIM-SBI-TB

PIM-TMN-Trip

PIM-TMN-SBI

表1 PIM系高分子の気体透過係数と選択性の関係

Polymer	P_{CO_2}	P_{CO_2}/P_{N_2}	P_{H_2}	P_{H_2}/P_{N_2}	Ref.
PIM-1※	2300	25	–	–	1)
PIM-1 (Methanol)	11200	18	3300	5	1)
TZ-PIM-1 (Methanol)	3510	29	–	–	2)
PIM-EA-TB (Methanol)	7140	14	7760	15	3)
PIM-SBI-TB (Methanol)	2900	13	2200	9	3)
PIM-TMN-Trip (Methanol)	33300	15	16900	8	4)
PIM-TMN-SBI (Methanol)	17500	16	7190	7	4)

Pの単位:Barrer=1×10^{-10}[cm^3(STP)cm/(cm$^2\cdot$sec$\cdot$cmHg)]
※前ページに構造を示す。

第2章 二酸化炭素分離膜

透過性に近づくことが知られている[1]。これは PIM の Physical Aging が原因であると考えられている（図1, 2）。特に気体透過性が減少する理由は拡散性の減少が原因とされている（図3）。一方，溶解性は経時的な影響を殆ど受けないことも分かってきた[5]。また興味深い現象として，PIM-1 の As cast 膜も殆どの気体で透過性は経時的に減少するが，He, H_2 のような小分子はむしろ増加することが明らかとなった。製膜後に残存する僅かな溶媒が徐々に除かれることによる影響であると考えられている。

最新の研究で報告されている PIM 系高分子膜の P_{CO_2} は（メタノール処理膜），30,000［Barrer：10^{-10}［cm^3(STP)cm/(cm^2 sec cmHg)］］を超える超高気体透過性レベルに到達してきた。当然，Physical Aging は受けるが，ベースとなる膜性能が一段と向上したため，気体透過性が経時的な影響を受けたとしても，ある程度高い気体透過性を維持できる可能性が出てきた。

一方 PIM 系高分子を TR 高分子と比較すると，気体分離性能は若干劣るものの気体透過性はかなり高く，実用化は TR 高分子より高いと考えられる（図4）[6]。TR に比べて気体選択性が低い理由は，拡散選択性が低いことに起因する（図5）。一方，PIM 系高分子の選択性は溶解度選択性にかなり依存していることがわかる（表2）。

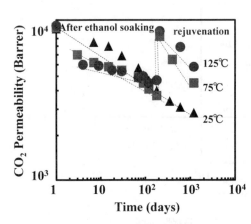

図1　PIM 系高分子の P_{CO_2} の透過安定性
図は P. Bernardo *et al.*, *Polymer*, **113**, 283-294 (2017) を参照して作成。
Barrer = 1×10^{-10}［cm^3(STP)cm/(cm^2·sec·cmHg)］

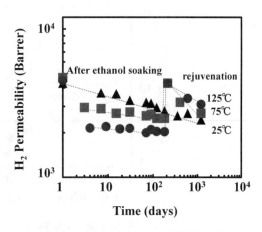

図2　PIM 系高分子の P_{H_2} の透過安定性
図は P. Bernardo *et al.*, *Polymer*, **113**, 283-294 (2017) を参照して作成。
Barrer = 1×10^{-10}［cm^3(STP)cm/(cm^2·sec·cmHg)］

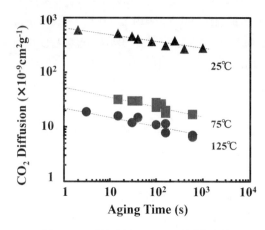

図3 PIM系高分子のD_{CO_2}の透過安定性
図はP. Bernardo *et al.*, *Polymer*, **113**, 283-294 (2017) を参照して作成。

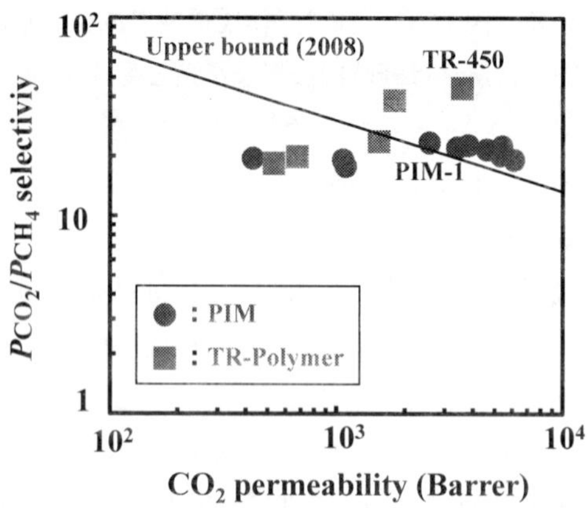

図4 PIM系高分子のP_{CO_2}と(P_{CO_2}/P_{CH_4}) 選択性の関係
図はL. M. Robeson *et al.*, *J. Membr. Sci.*, **525**, 18-24 (2017) を参照して作成。
Barrer = 1×10^{-10} [cm^3(STP)cm/(cm$^2 \cdot$ sec $\cdot$ cmHg)]

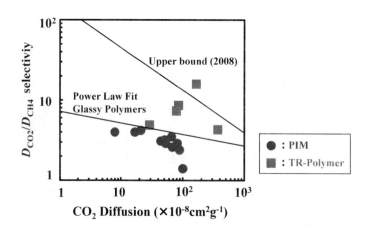

図5 PIM系高分子のD_{CO_2}と(D_{CO_2}/D_{CH_4}) 選択性の関係
図はL. M. Robeson *et al.*, *J. Membr. Sci.*, **525**, 18-24 (2017) を参照して作成。

表2 PIM系高分子の気体透過係数と選択性の関係

Polymer	$S(CO_2)/S(CH_4)$ 平均	幅
Glassy polymers	5.00	0.93–47.5
PIM	4.35	3.19–5.09
TR Polymers	3.02	2.50–4.30

L. M. Robeson *et al.*, *J. Membr. Sci.*, **525**, 18-24 (2017) を参照して作成。

第2章 二酸化炭素分離膜

　今後 PIM 系膜を CCS 等の CO_2 分離膜に応用しようとする場合，先ずは上述した高い気体透過性をどのように維持するのか，つまり Physical Aging をいかに抑制するのかが問題となる。PIM 系膜の気体透過安定性が果たされなければ，その実用化は難しいことには変わりはない。加えて PIM 系膜の薄膜化も重要である。PIM 系高分子の T_g はかなり高いため膜は比較的脆く，薄膜化に適した化学構造とは言えない。実用化時には超高気体透過流量が必要となるため，PIM 系高分子の化学構造の最適化をはかり，薄膜化が可能な化学構造からなる膜材料の開発も不可欠となる。

文　　献

1) P. M. Budd *et al., J. Membr. Sci.*, **325**, 851 (2008)
2) D. Naiying *et al., Nat. Mater.*, **10**, 372 (2011)
3) C. Mariolino *et al., Science*, **339**, 303 (2013)
4) I. Rose *et al., Nat. Mater.*, **16**, 932 (2017)
5) P. Bernardo *et al., Polymer*, **113**, 283 (2017)
6) L. M. Robeson *et al., J. Membr. Sci.*, **525**, 18 (2017)
7) M. Calle *et al., Macromolecules*, **46**, 8179 (2010)
8) D. Fritsch *et al., Macromol. Chem. Phys.*, **212**, 1137 (2011)
9) B. S. Ghanem *et al., Macromolecules*, **41**, 1640 (2008)
10) L. M. Robeson, *J. Membr. Sci.*, **320**, 390 (2008)
11) P. M. Budd *et al., Chem. Commun.*, **1**, 230 (2004)
12) S. Kim *et al., Prog. Polym. Sci.*, **43**, 1 (2015)

1.6 Mixed-Matrix Membrane (MMM)

川上浩良*

　高分子気体分離膜には高い気体透過性と気体選択性が求められているが，これら全てを高分子のみで実現することは容易ではない。そのような背景から近年，分離性能や透過機能をもつ多孔質ナノ粒子を高分子膜内に分散する MMM (Mixed-Matrix Membrane) が盛んに研究されるようになった[1~4]。MMM の当初の目的は，無機粒子を含有させることによる膜強度等の改善を目指した膜安定性の向上であった。しかし，多孔質ナノ粒子の研究において，安価な大量合成法の確立や精密に制御された多孔質ナノ粒子の合成法の開発が行われるようになると，急激に多様なナノ粒子が現れ，ナノ粒子の新しい機能が見出されるようになってきた。MMM で特に多く検討されているのが，多孔構造を有するシリカ粒子，ゼオライト，金属酸化物ナノ粒子である。表1にはその代表例として多孔質シリカ粒子を含有した MMM の結果を示す[5~7]。MMM は多孔質粒子の孔径に依存して透過特性が全く異なることがわかる。孔径が気体分子程度の大きさである拡散選択性がある多孔質粒子の場合，気体透過性は低下するが，気体選択性は向上する。一方，気体分子より大きな孔径を持つ多孔質粒子を用いれば，気体選択性は減少するが透過性は向上する。ナノ粒子を用いた MMM の場合，最も注意するべき問題は，いかに気体選択性を損なうことなく透過性を高めるかということである。そのために解決すべき課題としては

① 多孔質ナノ粒子の分散性を高め，粒子の凝集により形成される欠陥を抑制する
② 多孔質ナノ粒子とマトリックスである高分子間の相互作用を制御する
③ 多孔質ナノ粒子濃度を膜内で高める

となる。これらの問題は，ナノ粒子同士あるいはナノ粒子と高分子の界面の制御とナノ粒子表面の構造制御の重要性を意味しており，ナノ粒子の設計とその合成が重要な課題となる。
　「多孔性配位高分子」(Porous coordination polymer：PCP) あるいは「金属-有機骨格体」(Metal-organic framework：MOF) は，気体分子に対して特異的な吸着や貯蔵を示すため，近年注目を集めている多孔質ナノ材料である。特に MOF は，有機部位と金属多核部位の組み合わせを最適化することにより細孔径を気体分子と kinetic diameter の数倍に制御することができ，気体を有効に吸着することができるようになるため盛んに研究が進められている。一方，細孔径を大きくして吸着エネルギーを抑制すると，細孔への気体吸着量は減少するが，気体が細孔内を透過できるようになる。つまり MOF は，その構造を変えることにより気体分子の吸着量を自在に制御することができる材料であり，無機多孔質粒子に比べても，大きな表面積を持っていることが特徴である。そのような背景から，MOF を MMM のナノ材料として用いる研究が盛んに行われている[8~12]。表2, 3に代表的な MOF を含有した MMM を示す。しかし，透過プロセスで気体を分

＊ Hiroyoshi Kawakami　首都大学東京　都市環境学部　環境応用化学科　教授

第2章　二酸化炭素分離膜

Polysulfone

6FDA-durene

Modified Si nanoparticles (Si)　　**Fumed Silica (FS)**

PIM-1

表1　MMM高分子の気体透過係数と選択性の関係1

Membrane	P_{CO2}	P_{CO2}/P_{N2}	P_{H2}	P_{H2}/P_{N2}	Ref.
Polysulfone	6.3	26	11.8	49	5)
10 wt% FS/Polysulfone	9.3	23	15.9	40	5)
20 wt% FS/Polysulfone	20	18	32.3	29	5)
PIM-1 (Methanol)	6000	15	3320	8	6)
13.0 wt% FS/PIM-1	10100	12	5060	6	6)
23.5 wt% FS/PIM-1	13400	7.5	7190	4	6)
6FDA-durene	1470	26	-	-	7)
8.7 wt% Si/6FDA-durene	1970	29	-	-	7)
21.0 wt% Si/6FDA-durene	3300	31	-	-	7)

P の単位：Barrer $= 1 \times 10^{-10}$ [cm^3(STP)cm/(cm^2・sec・cmHg)]

離する場合，むしろ気体の吸着能は分離性能の低下を導く因子となる。なぜなら，強く吸着した気体はその部位に留まり，気体の拡散には寄与しなくなるからだ（不動化）。多くの気体を吸着により溶解させても，不動化して気体が移動できなければ，結果として気体の透過量には反映されない。透過に用いられるMOFは細孔内を気体が透過できるように比較的大きな孔径を持っているため，多くのMOFの分離特性は低くなっている。したがって，そのMMMはMOF導入により気体透過性は向上するが，気体選択性は減少する傾向が強い。

二酸化炭素・水素分離膜の開発と応用

PBI

Matrimid

ZIF-7 [8]

ZIF-8 [10]

表2 MMM高分子の気体透過係数と選択性の関係2

Polymer	Membrane	P_{CO2}	P_{CO2}/P_{N2}	P_{H2}	P_{H2}/P_{CO2}	Ref.
(PBI構造)	PBI	0.4	–	3.7	8.7	8)
	ZIF-7/PBI	1.8	–	26.2	14.9	
(Matrimid構造)	Matrimid	9	–	27	3.0	9)
	ZIF-8/Matrimid	8	–	35	4.4	
(PIM-1構造)	PIM-1 (Methanol)	4390	24	1630	–	10)
	ZIF-8/PIM-1	6300	18	6680	–	

P の単位：Barrer $= 1 \times 10^{-10}$ [cm^3(STP)cm/(cm^2・sec・cmHg)]

PMMA

CAU-1-NH$_2$ (MOF) [11]

PAF-1 [12]

表3 MMM高分子の気体透過係数と選択性の関係3

Polymer	Membrane	P_{CO2}	P_{CO2}/P_{N2}	P_{H2}	P_{H2}/P_{CO2}	Ref.
(PMMA構造)	poly(methylmethacrylate) (PMMA)	1670	–	5000	3	11)
	10wt% MOF/PMMA	1140	–	8000	7	
	15wt% MOF/PMMA	850	–	11000	13	
(PIM-1構造)	PIM-1 (Methanol)	4000	13	–	–	12)
	PAF-1/PIM-1 (Methanol)	11500	12	–	–	

P の単位：Barrer $= 1 \times 10^{-10}$ [cm^3(STP)cm/(cm^2・sec・cmHg)]

第 2 章　二酸化炭素分離膜

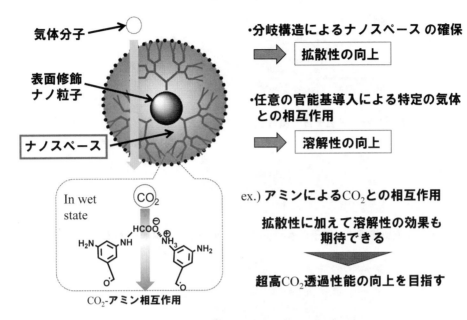

図 1　表面修飾ナノ粒子の構造特性

　地球温暖化で求められる CO_2 分離膜の実用化には，従来の高分子材料や MMM では達成が極めて困難となる超高気体透過性の実現が求められている。我々は，ナノ粒子表面を剛直な分子構造を用いて修飾することで高分子膜中に「ナノスペース」を形成させ，ナノスペースが持つ高い拡散性により，非常に高い気体透過性の実現が可能であること明らかにしている（図 1）。我々が合成するナノ粒子は非多孔質ナノ粒子であるため，ナノ粒子自体は気体透過性を持たない。したがって，高い透過性を実現するには，ナノ粒子表面の修飾構造に加え，粒子集合体の形成が必要となる。一般的にナノ粒子を高分子膜中に添加すると，粒子が凝集体を形成することにより凝集体間隙が形成され気体選択性が著しく低下することが知られている（図 2）。しかし我々が合成した表面修飾ナノ粒子では，その表面修飾分子構造によりこのような空隙が生じず，かつクラスター（連続的なナノ粒子パスの形成）の連続性が増加することで複合膜の気体透過性は飛躍的に向上することが明らかになった。

　特に興味深い気体透過現象としては，表面修飾ナノ粒子の濃度を増加させるとある濃度域を境として，その複合膜の気体透過性が著しく増加することである。しかも気体選択性の低下は殆ど見られず，気体透過性のみを向上できる点が画期的である（図 3）。また，さらに表面修飾を施したナノ粒子を含んだ複合膜では（図 3 右図），気体の透過性に加え気体選択性も増加するなど，これまで困難とされてきた，透過性と選択性の両方の性能の向上が可能となった。Maxwell Model 式を用いナノ粒子単独の見かけの CO_2 透過係数を算出すると，その値は約 100,000（Barrer：$10^{-10}[cm^3(STP)cm/(cm^2\,sec\,cmHg)]$）となり，高分子単独膜では達成できない超高気体透過性を実現した。

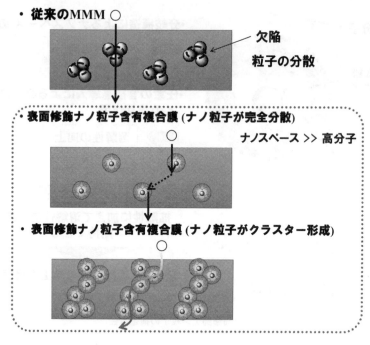

図2 表面修飾ナノ粒子のクラスター形成

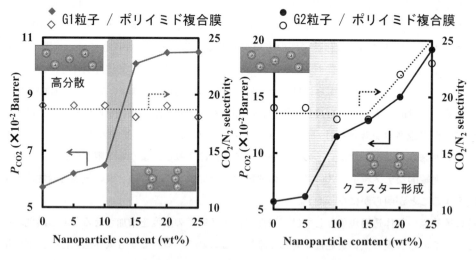

図3 表面修飾シリカナノ粒子複合膜の CO_2 透過特性
*Barrer = 1×10^{-10} [cm³(STP)cm/(cm²·sec·cmHg)]

　また構造制御したナノ粒子を合成し，メタノール処理していないPIM-1に導入すると（図4），PIM-1の気体選択性は殆ど低下することなく，気体透過性のみを8倍程度増加できることに成功した．詳しい透過メカニズムは割愛するが，高分子とナノ粒子間の相互作用，ナノ粒子間の相

第 2 章　二酸化炭素分離膜

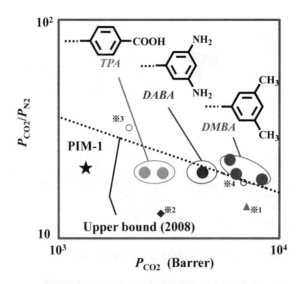

図 4　表面修飾シリカナノ粒子複合膜の CO_2 透過性と選択性
[※1][※2] Neil B. McKeown, *Science*, **339**, 303 (2013), [※3] Michael D. Guiver, *Nat. Mater.*, **10**, 372 (2011),
[※4] Peter M. Budd, *J. Membr. Sci.*, **427**, 48 (2013), ※ 1-4 の全ての膜はメタノール処理済み
*Barrer = 1×10^{-10} [cm^3(STP)cm/($cm^2 \cdot sec \cdot cmHg$)]

互作用が膜内での粒子のクラスタリング形成に影響を与え，過度な凝集を抑えてナノ空間が適切に形成された複合膜では，気体透過性が飛躍的に向上することが明らかとなった。メタノール処理を施していないため気体透過性は安定で，ナノスペースを利用した CO_2 分離膜の有効性が示された（Data not shown）。

さらにナノスペースのさらなるその拡大を目指し，粒子形状が異なるナノ粒子の合成も行った。特に表面修飾を施したパールネックレス状ナノ粒子（図 5）は，初めから連続的なナノスペースが形成された粒子であるため，気体透過性の向上が期待できる。実際，その粒子を PIM-1 に導入すると気体透過性は著しく向上し，複合膜の状態で P_{CO_2} = 16,000 [Barrer] が可能となった。ナノスペースを利用した超高気体透過分離膜は，CO_2 分離回収だけではなく，（CO_2/CH_4）分離が必要な天然ガス分離やバイオガス分離，CCS と組み合わせた CO_2 フリー水素ガス精製など，環境，エネルギー両面で大きな貢献が期待できる新しい膜材料となりうる可能性が示された。

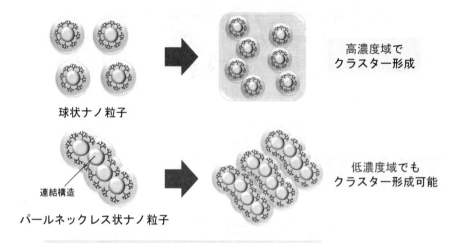

図5 異形構造表面修飾シリカナノ粒子の特徴

文　　献

1) C. H. Lau et al., Angew. Chem. Int. Ed., **53**, 5322 (2014)
2) C. H. Lau et al., Angew. Chem. Int. Ed., **54**, 2669 (2015)
3) J. Ma et al., J. Mater. Chem. A, **4**, 7281 (2016)
4) J. Fu et al., J. Am. Chem. Soc., **138**, 7673 (2016)
5) J. Ahn et al., J. Membr. Sci., **314**, 123 (2008)
6) J. Ahn et al., J. Membr Sci., **346**, 280 (2010)
7) V. Nafisi et al., ACS Appl. Metar. Interfaces, **6**, 15643 (2014)
8) T. Yang et al., Energy Environ. Sci., **4**, 4171 (2011)
9) M. Josephine et al., J. Membr. Sci., **361**, 28 (2010)
10) A. F. Bushell et al., J. Membr. Sci., **42**, 48 (2013)
11) L. Cao et al., Chem. Commun., **49**, 8513 (2013)
12) C. H. Lau et al., Angew. Chem. Int. Ed., **53**, 5322 (2014)
13) 川上浩良, MATERIAL STAGE, **169**, 8 (2015)
14) H. Kawakami et al., J. Membr. Sci., **536**, 148 (2017)

2 無機膜
2.1 ゼオライト

喜多英敏[*]

2.1.1 はじめに

結晶性含水アルミノケイ酸塩のゼオライトはその特異な結晶構造，細孔径，吸着分離能，イオン交換能，固体酸性などから，吸着剤，イオン交換剤，触媒などの機能性物質として広く利用されている（図1）[1〜3]。分離膜素材としても，透過分子径とほぼ同じ大きさの細孔を有する分子ふるい膜素材として，さらに，有機高分子膜では達成できない耐熱性，耐久性，耐薬品性のある膜素材として注目され，浸透気化（パーベーパレーション）分離への応用をはじめ，気体分離や触媒膜としてのメンブレンリアクターへの適用など幅広い展開が期待され，本書においても，本稿の他，第Ⅰ編の水素分離膜，第Ⅱ編の浸透気化分離や二酸化炭素分離膜およびそのプロセスの紹介，第Ⅲ編の膜反応器の項で取り上げている。本稿ではゼオライト膜の製膜法と二酸化炭素分離特性についてまとめた。

図1　機能性物質ゼオライトのいろいろな応用例

---

[*]　Hidetoshi Kita　山口大学　大学院創成科学研究科　教授（特命）

2.1.2 ゼオライト膜の製膜

ゼオライトの膜化の文献は，1980年代半ばの特許文献にはじまり，続いてエポキシ樹脂上に膜状に担持した例や多孔質バイコールガラスをテトラエチルオルトシリケートのメタノール溶液に浸漬後水熱合成した報告例，シリカ-アルミナプレート上へのモルデナイト膜の作製，ZSM-5，シリカライトやA型ゼオライト等の膜化が1990年代始めから種々報告されるようになった[4]。これらの膜の膜厚は5〜100μm程度で，自立膜からプラスチック，金属，ガラス，セラミックス等の種々の支持体を利用したものがあり，製膜方法もゼオライト結晶合成時に常用される水熱合成法の他，ドライゲルコンバージョン（気相輸送）法や高分子とのブレンドなどで行われていた。しかし，これらの膜の分離性能はシリコーンゴムにブレンドしたシリカライト膜の例を除いていずれの膜も選択性が小さく実用化にはほど遠いものであった。その後，水／アルコールの分離においてシリカライト膜[5]とA型ゼオライト膜[6]で高分子膜の分離性能を超え実用化の可能性を示す優れた分離性能がわが国で報告され，世界に先駆けてゼオライト膜の実用化がなされるにおよび，ゼオライト膜に関する研究が活発化して，図2に示すように研究報告例が急激に増加している。

図3に（SiO_4）および（AlO_4）単位で構成されるゼオライト結晶（フォージャサイト：国際ゼオライト学会の構造コードはFAU）の骨格構造の一例を示す。酸素に対して高い親和性をもつケイ素は，Si原子を4個のO原子で配位したSiO_4四面体を形成する。この四面体の頂点のO原子を共有して縮合ケイ酸塩となった3次元網目構造のテクトケイ酸塩のSi原子の一部をAl原子で置換した構造がアルミノケイ酸塩である。FAU結晶の場合，真ん中に開いているゼオライ

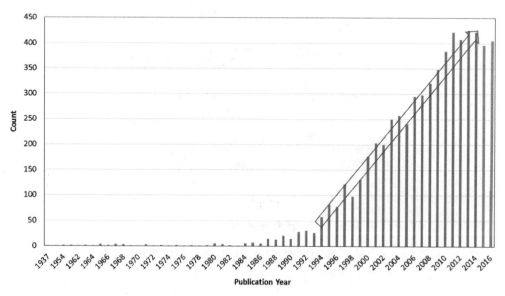

図2 ゼオライト膜の研究報告数の推移
（SciFinder®による著書・学術論文・学会要旨・博士論文・特許についての検索）

第2章 二酸化炭素分離膜

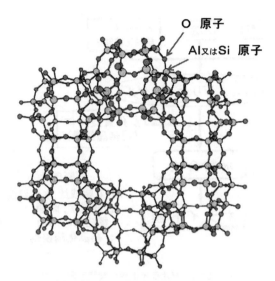

図3 四面体構造をもつ（SiO$_4$）および（AlO$_4$）単位で構成されるFAUゼオライトの骨格構造

ト細孔の直径は0.74 nmである。

造岩鉱物として天然に存在するゼオライト（沸石）は熱処理あるいは化学処理して各種材料に利用されているが、人工合成も盛んに行われている。合成法は主に水熱合成[7]である。水熱法（熱水法）は、高温高圧熱水に物質がよく溶解する現象を利用して結晶を合成・成長させる方法で、通常の水には不溶のシリカも熱水中で溶解する現象を利用しゼオライトを合成する。反応はオートクレーブ中で高温高圧熱水条件下に反応を行わせる。

ゼオライトの合成原料のAl源は、金属アルミニウム、アルミン酸ソーダ、水酸化アルミニウムなどで、Si源はシリカ粉末やシリカゲルのほか、水ガラスなどのケイ酸ナトリウム、コロイダルシリカやテトラメチルシラン、ケイ素アルコキシドが用いられる。さらに、アルカリ（水酸化ナトリウムや水酸化カリウム）としばしば構造規定剤（例：テトラプロピルアンモニウム塩など）が必要である。合成条件としては原料組成比の他に、温度、圧力、時間、結晶化調整剤と種結晶の有無などがある。合成は一般に原料のアルミノシリケートゲルをオートクレーブ等の容器に仕込み、バッチ式で水熱合成する。結晶化曲線は反応の初期段階に誘導期があるS字型となり、ゲルの溶解と組成の均一化や結晶核の形成、核の成長の段階を経ると考えられているが、ゼオライトの結晶化機構としては液相を経由して可溶性化学種が晶析に関与する説と非晶質固体のゲルから直接生成するとする説が共存している[8,9]。

有機溶剤の脱水膜として実用化されているLTA, T, CHA, DDRなどのゼオライト膜は図4のような手順で水熱合成法によりα-アルミナ多孔質支持体上に製膜されている[10]。膜は支持体を用いない自立膜では機械的強度、緻密さなどに問題点があるため、多孔質支持体上に結晶が緻密に析出した多結晶体膜である。そのためピンホールとなる結晶粒界の存在が分離性能を左右す

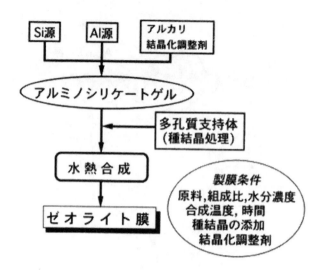

図4 ゼオライト膜の製膜手順

る。ゼオライトは現在，国際ゼオライト学会で登録されている骨格構造が230種類以上あるが，触媒能を有し，0.55 nm のゼオライト細孔径がいろいろな分離対象分子の大きさに近くて分子サイズでの分離（分子ふるい）が可能，かつ結晶化調整剤を使用して水熱合成が比較的容易である MFI ゼオライト（ZSM-5，シリカライト）の製膜研究報告がその半数以上で，次いで脱水膜として実用化している LTA 膜の研究報告が約 1/4，そのあとに，高い二酸化炭素分離能のある一連のゼオライト膜（FAU，CHA(CHA，SAPO-34，SSZ-13)，T(ERI+OFF)，DDR など）の順になっている[11]。

2.1.3 CO_2 分離性能

図5は温暖化ガスの分離回収（分離系では CO_2/N_2）や天然ガスやバイオガスからの CO_2 分離（分離系では CO_2/CH_4）への応用を目的に研究されているゼオライト膜の膜性能（分離係数と透過速度）の例である[11]。いずれの分離系においても，本書の第Ⅰ編第2章の高分子膜の項で触れられているように酢酸セルロースやポリイミド膜が既に実用化されているが，CO_2 による高分子膜素材の可塑化対策や分離性能のより一層の高性能化が求められている。一方，ゼオライトは CO_2 分離の膜素材として，CO_2 の吸着能が大きく，CO_2 の動力学直径 0.33 nm と N_2（0.36 nm）や CH_4（0.38 nm）の動力学直径の間にゼオライト細孔径がある AEI（AlPO-18，SSA-39)（細孔サイズ 0.38×0.38 nm），DDR（0.36×0.44 nm），CHA（SAPO-34，SSZ-13)（0.38×0.38 nm），RHO（0.36×0.36 nm），ERI（0.36×0.51 nm），KFI（0.39×0.39 nm）などのゼオライトで高分子膜性能を超える膜が報告されており，現在これらのゼオライト膜が盛んに研究されている。なお，これらのゼオライトの細孔はいずれも図6に例示しているような酸素8員環の3次元細孔である。

第2章 二酸化炭素分離膜

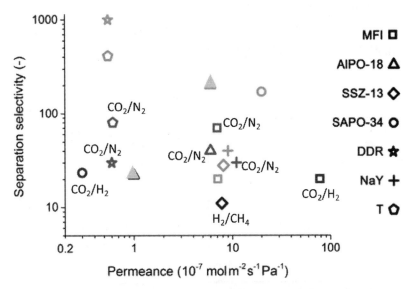

図5 各種ゼオライト膜の気体混合ガス分離性能[4]
温度：25～35℃，圧力：100～600 kPa，ガス組成比：ほぼ等モル混合，
分離ガス系：記号の横に表示（表示のないものはCO_2/CH_4系）

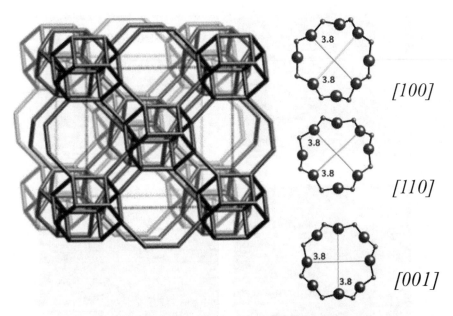

図6 ゼオライト AEI（AlPO-18）の骨格構造と細孔サイズ

51

図7にゼオライトT（ERI+OFF）とAEI（AlPO-18）膜の透過速度の気体分子径依存性を示す[12,13]。0.38×0.38 nmの小細孔ではメタン分子より大きな分子の透過速度が大きく減少する。さらに、これらのゼオライト膜ではCO_2の透過速度が特に大きく、その結果、これらの膜では高いCO_2/CH_4選択性を示す。図8にこれらの膜のSEM写真を示す。膜はX線回折およびSEM

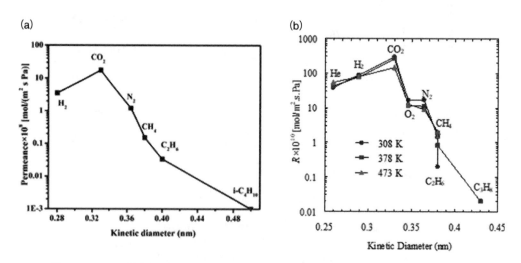

図7　AlPO-18膜(a)とT型ゼオライト膜(b)の気体透過速度（35℃）の気体分子径依存性

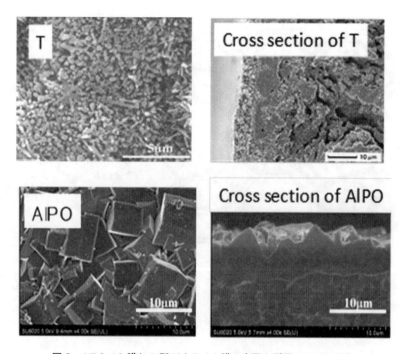

図8　AlPO-18膜とT型ゼオライト膜の表面と断面のSEM写真

第2章　二酸化炭素分離膜

観察から，多孔質支持体表面に各ゼオライト結晶が緻密に析出した多結晶体を形成していることを確認した。断面の SEM 観察から求めた各ゼオライト膜の膜厚は 5〜15 μm である。

高い CO_2 選択透過性の発現には，気体分子径の違いによる分子ふるい能と CO_2 との親和性による選択的吸着能の両方の寄与がある。CO_2 分子は双極子モーメントは小さいが四重極モーメントが大きい極性分子で，イオン性の吸着剤であるゼオライトとの親和性が強く，平衡吸着量が大

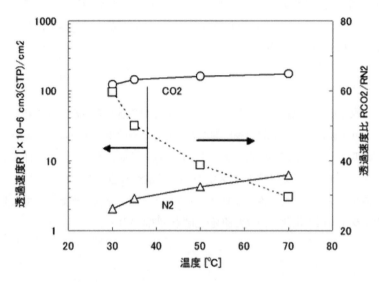

図9　Y型ゼオライト膜の CO_2/N_2 混合系における気体透過速度と分離係数の温度依存性

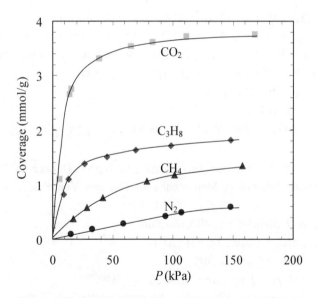

図10　T型ゼオライトへの CO_2，C_3H_8，CH_4，および N_2 の吸着等温線（25℃）

きい。草壁らは多孔質アルミナキャピラリー管に製膜したFAU（Y型）ゼオライト膜がCO_2/N_2混合系で優れた選択性を示すことを報告している[14]。CO_2が選択的に吸着され，吸着したCO_2によりN_2の透過が阻害されて混合系での高CO_2選択性が発現する。図9にY型ゼオライト膜のCO_2/N_2系での結果を示す。Y型膜はCO_2/CH_4系での分離性は小さいが，CO_2/N_2系では優れた分離性能を示した。最近，Funkeら[15]もT型，SAPO-34，SSZ-13ゼオライトのCO_2，CH_4，C_3H_8，H_2Oの吸着等温線を測定して，これらのゼオライト膜の高いCO_2/CH_4選択性を議論している。図10にT型ゼオライト結晶の気体吸着等温線を示す。高いCO_2選択性を示すゼオライト膜ではこのようにCO_2が高い吸着性を示す。

2.1.4　おわりに

従来の高分子膜や他の無機膜と比較して，CO_2透過選択性能や膜の安定性でゼオライト膜は評価が高いが，高分子膜に比べて製膜に長時間を要することや膜モジュールの作製が複雑であることから生産性が低く，コストが高い点で実用化には一層の検討が必要である。日本では大型プロジェクトとして，ゼオライト膜の天然ガス中のCO_2分離への適用を目的とした膜メーカとエンジ会社との共同プロジェクトで国内パイロットスケールでの実証試験が始まっており[16]，今後，CO_2分離用ゼオライト膜実用化に向けた開発の進展が期待される。

文　　献

1) 辰巳敬編，機能性ゼオライトの合成と応用，シーエムシー出版（1995）
2) 小野嘉夫，八嶋建明編，ゼオライトの科学と工学，講談社サイエンティフィク（2000）
3) 辰巳敬，西村陽一編，ゼオライト触媒の開発技術，シーエムシー出版（2004）
4) 日本膜学会編，膜学実験法—人工膜編，日本膜学会（2006）
5) 佐野庸治ほか，膜，**19**, 171（1994）
6) 喜多英敏，膜，**20**, 169（1995）
7) 日本化学会編，実験化学講座 第4版 16 無機化合物，p.55, 丸善（1993）
8) 文献2），p.30
9) Handbook of Zeolite Science and Technology, p.91, Marcel Dekker（2003）
10) H. Kita, Materials Science of Membranes for Gas and Vapor Separation, p.373, Wiley（2006）
11) N. Kosinov et al., J. Membr. Sci., **499**, 65（2016）
12) H. Kita et al., J. Mater. Chem., **14**, 924（2004）
13) 喜多英敏ほか，膜シンポジウム 2017
14) K. Kusakabe et al., Ind. Eng. Chem. Res., **36**, 649（1997）
15) H. H. Funke et al., Ind. Eng. Chem. Res., **55**, 9749（2016）
16) JOGMEC，膜型CO_2分離回収技術の小規模実証試験，www.jogmec.go.jp

2.2 多孔性金属錯体（MOF）の分離膜への展開

田中俊輔[*]

2.2.1 はじめに

　Metal Organic Framework（MOF）または Porous Coordination Polymer（PCP）と呼ばれる多孔性の金属錯体を利用した分離膜は，ここ数年でますます重要な研究分野となっている。最近のいくつかの研究には，MOF 膜および MOF／ポリマー複合膜（MOF-based Mixed Matrix Membrane：M^{4}膜）が，既存の高分子膜やゼオライト膜を凌ぐガス分離性能を示すものもある。MOF は 90 年代後半にガス吸脱着が可能な錯体結晶として見出され，活性炭やゼオライトに続く第三の新しい多孔体として研究が盛んに進められてきた。MOF は無機（金属イオン）と有機（架橋配位子）を構成要素とし，配位結合を介して無限骨格構造を形成する。それぞれの構成要素のサイズ，ジオメトリ，機能性によって，ここ 10 年ほどで 2 万以上の異なる MOF が合成されているとも言われる[1]。

　MOF は，常在する細孔，高い空孔率，低密度（0.2～1 g/cm^3），ならびに熱的安定性を有し，その構造は結晶学的に精度よく定義がなされている[2]。MOF は自己組織化型の多孔体としても大きな注目を集めており，活性炭やゼオライトをはるかに超える高比表面積（>7,000 m^2/g）を有する。また，結晶性であるため，そのナノ空間は高い規則性と均一性を担保する。既存の無機多孔体に対して MOF の最も重要な長所は，金属イオンと有機架橋配位子の組み合わせによって，細孔のサイズや形状，さらには異なるガスに対する細孔の親和性を自在に構造設計できるところにある。MOF の研究は国内外で急速に展開されており，多くの総説があるので，その構造や機能については，それらを参照されたい[1~5]。本書では，分離膜としての MOF に焦点を絞り，その製膜方法とガス分離性能について解説する。

2.2.2 MOF の特性

　MOF は配位結合からなる結晶であるため，既存の無機多孔体に比べて構造に柔軟性が付与されている。この柔らかさにより，ガス吸脱着にともなって構造が可逆的に変化する現象「吸着誘起構造転移」が多く確認されている[6~9]。MOF の組成・構造に応じて，吸着分子の出し入れによって格子層間が膨張・収縮したり，細孔形状が菱形構造から正方形型に変形したり，細孔開口部の配位子が回転したりするなどの様々な構造転移挙動を示す。

　金属イオンと配位子の組み合わせによる多彩な構造設計性が MOF の特長であり，細孔構造のこのような「合理的な設計」は，既存の多孔体の開発と一線を画する。(SiO$_4$)$^{4-}$および(AlO$_4$)$^{5-}$の四面体構造を基本単位として構造が制限されているゼオライトに対して，MOF は特定の用途

---

[*] Shunsuke Tanaka　関西大学　環境都市工学部　エネルギー・環境工学科　准教授

に合わせて構造と機能を微調整することができる。緻密に制御できる細孔構造は，細孔特性が分離性能に重要な役割を果たす膜分離において，分離膜材の理想的な候補としてMOFが期待される所以であろう。同様に結晶性の膜材の代表であるゼオライトと比較して，MOF膜は優れているのかと議論されがちであるので，ゼオライトとの相違点としてMOFの一般的な特徴を下記に特筆しておく。

① 構造規定剤（structure-directing agent：SDA）が不要であること

一部のゼオライトを除き，ゼオライト合成では有機のSDAが必要であるが，MOF合成ではSDAが不要であり，自己組織化を利用して錯体結晶が得られる。

② 活性化が容易であること

①に関係して，SDAを必要とするゼオライト合成では，SDAを熱分解除去して多孔空間を活性化させる焼成工程が必要である。これに対して，MOF合成ではSDAを用いないため，生成した固体粉末を単離した後に残存している溶媒を除去するのみで多孔空間を活性化できる。

③ 合成条件が温和であること

高温・高圧条件でゼオライトが水熱合成されるのに対して，MOFは比較的温和な条件で合成される。常温・常圧下で合成される場合も多い。

④ 構造柔軟性が高いこと

均一で剛直な細孔をもつゼオライトに対して，MOFの細孔径は，吸脱着による格子層間の膨張・収縮や，細孔形状の変形，細孔開口部の配位子の回転などによって変化しうる。

⑤ 広い範囲で粒子サイズを制御できること

一般的に合成されるゼオライトの結晶サイズは，数百nmから数μmであるのに対して，MOFは比較的容易に数十nmから数十μmの広い範囲において粒子サイズを制御できる。

2.2.3 MOFの製膜

MOF膜によるガス分離に対する関心が高まっているが，MOF単独による「多結晶」膜の報告数はMOF合成に関する報告数に比べてまだまだ少ない。これは，MOF「多結晶」膜における膜欠陥（ピンホールやクラック）の形成や，膜／支持体間の密着性，機械的または化学的安定性における課題に起因すると考えられる。MOF「多結晶」膜の代替として，MOFがポリマーマトリックス中の充填剤粒子として使用されるM[4]膜に関する注目も大きい。

ゼオライト膜に代表される多孔性の無機膜と同様に膜の機械的強度を確保するため，MOF膜は多孔質支持体上に製膜されることが多い。それゆえ，MOFの製膜は，ゼオライト膜の合成に類似している。通常，ゼオライト膜は，核となる種結晶を使用し，それを二次成長させて製膜される。ゼオライトとMOFはその構造と結晶性の形態の特徴を共有している一方で，その結合様式には共有結合と配位結合の大きな相違点がある。また，ゼオライト膜合成における結晶の溶解・再析出による膜成長を促すほどの過酷な条件（酸・アルカリ性，高温高圧）をMOF合成では必要としない。MOFの合成には，ソルボサーマル法をはじめ，マイクロ波や超音波，電気化

第2章　二酸化炭素分離膜

学を利用した様々な方法が報告されており，その製膜にも利用されている。MOF膜とゼオライト膜は，製膜における膜欠陥（ピンホールやクラック）の形成および選択性を変化させうる結晶粒界の影響などの課題を共有する。一方，ゼオライトに対してMOFの製膜における利点は，その化学的性質の多彩さと合成方法の多様さにある。前述の通り，MOFは，ゼオライト合成で一般的に使用されるSDAを必要としないことから，有機溶媒や水を除去するのみで膜を活性化できる。また，製膜可能なMOF膜の数および化学的多様性は，ゼオライト膜よりもかなり多く，細孔径の制御範囲が広いことは，分子サイズに基づいて所望のガス分離を達成する上で大きな利点になる。

　MOF膜の合成には，二次成長，chemical solution deposition (CSD)，layer-by-layer，*in situ*，エレクトロスピニング技術およびマイクロ波支援合成など，様々な製膜手法が提案・実証されている[10,11]。FischerらはAu(111)基板上にカルボン酸で終端された自己組織化単分子（self-assembled monolayer：SAM）膜にMOF-5の構造単位を固定化させて，MOFのフィルム化にはじめて成功した[12]。Caroらは異なる多孔質支持体上に$Mn(HCO_2)_2$結晶を*in situ*で成長させ，支持体の表面特性が結晶密度に有意に影響することを報告した[13]。また，BeinらはSAM改質金属基板上におけるMIL-53およびMIL-88の配向成長を報告した[14]。Gasconらは二次成長法を利用して多孔質アルミナ支持体上にHKUST-1（CuBTC）を製膜した[15]。しかしながら，先駆的なこれらの報告のいずれもガス透過の結果を報告するには至らなかった。これは，MOFフィルムとMOF「分離」膜の要求が顕著に異なることを示唆するものであり，連続的かつ欠陥のないMOF膜を製膜することはより困難であることを意味している。ゼオライト膜と同様，分子ふるい作用による膜分離性能を発現させるためには，結晶間に空隙が存在しないように結晶を緻密に，相互に成長させることが求められる。対照的に，センサ用途のためのMOFフィルムは膜の緻密化の要件を必ずしも満たす必要はない。その後，2000年代後半からガス分離を志向したMOF膜がはじめて報告されて以降，報告数が急増していることからもMOF膜分野に対する関心の高さがうかがえる。これまでに報告された製膜方法と膜分離性能を下記に整理する。

(1) *in situ*法

　*in situ*法は，多孔質支持体をMOF合成溶液に浸漬して，多孔質支持体表面にMOF層を析出させる方法である。Jeongらは*in situ*ソルボサーマル法によって多孔質アルミナ支持体上にMOF-5をはじめて製膜した[16]。MOF-5の細孔径は1.56 nmであり，H_2，CH_4，N_2，CO_2およびSF_6のガス透過性はKnudsen拡散挙動に従うことが示された。この報告により，種結晶を用いず，支持体表面の処理なしにMOF膜の*in situ*成長が可能であることが示された。しかし，脱水縮合して共有結合しうる-OH終端表面をもつゼオライトに対して，架橋配位子を終端表面とするMOFと支持体表面間には相互作用が働かないため，支持体上に十分な機械的強度をもって固定化することは比較的困難である。また，配位子-配位子間における結合が見込めない場合，結晶粒界の緻密化はより高い意識で取り組まなければならない。*in situ*法において，多孔質支持体表面を化学修飾することにより，MOF層の形成とMOF／支持体間の接合性の向上が図ら

れている。Caroらは 3-aminopropyltriethoxysilane（APTES）を用いて多孔質支持体を表面修飾することにより，イミダゾール誘導体を架橋配位子とする zeolitic imidazolate framework（ZIF）の製膜を報告した[17]。得られた ZIF-22 膜は H_2/N_2 分離係数 6.4 を示し，APTES 表面修飾を利用した in situ 法が他の ZIF 種にも適用できることを示唆した。McCarthyらはアルミナ支持体表面にイミダゾールを熱蒸着させることにより，ZIF-7 と ZIF-8 膜を支持体上に強固に形成できることを示した[18]。得られた ZIF-8 膜の H_2/N_2 および H_2/CH_4 分離係数はそれぞれ 11.6 と 13.0 を示した。このような in situ 法は，固定化された官能基あるいは金属種自身がアンカーとして膜／支持体間の接合性を確保する手段として理にかなっている。しかしながら，原料溶液の反応性が極めて高い場合，種結晶フリーの in situ 法において支持体上に不均一核生成を優先的に促し，膜成長させることは困難である。これに対して，Tanaka らは架橋配位子の 2-methylimidazole（Hmim）に模したイミダゾリン部位を有する 3-(2-imidazolin-1-yl)propyltriethoxysilane（IPTES）で多孔質アルミナ支持体を表面改質し，さらに ZIF-8 の製膜における亜鉛塩の種類および Hmim/Zn 比の影響を明らかにし，連続的かつ欠陥のない薄膜化の合成条件を最適化した[19]。また，多孔質支持体の IPTES 表面修飾量を調整することにより，多結晶膜を構成する結晶粒サイズを制御できることを示し，C_3H_6/C_3H_8 分離係数 36 の ZIF-8 膜を水系合成で製膜した[20]。

MOF を構成する金属種を含む支持体を用いて直接結晶層を形成させる方法も報告されている。Qiu らは網状構造の銅支持体上に HKUST-1 膜を in situ 成長させ，H_2/CH_4，H_2/N_2 および H_2/CO_2 の分離係数それぞれが 7.8，4.6 および 4.5 を示すことを報告した[21]。Cao らは HKUST-1 の製膜にチタン酸カリウム（$K_2Ti_6O_{13}$）支持体を用いた[22]。この支持体は Cu イオンを金属中心とする HKUST-1 膜の成長に適した酸性条件下において Cu^{2+} を吸着する。支持体を KOH 溶液で処理して，支持体表面上にヒドロキシル基（HKUST-1 成長のためのノード）を増加させて，HKUST-1 膜を成長させた。

(2) 二次成長法

多孔質支持体上に核となる種結晶を担持させ，それを二次成長させて製膜する方法であり，ゼオライト膜の合成において広く用いられている。in situ 法と比べると，二次成長法では核生成（種結晶の担持）と結晶成長のプロセスを別々に検討できるため，膜の微細構造（粒界，膜厚，結晶配向性など）を制御するための合成条件を最適化しやすい。種結晶の担持には，ゼオライト膜の合成と同様に，種結晶を含有するスラリーを多孔質支持体の表面にラビング（擦り込み）したり，ディップ塗布したりして，種結晶を付着させる方法が用いられる。Tsapatsis らはポリエチレンイミン（PEI）をバインダーとして用いて，種結晶を支持体上に有効に担持させる方法を提案している[23]。二次成長法により製膜された HKUST-1 膜の H_2/CH_4，H_2/N_2 および H_2/CO_2 の分離係数はそれぞれ 2.4，3.7 および 3.5 を示した[24]。また，多孔質アルミナ支持体上に step-by-step で計 4 サイクルの種結晶担持処理を行って調製された HKUST-1 膜は，H_2/CH_4，H_2/N_2 および H_2/CO_2 の分離係数それぞれが 2.9，3.7 および 5.1 を示すことが報告された[25]。これらは

第2章 二酸化炭素分離膜

前述した網状構造の銅支持体上に製膜された HKUST-1 膜[21]よりも低い。二次成長法において，均一かつ膜厚の薄い MOF 膜を製膜するためには，ナノサイズの MOF 種結晶を用いることが重要である。MOF 結晶のサイズおよび形態を制御するために，カルボン酸ナトリウム（ギ酸ナトリウム，酢酸ナトリウムまたはシュウ酸ナトリウム）がキャッピング剤として使用されている[26]。このようなキャッピング剤は架橋配位子と同じ化学的性質をもつため，ある特定の結晶面に配位することにより，結晶成長を抑制する。また，2-メチルイミダゾール（Hmim）を架橋配位子とする ZIF-8 の水系合成において，亜鉛塩の種類や合成温度，Hmim/Zn 比を調整することにより，その粒子径と晶癖が制御できることが報告されている[27,28]。

(3) その他の製膜方法

ゼオライト合成とは異なり，SDA が不要であること，常温常圧の温和な条件で合成できることなど，MOF の合成プロセスの特徴が活かされた形でゼオライト膜合成にはないユニークな製膜方法がいくつか提案・実証されている。対向拡散法や，layer-by-layer 法，電界紡糸（エレクトロスピニング）法などがそれである。また，これまでにシリカ，アルミナ，チタニア，グラファイト，金属網，多孔質 ZnO 支持体，またはポリアミドイミド（Torlon）などの様々な支持体が MOF 膜の合成に使用されている。対向拡散法では，金属イオンと有機架橋配位子の原料溶液をそれぞれ別に多孔質支持体の両側から供給し，支持体内で形成する液液界面にて MOF 層を析出させる。原料溶液の相互拡散と反応速度が膜の微細構造に大きな影響を及ぼす。Kwon らによって対向拡散法による種結晶の担持と，それに続くソルボサーマル反応による ZIF-8 膜の製膜が実証されている[29]。さらに，対向拡散法は膜欠陥を埋めるよう原料成分が拡散するように MOF 結晶が成長すると示唆されている。Fan らは種結晶の担持を目的として，電解紡糸法を採用した[30]。これは，高電圧を加えたノズルから ZIF-8 結晶を含む高分子溶液を噴霧し，支持体上にナノファイバーを作製する方法である。電界紡糸法の大きな利点は，様々な種類の支持体に適用できるところと大面積加工が可能なところにある。しかしながら，これまでに MOF 膜の大面積化に関する検討はほとんどなされていない。Shah らは，高温条件下で引き起こされる蒸発誘起結晶化を利用して，rapid thermal deposition（RTD）と呼ばれる新しい合成プロセスを提案した[31]。多孔質アルミナ支持体を MOF 前駆溶液に浸漬した後，180℃に加熱して溶媒を迅速に蒸発させることによって支持体内部で結晶化を誘導し，HKUST-1 および ZIF-8 膜を調製した。得られた HKUST-1 膜は高い H_2/SF_6 分離係数を，ZIF-8 膜は C_3H_6/C_3H_8 分離係数 30 を示した。

(4) MOF 膜の種類と膜分離性能

表 1 に MOF 膜の種類，ガス分離系とその操作条件をまとめた。膜厚，ガス透過率および分離係数，および対応する参考文献を記載した。表 1 から多くの MOF 膜は混合ガスではなく単成分ガスを使用して試験されていることがわかる。また，MOF 膜の種類を分類すると以下のことが示された。

① 非常に数多くの MOF が合成されているが，MOF 膜として採用されているのはそのうち数十種類程度であり，その多くは MOF-5（IRMOF-1），HKUST-1（CuBTC），そして ZIF で

二酸化炭素・水素分離膜の開発と応用

表1 MOF膜の種類とガス分離性能

MOF	支持体	膜厚 (μm)	分離系	温度 (℃)	ΔP (bar)	透過率 (mol m^{-2} s^{-1} Pa^{-1})	分離係数 (理想分離係数)	Ref.
MOF-5	α-Al$_2$O$_3$	14	CO$_2$/H$_2$(82/18)	25	3.5	CO$_2$: 2.0×10^{-7}	4.2	34)
			CO$_2$/N$_2$(88/12)	25	3.5	CO$_2$: 5.0×10^{-7}	66	
	α-Al$_2$O$_3$	14	H$_2$/N$_2$	25	1.7	H$_2$: 4.4×10^{-7}	(3.5)	35)
			H$_2$/CO$_2$	25	1.7		(4.2)	
	graphite-coated α-Al$_2$O$_3$	40	H$_2$/N$_2$	25	1-2	H$_2$: 7.8×10^{-7}	(2.7)	36)
			H$_2$/CO$_2$	25	1-2		(2.8)	
			H$_2$/CH$_4$	25	1-2		(2.0)	
	α-Al$_2$O$_3$	25	H$_2$/N$_2$	25	1.3	H$_2$: 2.8×10^{-6}	(2.2)	16)
			H$_2$/CO$_2$	25	1.3		(3.5)	
			H$_2$/CH$_4$	25	1.3		(1.6)	
Ni-MOF	Al$_2$O$_3$	25	H$_2$/N$_2$	25	1	H$_2$: 1.3×10^{-5}	(3.1)	37)
			H$_2$/CO$_2$	25	1		(9.1)	
			H$_2$/CH$_4$	25	1		(2.9)	
HKUST-1	AAO	30	H$_2$/N$_2$	25	1-2	H$_2$: 3.1×10^{-6}	(3.7)	38)
			H$_2$/O$_2$	25	1-2		(4.0)	
			H$_2$/CO$_2$	25	1-2		(4.8)	
			H$_2$/CH$_4$	25	1-2		(2.8)	
HKUST-1	α-Al$_2$O$_3$	10-20	H$_2$/N$_2$	25	1	H$_2$: 5.1×10^{-7}	(12.8)	31)
			H$_2$/CO$_2$	25	1		(0.98)	
			H$_2$/CH$_4$	25	1		(8.4)	
			H$_2$/SF$_6$	25	1		(622)	
HKUST-1	K$_2$Ti$_6$O$_{13}$	25-30	He/N$_2$	25	1	He: 1.4×10^{-6}	(2.6)	22)
			He/CO$_2$	25	1		(3.4)	
			He/CH$_4$	25	1		(2.1)	
HKUST-1	PMMA-PMAA coated stainless-steel	N/A	H$_2$/N$_2$(50/50)	25	1	H$_2$: 1.26×10^{-8}	8.9	39)
			H$_2$/CO$_2$(50/50)	25	1	H$_2$: 1.18×10^{-8}	11.2	
			H$_2$/CH$_4$(50/50)	25	1	H$_2$: 1.13×10^{-8}	9.2	
HKUST-1	copper net (400 mesh)	60	H$_2$/N$_2$(50/50)	25	1	H$_2$: 1.07×10^{-7}	7.0	21)
			H$_2$/CO$_2$(50/50)	25	1	H$_2$: 1.06×10^{-7}	6.8	
			H$_2$/CH$_4$(50/50)	25	1	H$_2$: 0.99×10^{-7}	5.9	
HKUST-1	PSF	25	H$_2$/CO$_2$	25	2.8	H$_2$: 7.9×10^{-8}	(7.2)	40)
			H$_2$/C$_3$H$_6$	25	2.8		(5.6)	
HKUST-1	α-Al$_2$O$_3$	40	H$_2$/N$_2$	25	1	H$_2$: 1.0×10^{-7}	(4.9)	41)
			H$_2$/O$_2$	25	1		(5.3)	
			H$_2$/CO$_2$	25	1		(4.9)	
			H$_2$/CH$_4$	25	1		(4.0)	
HKUST-1	α-Al$_2$O$_3$	25	H$_2$/N$_2$	190	N/A	H$_2$: 1.1×10^{-6}	(7.5)	24)
			H$_2$/CO$_2$	190	N/A		(5.1)	
			H$_2$/CH$_4$	190	N/A		(5.7)	
MIL-53	Al$_2$O$_3$	25	H$_2$/N$_2$	25	8	H$_2$: 4.9×10^{-7}	(3.6)	42)
			H$_2$/CO$_2$	25	8		(4.5)	

(つづく)

第 2 章　二酸化炭素分離膜

表 1　MOF 膜の種類とガス分離性能（つづき）

MOF	支持体	膜厚 (μm)	分離系	温度 (℃)	ΔP (bar)	透過率 (mol m^{-2} s^{-1} Pa^{-1})	分離係数（理想分離係数）	Ref.
MIL-53	Al$_2$O$_3$	25	H$_2$/CH$_4$	25	8		(3.1)	
NH$_2$-MIL-53	porous glass frit	15	H$_2$/N$_2$ (50/50)	15	1	H$_2$: 1.8×10^{-6}	23.9	43)
			H$_2$/CO$_2$ (50/50)			H$_2$: 2.0×10^{-6}	30.9	
			H$_2$/CH$_4$ (50/50)			H$_2$: 1.5×10^{-6}	20.7	
CAU-1	α-Al$_2$O$_3$	2-3	CO$_2$/N$_2$ (10/90)	25	1	CO$_2$: 5.0×10^{-7}	17.4	44)
			CO$_2$/N$_2$ (90/10)	25	1	CO$_2$: 1.3×10^{-6}	22.8	
CAU-1	α-Al$_2$O$_3$	4	H$_2$/N$_2$ (50/50)	25	1	H$_2$: 1.0×10^{-7}	10.3	45)
			H$_2$/CO$_2$ (50/50)	25	1	H$_2$: 1.1×10^{-7}	12.3	
			H$_2$/CH$_4$ (50/50)	25	1	H$_2$: 1.0×10^{-7}	10.4	
Cu(bipy)$_2$(SiF$_6$)	porous glass frit	8-10	H$_2$/N$_2$ (50/50)	20	1	H$_2$: 2.7×10^{-7}	6.8	46)
			H$_2$/CO$_2$ (50/50)	20	1	H$_2$: 2.8×10^{-7}	8.0	
			H$_2$/CH$_4$ (50/50)	20	1	H$_2$: 2.7×10^{-7}	7.5	
Zn(BDC)(TED)$_{0.5}$	Al$_2$O$_3$	25	H$_2$/CO$_2$ (50/50)	180	1	H$_2$: 2.7×10^{-6}	12.1	47)
SIM-1	α-Al$_2$O$_3$	25	H$_2$/CO$_2$	30	0.5-3	H$_2$: 8.3×10^{-8}	(2.4)	48)
			CO$_2$/N$_2$	30	0.5-3	CO$_2$: 3.5×10^{-8}	(1.1)	
			CO$_2$/N$_2$/H$_2$O (10/87/3)	31	0.04	N/A	CO$_2$/N$_2$:4.5	
ZIF-22	TiO$_2$	40	H$_2$/N$_2$ (50/50)	50	1	H$_2$: 1.9×10^{-7}	6.4	17)
			H$_2$/O$_2$ (50/50)	50	1	H$_2$: 1.9×10^{-7}	6.4	
			H$_2$/CO$_2$ (50/50)	50	1	H$_2$: 1.7×10^{-7}	7.2	
			H$_2$/CH$_4$ (50/50)	50	1	H$_2$: 1.7×10^{-7}	5.2	
ZIF-69	α-Al$_2$O$_3$	40	CO$_2$/N$_2$ (50/50)	25	1	CO$_2$: 1.0×10^{-7}	6.3	49)
			CO$_2$/CH$_4$ (50/50)	25	1	CO$_2$: 1.0×10^{-7}	4.6	
ZIF-7	Al$_2$O$_3$	1.5	H$_2$/CH$_4$ (50/50)	200	1	H$_2$: 7.7×10^{-8}	6.5	50)
ZIF-78	ZnO	25	H$_2$/N$_2$ (50/50)	25	0.5-1	H$_2$: 1.3×10^{-7}	5.5	51)
			H$_2$/CO$_2$ (50/50)	25	0.5-1	H$_2$: 1.0×10^{-7}	9.5	
			H$_2$/CH$_4$ (50/50)	25	0.5-1	H$_2$: 1.2×10^{-7}	6.5	
ZIF-90	α-Al$_2$O$_3$	20	H$_2$/N$_2$ (50/50)	200	1	H$_2$: 2.5×10^{-7}	11.7	52)
			H$_2$/CO$_2$ (50/50)	200	1	H$_2$: 2.4×10^{-7}	7.3	
			H$_2$/CH$_4$ (50/50)	200	1	H$_2$: 2.5×10^{-7}	15.3	
			H$_2$/C$_2$H$_4$ (50/50)	200	1	H$_2$: 2.3×10^{-7}	62.8	
ZIF-95	α-Al$_2$O$_3$	30	H$_2$/N$_2$ (50/50)	325	1	H$_2$: 2.2×10^{-6}	10.1	53)
			H$_2$/CO$_2$ (50/50)	325	1	H$_2$: 2.0×10^{-6}	25.7	
			H$_2$/CH$_4$ (50/50)	325	1	H$_2$: 2.0×10^{-6}	11.0	
			H$_2$/C$_3$H$_8$ (50/50)	325	1	H$_2$: 1.9×10^{-6}	59.7	
ZIF-8	α-Al$_2$O$_3$	12	H$_2$/N$_2$ (50/50)	25	1	H$_2$: 1.3×10^{-7}	9.4	54)
			H$_2$/CO$_2$ (50/50)	25	1	H$_2$: 1.4×10^{-7}	4.0	
			H$_2$/CH$_4$ (50/50)	25	1	H$_2$: 1.3×10^{-7}	12.9	
ZIF-8	TiO$_2$	N/A	H$_2$/CH$_4$ (50/50)	25	1	H$_2$: 3.1×10^{-7}	11.2	32)
ZIF-8	porous Torlon fiber	9	H$_2$/C$_3$H$_8$ (50/50)	120	1	H$_2$: 3.1×10^{-7}	318	55)
			C$_3$H$_6$/C$_3$H$_8$ (50/50)	25	1	C$_3$H$_6$: 8.3×10^{-9}	14.5	
ZIF-8	α-Al$_2$O$_3$	1-2	H$_2$/N$_2$	25	1	H$_2$: 6.9×10^{-7}	(10.3)	19)
			H$_2$/CH$_4$	25	1		(13.6)	
			C$_3$H$_6$/C$_3$H$_8$ (50/50)	25	1	C$_3$H$_6$: 8.5×10^{-8}	36.0	20)

ある。硝酸亜鉛と 1,4-benzenedicarboxylic acid（H_2bdc）を DMF/C_6H_5Cl 中でソルボサーマル反応させることにより MOF-5 が合成される。H_2bdc を様々なジカルボン酸誘導体に代えることで，MOF-5 と同形の化合物群 Isoreticular Metal-Organic Framework（IRMOF）が合成される。HKUST-1 は CuBTC とも呼ばれ，商業的に入手可能な MOF で広く研究されている。ZIF は，遷移金属（Zn, Co, Fe, Cu）とイミダゾール誘導体の架橋配位子との結合によって構築される四面体構造を基本単位とするゼオライト様の MOF である。多くの MOF の中でも ZIF は構造安定性が高く，その細孔径がガス分離に応用しやすいことから報告例が最も多い。

② 同じ種類の MOF が異なる研究グループによって製膜されているが，同様の操作条件下でさえ，大きく異なるガス分離性能を示す。例えば，表 1 の HKUST-1 膜は，同様の条件下における単成分ガス透過試験の結果，その透過率は場合によって 1 桁大きく異なる。このような透過性能の差異は，主に，製膜方法や活性化の手順から生じるものと考えられる。ゼオライト膜の合成と同様，膜のガス分離性能を正確に比較するために，製膜方法の手順を注意深く記載するべきであろう。

ユニークな特徴をもつ MOF においても，その水熱安定性は膜分離に適応するためには避けられない課題である。配位結合性の MOF は物理的・化学的安定性が低いものが多く，分離膜材として要求される耐久性，製膜性などの基準を満たす MOF は限定される。Caro らが Knudsen 拡散支配を超える性能を示す ZIF-8 膜を報告[32]して以来，ZIF を利用した分離膜開発が活発化した。しかしながら，SOD をはじめ，RHO, LTA, MER, ANA, BCT, DFT, GIS, GME などゼオライトと同様のトポロジーに加えて，ゼオライトでは報告例のない構造を合わせ，さらに異なる組成も含めて ZIF の種類は 100 を超える一方，膜化された種類はその 1 割程度である[33]。膜化が検討された報告例は，ZIF-7（SOD；細孔入口径 0.30 nm），ZIF-8（SOD；0.34 nm），ZIF-22（LTA；0.30 nm），ZIF-69（GME；0.44 nm），ZIF-78（GME；0.38 nm），ZIF-90（SOD；0.35 nm），ZIF-93（RHO；0.36 nm），ZIF-95（POZ；0.37 nm），ZIF-100（MOZ；0.34 nm）などであるが，その多くは ZIF-8 に関する報告である。また，分離系は水素分離（H_2/N_2，H_2/CO_2，H_2/CH_4，H_2/C_3H_6，H_2/C_3H_8），燃焼排ガスからの二酸化炭素回収（CO_2/N_2），天然ガス・バイオガス精製（CO_2/CH_4），オレフィン／パラフィン分離（C_2H_4/C_2H_6，C_3H_6/C_3H_8）を対象としている。

2.2.4 おわりに

MOF の合成，構造設計からその応用に至るまでの様々な研究が急速に増加する中，MOF を基盤とした膜分離プロセスの今後の展開が大いに期待される。MOF を利用した膜分離技術の将来に向けての課題について以下に考察する。

① 利用可能な MOF の数が非常に多いということは，これらを分離膜として利用する上で好機でもあり，大きな課題でもある。高いガス分離性能が期待できる有望な材料がいくつかあるが，

第 2 章　二酸化炭素分離膜

これらを実験的に試行することは膨大な作業になる。近年，原料試薬の分取から，反応溶液の調製，生成物の取り出し，外観観察，X 線回折による構造評価までの一連の作業が自動化されたシステムが開発された一方，合成された新規な MOF の多くは実用途が見出されないままにされている。MOF 膜に加えて，M^4 膜への期待も大きい中で，ガス分離系のニーズに応じた MOF および MOF／ポリマーの最適な組み合わせを予測できる計算スクリーニングによるアプローチの開発は，非常に重要である。

② 　MOF 膜の評価のほとんどは，混合ガス系ではなく，単成分ガスの透過試験によるものに留まっている。実プロセスにおいて，原料ガスに同伴しうる水蒸気や硫化水素などの水溶性の腐食性成分，酸性ガス成分はたとえ微量であるとしても MOF の構造崩壊を招く恐れがあり，長期運用での膜の耐久性試験も早急に取り組まねばならない検討課題である。また，MOF 膜の大面積化はゼオライト膜と同様に実用化する上で避けられない課題である。ラボスケールで良好な膜と評価された MOF 膜は，スケールアップまたはナンバリングアップされ，工業的条件下で評価されるべきである。

③ 　MOF の構造柔軟性は，同じ結晶性多孔体のゼオライトと区別される最大の特徴である。しかし，構造の膨張・収縮やリンカーの運動による細孔入口径の変化のために天然ガス重質分を吸着する一方，脱離させにくいという課題もある。また，あまりにも大きな構造柔軟性は，欠陥のない緻密な膜の調製や分子ふるい作用を制限しうるために分離膜材として好ましくない。これまでに多くの MOF 膜が合成されているが，MOF の構造柔軟性が膜性能に及ぼす潜在的な影響についてはほとんど議論されていない。

④ 　本書では，ガス分離用途のための MOF 膜に焦点を置いた。一方，水処理や液系分離も産業的に重要な分離対象である。最近の研究において，アルコール／水や脱塩の分離例が報告されている。また，ホモキラルな架橋配位子を構成要素とする MOF による光学分割の例も報告されている。Zn と 4,5-dichloroimidazole から構成される RHO 構造の ZIF-71 やテレフタル酸有機配位子と Zr 酸化物クラスターから構成される UiO-66 は，水に対して極めて安定性が高く，疎水性を示すため，アルコール／水分離においてアルコールを選択的に透過する分離膜が得られる。無機−有機複合体として，高い疎水性やエナンチオ選択性を発現する MOF は，既存の膜材では適用できなかった分離にも展開できる可能性を秘めている。このような構造設計性の高さは MOF の大きな強みであり，このような MOF の特徴を活かして独自の用途分野を展開されることが望まれる。

文　　献

1) H. Furukawa et al., *Science*, **341**, 974 (2013)
2) J.-R. Li et al., *Chem. Soc. Rev.*, **38**, 1477 (2009)
3) O. M. Yaghi et al., *Nature*, **423**, 705 (2003)
4) S. Kitagawa et al., *Angew. Chem. Int. Ed.*, **43**, 2334 (2004)
5) G. Ferey, *Chem. Soc. Rev.*, **37**, 191 (2008)
6) K. Seki, *Phys. Chem. Chem. Phys.*, **4**, 1968 (2002)
7) K. Barthelet et al., *Angew. Chem. Int. Ed.*, **41**, 281 (2002)
8) A. Kondo et al., *Nano Lett.*, **6**, 2581 (2006)
9) D. Fairen-Jimenez et al., *J. Am. Chem. Soc.*, **133**, 8900 (2011)
10) M. Shah et al., *Ind. Eng. Chem. Res.*, **51**, 2179 (2012)
11) S. L. Qiu et al., *Chem. Soc. Rev.*, **43**, 6116 (2014)
12) S. Hermes et al., *J. Am. Chem. Soc.*, **127**, 13744 (2005)
13) M. Arnold et al., *Eur. J. Inorg. Chem.*, 60 (2007)
14) C. Scherb et al., *Angew. Chem., Int. Ed.*, **47**, 5777 (2008)
15) J. Gascon et al., *Micropor. Mesopor. Mater.*, **113**, 132 (2008)
16) Y. Liu et al., *Micropor. Mesopor. Mater.*, **118**, 296 (2009)
17) A. Huang et al., *Angew. Chem.*, **49**, 4958 (2010)
18) M. C. McCarthy et al., *Langmuir*, **26**, 14636 (2010)
19) S. Tanaka et al., *J. Membr. Sci.*, **472**, 29 (2014)
20) S. Tanaka et al., *J. Membr. Sci.*, **544**, 306 (2017)
21) H. L. Guo et al., *J. Am. Chem. Soc.*, **131**, 1646 (2009)
22) F. Cao et al., *Ind. Eng. Chem. Res.*, **51**, 11274 (2012)
23) R. Ranjan & M. Tsapatsis, *Chem. Mater.*, **21**, 4920 (2009)
24) V. V. Guerrero et al., *J. Mater. Chem.*, **20**, 3938 (2010)
25) J. P. Nan et al., *Langmuir*, **27**, 4309 (2011)
26) H. Guo et al., *Adv. Mater.*, **22**, 4190 (2010)
27) S. Tanaka et al., *Chem. Lett.*, **41**, 1337 (2012)
28) 田中俊輔，ゼオライト，**33**, 1 (2016)
29) H. T. Kwon & H. K. Jeong, *J. Am. Chem. Soc.*, **135**, 10763 (2013)
30) L. Fan et al., *J. Mater. Chem.*, **22**, 25272 (2012)
31) M. N. Shah et al., *Langmuir*, **29**, 7896 (2013)
32) H. Bux et al., *J. Am. Chem. Soc.*, **131**, 16000 (2009)
33) 田中俊輔，触媒，**59**, 155 (2017)
34) Z. X. Zhao et al., *Ind. Eng. Chem. Res.*, **52**, 1102 (2013)
35) Z. X. Zhao et al., *J. Membr. Sci.*, **382**, 82 (2011)
36) Y. Yoo et al., *Micropor. Mesopor. Mater.*, **123**, 100 (2009)
37) D. J. Lee et al., *Micropor. Mesopor. Mater.*, **163**, 169 (2012)
38) Y. Y. Mao et al., *J. Mater. Chem. A*, **1**, 11711 (2013)

第2章　二酸化炭素分離膜

39) T. Ben *et al.*, *Chem. Eur. J.*, **18**, 10250 (2012)
40) D. Nagaraju *et al.*, *J. Mater. Chem. A*, **1**, 8828 (2013)
41) N. Hara *et al.*, *RSC Adv.*, **3**, 14233 (2013)
42) Y. X. Hu *et al.*, *Chem. Commun.*, **47**, 737 (2011)
43) F. Zhang *et al.*, *Adv. Funct. Mater.*, **22**, 3583 (2012)
44) H. M. Yin *et al.*, *Chem. Commun.*, **50**, 3699 (2014)
45) S. Y. Zhou *et al.*, *Int. J. Hydrogen Energy*, **38**, 5338 (2013)
46) S. J. Fan *et al.*, *J. Mater. Chem. A*, **1**, 11438 (2013)
47) A. S. Huang *et al.*, *J. Membr. Sci.*, **454**, 126 (2014)
48) S. Aguado *et al.*, *New J. Chem.*, **35**, 41 (2011)
49) Y. Y. Liu *et al.*, *J. Membr. Sci.*, **379**, 46 (2011)
50) Y. S. Li *et al.*, *Angew. Chem. Int. Ed.*, **49**, 548 (2010)
51) X. L. Dong *et al.*, *J. Mater. Chem.*, **22**, 19222 (2012)
52) A. S. Huang *et al.*, *J. Am. Chem. Soc.*, **132**, 15562 (2010)
53) A. S. Huang *et al.*, *Chem. Commun.*, **48**, 10981 (2012)
54) Y. Liu *et al.*, *Chem. Commun.*, **50**, 4225 (2014)
55) A. J. Brown *et al.*, *Science*, **345**, 72 (2014)

2.3 炭素膜

喜多英敏[*]

2.3.1 はじめに

多環芳香族分子の集合体である炭素は，その集合様式の違いによって多様な構造をとり，分離材料としても炭素系多孔体（主に活性炭）は古くから用いられてきた。炭素多孔体は数十ナノメートル以下の細孔径を持ち，大きな表面積，電子授受能，耐薬品性といった特徴を有し，現在では吸着による分離・精製や触媒などで広い用途がある。さらに，炭素材料はカーボンナノチューブ，フラーレンやグラフェンなどで代表されるナノマテリアルとして従来材料にない高機能性材料として期待されており，膜素材としても興味ある材料である。本書では本稿の二酸化炭素分離膜のほか水素分離膜およびカーボン膜を用いた水素分離プロセスについて，それぞれその特徴が解説されている。本稿では製膜法と二酸化炭素分離性能について記述する。

2.3.2 炭素膜の製膜[1]

炭素膜は高分子を前駆体として数百度以上で熱処理することにより熱分解・炭化を経て作製する。炭素膜の報告例としてはBarrerらが1960年代始めに高表面積のミクロ孔を有する炭素粉末を高圧で成形した例[2]があるが，Koresh, Sofferが種々の高分子前駆体を熱分解して作製した炭素膜が高い気体分離性を示すことを報告した例[3]が嚆矢である。これを契機にイスラエルに炭素膜のベンチャー企業が設立されている。その後，炭素膜の前駆体としてポリアクリロニトリル，セルロース，ポリイミド，フェノールホルムアルデヒド樹脂，フルフリルアルコール樹脂などをもちいて分子ふるい炭素膜の作製が検討されている[4]。分子ふるい膜素材としては結晶性でその結晶構造に由来する3次元の細孔構造を有するゼオライトも本書に解説されているように研究例が多いが，ゼオライトの膜化においては結晶粒界の存在が製膜時に克服すべき大きな問題点であるのに対し，炭素膜では高分子前駆体の優れた成形性を生かして，平膜のほか中空糸状に製膜した自立膜や多孔質支持体上に製膜した複合膜として作製できる。これらの炭素膜はガス分子径に近い細孔を有しその細孔径分布が狭いため優れた分離性能を示す。

図1にポリイミド中空糸を前駆体とした非対称構造の中空糸炭素膜連続製膜装置の概略図を示す[4,5]。前駆体として外径0.4 mm，内径0.12 mmのポリイミド中空糸を不活性ガス中で600～1,000℃で連続的に炭化する。図2は前駆体中空糸と中空糸炭素膜の断面のSEM写真である。ポリイミドを500℃以上で不活性ガス中熱処理を行うと膜は黄褐色から光沢のある黒色に変化し，膜重量は700℃では30～40％まで減少する。イミド環の熱分解によりH_2O, CO, CO_2等の脱ガスが起こり膜は多孔質化する。さらに700℃や800℃の高温での熱処理では多孔質化と共に縮合

---

[*] Hidetoshi Kita　山口大学　大学院創成科学研究科　教授（特命）

第2章　二酸化炭素分離膜

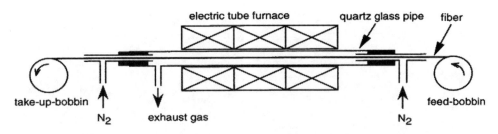

図1　中空糸炭素膜の連続炭化製膜装置概略図[4,5]

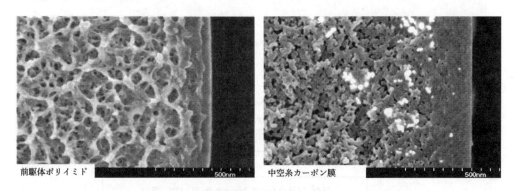

図2　ポリイミド中空糸前駆体と中空糸炭素膜の断面SEM写真

環化が進み多環芳香族化が進行し膜の緻密化が起こる[4,5]。高分子から熱処理により化学構造の転移・分解を経て非晶質炭素構造への最近の研究例については水素分離膜の章も併せて参照されたい。

　形成した膜が自立膜としては強度が不足する場合は多孔質支持体上に前駆体を形成し炭素膜とする。この方法で，活性炭の前駆物質の1つであるフェノール樹脂を円筒状の多孔質支持体にコートし，窒素気流下で焼成しピンホールフリーの炭素膜を形成できる[6]。多孔質支持体としてはゼオライト膜やシリカ膜の支持体として利用されているアルミナ等の多孔質セラミックが用いられる。コートはディップ法でモータを使って一定速度で支持体を引き上げる方法が用いられ，焼成は雰囲気を調整できる各種の電気炉が用いられる。複合膜の場合には下地の多孔質支持体で機械的強度を補えるので前駆体の選択肢が拡がる。図3にアルミナ多孔質体（細孔径約 $0.1\,\mu m$）上に製膜したリグニン素材を前駆体とした複合膜の表面と断面のSEM写真を示す[7]。膜厚 $1\,\mu m$ 前後の均質な炭素膜が製膜可能である。

　炭素膜の分離性能に影響を与える因子としては，前駆体の選択，炭化温度のほかに昇温速度，炭化時間，炭化雰囲気などの炭化条件や酸化等の後処理などがある。複合膜の製膜手順の例を図4に示す。

　注目される前駆体としては，前述のリグニン[7]や木タールなどの木質系の未利用再生可能資源

図3 アルミナ多孔質体（細孔径約 0.1 μm）上に製膜したリグニン素材を前駆体とした複合炭素膜の表面（左）と断面（右）の SEM 写真

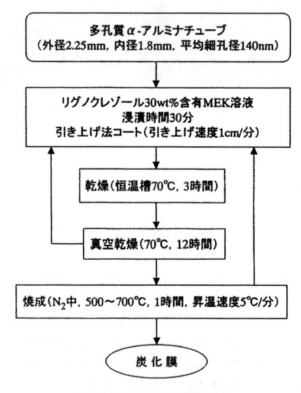

図4 図3の炭素膜の製膜手順

やスルホン酸基含有高分子[8~11]がある。後者のスルホン酸基含有フェノール樹脂[8,9]やポリイミド[10]では膜の多孔質化がより低温で起こる[10]。スルホン酸基の分解は TG-MS 分析によれば450℃以下で起こり，窒素気流中500℃で1.5時間焼成した膜では35℃，1 atm の測定条件で，

第2章 二酸化炭素分離膜

O_2/N_2 分離係数12,透過速度 $3.0×10^{-5}$ cm^3(STP)/(cm^2 s cmHg)の性能を示す。このほかにカルボキシル基含有ポリイミドの例も報告されている[12]。また Park らはポリ(イミド-シロキサン)を前駆体とする炭素膜が高い選択性を示すことを報告しており有機-無機ハイブリット系の例として注目される[13]。

2.3.3 CO$_2$ 分離性能

近年,種々の高分子膜の化学構造と透過選択性の相関についての探索が進むと共に,従来から指摘されていた選択性の高い膜は透過性が小さく,透過性が大きくなると選択性が小さくなるトレードオフの関係がより明瞭になり,膜性能の上限が明らかになってきた。図5に CO_2/CH_4 系における高分子膜の透過性能と分離性能のトレードオフの関係を示す[14]。このようなトレードオフの上限を超えた高選択かつ高透過性の分離膜を得るための新しい分子設計指針として,これまで吸着分離に開発されてきた活性炭やゼオライトの分子ふるい能を膜に導入した分子ふるい膜を創製する研究が活発になされている。図5のトレードオフラインの上限を超える膜素材として,本書でも,炭素膜(図5のCMS)の他にゼオライト膜,シリカ膜,高分子のPIM膜などが解説されている。

表1に代表的な炭素膜の気体分離性能を示す[4]。炭素膜は後述の第 I 編第3章や第 II 編第2章に述べられているように優れた水素選択透過性を示すが,二酸化炭素分離においても,既存の高

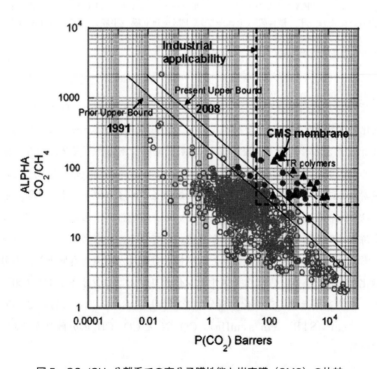

図5 CO_2/CH_4 分離系での高分子膜性能と炭素膜(CMS)の比較

二酸化炭素・水素分離膜の開発と応用

表1 代表的な炭素膜の気体分離性能[12]

前駆体ポリマー[a]	タイプ[b]	炭化温度 [℃]	T [℃]	透過速度 [GPU][c] H$_2$	CO$_2$	O$_2$	理想分離係数 H$_2$/CH$_4$	CO$_2$/CH$_4$	O$_2$/N$_2$	備考[d]
Resol PF	ST	500, 1 h	35	380	83	19	370	82	7.9	
	ST	700, 1 h	35	110	20	4.2	690	140	8.9	
S-PF/PF	ST	500, 1.5 h	35	167	31	6.8	930	170	11	
	ST	500, 1.5 h	35	400	120	30	180	54	12	
Novalak PF	SF	700	25	−	6.0	3.3	−	70	10	
lignocresol	ST	600, 2 h	35	210	35	8.9	680	110	10	
PFA	SF	450	23	1.81	−	0.17	−	−	30	
PFA	ST	600	25	18.0	8.0	2.52	55	82	13	
PVDC-PVC	SF	700	25	−	−	1.4	−	−	14	
BPDA/6FDA-TrMPD	HF	550	20	171	73	15-14	450	190	11-14	混合系
BPDA-DDBT/BADA	HF	600	35	−	400	100	−	−	6	
6FDA-DABZ	FM	700, 1 h	35	34	5.0	1.4	1200	180	11	
6FDA-mPD	FM	700, 1 h	35	220	92	19	140	60	8	
Kapton	FM	800, 2 h	35	13.4	2.6	0.7	−	−	12	
	FM	950, 1 h	35	1.06	0.07	0.018	−	−	22	
BPDA-ODA	ST	700, 0 h	65	−	79	22	−	57	7.5	
BPDA-based PI	HF	700	50	420	−	−	540	−	−	混合系
	HF	850	120	310	−	−	680	−	−	

a) PF：フェノール樹脂，PFA：ポリフルフリルアルコール，BPDA-，6FDA-：各種ポリイミド
b) SF：複合膜（シート），ST：複合膜（チューブ），FM：自立膜（平膜），HF：自立膜（中空糸）
c) GPU＝10^{-6} cm^3 (STP)/(cm^2 s cmHg)
d) 特記無しは単成分気体での測定

分子膜に比べて優れた透過性能を有し注目されている。図6はKorosらが報告している天然ガスからの二酸化炭素分離を目的としたパイロットスケールの膜モジュールに用いられているポリイミド（Matrimid® 5218）を前駆体とする中空糸炭素膜である[15]。表2は図6で使用されている膜の性能である。前駆体のポリイミド中空糸に比べて、1本の中空糸を焼成して作製したベンチスケール炭素膜と図6のように縦型でまとめて焼成したパイロットスケール膜の膜性能は、分離係数はいずれも大きいが透過性が小さくなっている。透過性低下の原因は図2に示したように炭素膜では支持体部の多孔質層も含めて膜が緻密化しているためと考えられる。さらにパイロットスケール炭素膜では1本の焼成膜に比べて透過性と分離性が両方とも低下しており焼成条件のさらなる最適化が必要である。吉宗らもスルホン化ポリフェニレンオキシドを600℃で熱分解することにより、中空糸炭素膜の二酸化炭素分離を報告しており、25℃においてCO$_2$のパーミアンスが13.9×10^{-6} cm^3 (STP)/(cm^2 s cmHg)、CO$_2$/N$_2$とCO$_2$/CH$_4$の分離性がそれぞれ58, 197と報告されている[11]。

第2章 二酸化炭素分離膜

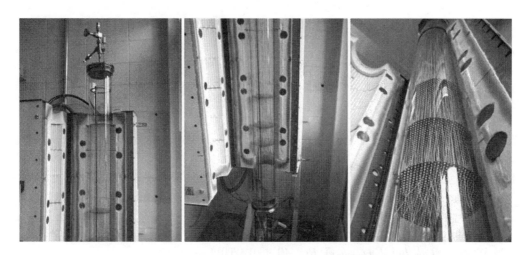

図6 パイロットスケールテストで用いられたポリイミドを前駆体とする炭素膜

表2 図6で用いられている炭素膜の二酸化炭素分離性能（35℃，790 kPa）

膜	CO_2 パーミアンス	CO_2/CH_4 分離係数
	$10^{-6} cm^3 (STP)/(cm^2\ s\ cmHg)$	−
前駆体ポリイミド 中空糸	42.3 ± 0.8	28.3 ± 0.6
パイロットスケール 炭素膜	11.2 ± 1.5	34.9 ± 4.9
ベンチスケール 炭素膜	33.3 ± 2.8	41.6 ± 4.1

2.3.4 おわりに

　CO_2 分離膜に関する研究開発としては，高分子膜，促進輸送膜やイオン液体含有膜に無機膜，さらには膜コンタクターなどの様々な研究開発が進められている。この中で無機膜の研究開発は，平成4～12年の「二酸化炭素高温分離・回収再利用技術研究開発」と平成14～18年に行われた「高効率高温水素分離膜の開発」の2つの大型プロジェクトを中心にして我が国で活発に行われた結果，膜性能は10年前のレベルを大きく上回り世界のトップレベルにある。その中で炭素膜は実用化を念頭に置いた生産性やコストの点ではゼオライト膜やシリカ膜に比べて優位にあり，今後の発展が期待される。

文　　献

1) 日本膜学会編，膜学実験法—人工膜編，p.95，日本膜学会 (2006)
2) R. Ash et al., *Proc. Roy. Soc.*, **A271**, 19 (1963); R. Ash et al., *J. Membr. Sci.*, **1**, 355 (1976)
3) J. E. Koresh and A. Soffer, *J. Chem. Soc. Faraday Trans.*, **26**, 2457, 2472 (1980); J. E. Koresh and A. Soffer, *Sep. Sci. Technol.*, **18**, 723 (1983)
4) H. Kita, Materials Science of Membranes for Gas and Vapor Separation, Yu. Yampolskii et al. (Eds.), p.337, Wiley (2006)
5) T. Yoshinaga et al., *Eur. Pat.*, No.0459623B1 (1991); Y. Kusuki, Ph.D. dissertation, Yamaguchi University (1998)
6) K. Okamoto et al., *ACS Symp. Ser.*, **744**, 314 (2000)
7) H. Kita et al., *J. Polym. Environ.*, **10**, 69 (2002)
8) W. Zhou et al., *Ind. Eng. Chem. Res.*, **40**, 4801 (2001)
9) W. Zhou et al., *J. Membr. Sci.*, **217**, 55 (2003)
10) W. Zhou et al., *Chem. Lett.*, 534 (2002)
11) M. Yoshimune and K. Haraya, *Energy Procedia*, **37**, 1109 (2013)
12) E. Maya et al., *J. Membr. Sci.*, **349**, 385 (2010)
13) H. B. Park and Y. M. Lee, *J. Membr. Sci.*, **213**, 263 (2003)
14) J. A. Lie et al., Hydrogen Production, Separation and Purification for Energy, A. B. Basile et al. (Eds.), p.405, Institution of Engineering and Technology (2017)
15) O. Karvan et al., *Chem. Eng. Technol.*, **36**, 53 (2013)

2.4 シリカ系多孔膜によるCO₂分離

長澤寛規[*1]，金指正言[*2]，都留稔了[*3]

2.4.1 はじめに

シリカ系多孔膜は，アモルファスシリカの三次元的なネットワーク構造の間隙から成る微細孔を持ち，透過分子をそのサイズの違いを利用して分離することができる（分子ふるい機構）。CO_2（動力学径0.33 nm）は，N_2（0.364 nm）やCH_4（0.38 nm）と比較して分子サイズが小さく，その分離には分子ふるい膜が有効である。シリカ系分離膜は製膜条件により細孔構造を幅広く制御可能であることから，CO_2に対して高透過選択性を示す膜が数多く報告されている。また，アミノシリカのように，CO_2との親和性の高い官能基を導入し，吸着性の違いと分子ふるい効果を併用したCO_2分離膜の開発も行われている。本稿では，表1に示す各種シリカ系多孔膜によるCO_2分離に関する最近の報告例について概述する。また，本稿で紹介するシリカ系多孔膜のCO_2分離性能を表2にまとめた。

2.4.2 アモルファスシリカ膜

アモルファスシリカ膜は，珪酸エチル（TEOS）などをシリカ前駆体として，ゾル-ゲル法やCVD法で製膜される。ゾル-ゲル法では，前駆体を加水分解・縮重合して調製したシリカゾルを多孔質支持体にコーティング，焼成することでシリカ膜を得る。また，CVD法では，前駆体を酸素やオゾンなどの反応性ガスと高温で反応させ，多孔質支持体上あるいは支持体細孔内にシリカ層を蒸着して膜とする。いずれの製膜法においても，前駆体の化学構造や反応条件により膜

表1 CO₂分離シリカ系多孔膜

製膜法	膜の種類	特徴
ゾル-ゲル，CVD	アモルファスシリカ	分子ふるい効果によるCO₂分離
ゾル-ゲル	架橋型オルガノシリカ膜	-C$_n$H$_m$-架橋構造の導入によるネットワークサイズ制御
	かご型シルセスキオキサン膜	シリカ立方体構造を最小単位とするポリマーによるネットワークサイズ制御
	アニオンドープ膜	Si-O-Si結合角拡大によるネットワークの拡大
	カチオンドープ膜	金属添加による構造変化，親和性制御
ゾル-ゲル，CVD，表面グラフト	アミノシリカ膜	アルキルアミン基によるCO₂の選択吸着性とシリカネットワークによる分子ふるい性の併用
AP-PECVD	大気圧プラズマCVD膜	常温常圧で安定なプラズマを利用した製膜温度の低温化，迅速製膜

[*1] Hiroki Nagasawa 広島大学 大学院工学研究科 化学工学専攻 助教
[*2] Masakoto Kanezashi 広島大学 大学院工学研究科 化学工学専攻 准教授
[*3] Toshinori Tsuru 広島大学 大学院工学研究科 化学工学専攻 教授

表2 シリカ系多孔膜のCO₂分離性能

製膜法	膜の種類	前駆体	CO₂透過率 [10^{-7} mol m^{-2} s^{-1} Pa^{-1}]	透過率比 CO₂/N₂	透過率比 CO₂/CH₄	温度 [℃]	出典
ゾル-ゲル	アモルファスシリカ	TEOS	2.3	23	325	35	1)
		TEOS	9	25	100	35	2)
	架橋型オルガノシリカ	BTESE	0.95	28	91	50	6)
			5.4	28	43	50	6)
	POSS	HOMO-POSS	3.7	—	67	100	8)
			1.1	—	130	100	8)
	F-SiO₂	TEOS/NH₄F	4.1	—	300	35	9)
	Mg-SiO₂	TEOS/Mg(NO₃)₂	3.5	57	—	50	12)
表面グラフト		APTES	0.01	800	—	100	14)
CVD	アミノシリカ	APTES+TEOS	2.3	—	40	120	15)
ゾル-ゲル		TA-Si	1.8	21	—	35	17)
AP-PECVD	AP-PECVDシリカ	HMDSO	1.9	46	166	50	18)
		HMDSO	5.0	28	61	50	19)

構造の制御が可能である。一般的なアモルファスシリカ膜は，0.3 nm 程度の微細孔を持ち，CO_2 より分子サイズの小さな H_2（動力学径0.289 nm）に対する選択性が高い（H_2透過率 10^{-7}〜10^{-6} mol m^{-2} s^{-1} Pa^{-1}，H_2/CO_2 透過率比 50〜100）[1〜3]。アモルファスシリカ膜は耐熱性にも優れることから，高温での H_2/CO_2 分離が求められる石炭ガス化複合発電における燃焼前 CO_2 回収などへの適用が考えられる。また，CO_2 はシリカ膜構造中のシラノール基（Si-OH）に物理吸着し[4]，温度の低下に伴って透過率が増加する表面拡散的な透過挙動を示すため，低温で高い CO_2 透過選択性を示すアモルファスシリカ膜も報告されている[1,2]。

2.4.3 ゾル-ゲル法によるシリカ系多孔膜の細孔径制御とCO₂分離性能
(1) 架橋型オルガノシリカ膜

アモルファスシリカ膜の細孔径は，水素分離膜としては好適だが，CO_2 の選択透過による分離に用いるには過小で，そうした用途への適用には細孔径をより大きく制御することが求められる。ここでは，まず，細孔径制御法の一例として，Si原子間に有機架橋基を導入することでシリカネットワークサイズを制御するスペーサー法[5]を紹介する（図1a）。我々は，Si原子間にエチレン基を有するbis(triethoxysilyl)ethane（BTESE）を前駆体として製膜したオルガノシリカ膜が，高い CO_2 選択性を示すことを報告している[6]。図2に示すように，BTESE膜はCO_2透過率と CO_2/N_2 および CO_2/CH_4 選択性のトレードオフ関係において，良好な CO_2 透過選択性を示している。これは，スペーサーの導入により，CO_2 を容易に透過できるが，N_2 や CH_4 の透過は阻害できるサイズにシリカネットワークが制御されたためである。また，BTESE膜および長鎖のアルキル架橋基（Si-C$_8$H$_{16}$-Si）を導入したオルガノシリカ膜について，水蒸気共存下で CO_2 透過特性を評価した結果，分離活性層および支持体中間層が疎水的であるほど，水蒸気の細孔内凝縮による透過阻害が抑制され，安定した CO_2 透過性が得られることも報告している[7]。オルガ

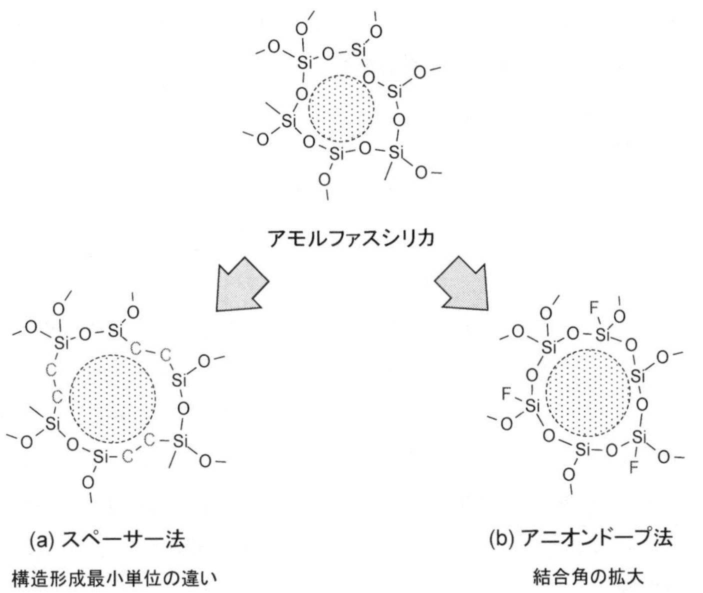

第2章 二酸化炭素分離膜

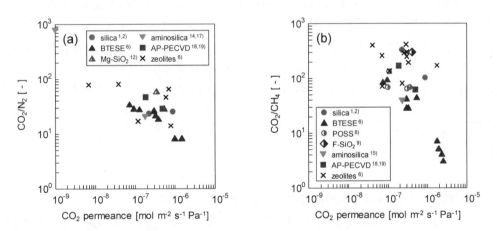

図1 スペーサー法(a)およびアニオンドープ法(b)によるシリカネットワークチューニング

図2 CO_2透過性とCO_2/N_2(a)およびCO_2/CH_4(b)透過率比のトレードオフ
Yuらが報告したトレードオフプロット[6]に，表2にまとめたシリカ系多孔膜のデータを加えた。

ノシリカ膜は，CO_2透過選択性と耐水蒸気性を兼ね備えており，水蒸気を含む燃焼排ガスやバイオガスからのCO_2分離への適用が期待される。

(2) かご型シルセスキオキサン膜[8]

かご型シルセスキオキサン（POSS）は，シリカの立方体構造を基本骨格とする化合物である。POSSポリマーから製膜したシリカ膜は，従来のアモルファスシリカとはネットワークを形成する最小単位が異なるため，よりルースなネットワーク構造を持ち，CO_2に対して高い透過選択性

を示す（CO_2 透過率 1.1×10^{-7} mol m^{-2} s^{-1} Pa^{-1}，CO_2/CH_4 透過率比 130）ことが報告されている。シリカ立方体構造の各頂点には様々な官能基を導入することが可能であり，構造制御や親和性付与によるさらなる膜の高性能化が期待される。

(3) アニオンドープ膜[9]

前駆体の構造による細孔径制御とは異なる新規なアプローチとして，シリカネットワークにアニオンであるフッ素を導入するアニオンドープ法も提案されている（図1b）。シリカ前駆体（TEOS）にフッ素源（NH_4F）を加えて製膜したフッ素ドープシリカ（F-SiO_2）膜は，Si-OH 基の Si-F 基への置換により Si-O-Si 結合角が拡大することで，従来のアモルファスシリカ膜と比較してルースなネットワーク構造を持つ。F-SiO_2 膜は，図2に示すように，CO_2 分離膜として有望視されている DDR[10] や SAPO-34[11] などのゼオライト膜に匹敵する CO_2 透過選択性を示している（CO_2 透過率 4.1×10^{-7} mol m^{-2} s^{-1} Pa^{-1}，CO_2/CH_4 透過率比 300）。気体透過率の分子径依存性から算出した F-SiO_2 膜の平均細孔径は 0.46 nm で，DDR の細孔径と同程度であったことから，細孔径を好適に制御できたことで高 CO_2 透過選択性が実現できたものと考えられる。

(4) カチオンドープ膜[12]

金属または金属酸化物をシリカにドープすると，ドープした金属はシリカとの複合酸化物や単独の酸化物粒子としてシリカ構造中に導入され，細孔構造や化学的性質に変化をもたらす。アモルファスシリカ膜の CO_2 透過選択性の制御を目的として，Ni, Al, Mg, V をドープした金属ドープシリカ膜が製膜され，Mg ドープシリカ（Mg-SiO_2）膜において CO_2/N_2 透過率比が向上することが明らかとなった。これは，Mg ドープにより焼結性が変化し，アモルファスシリカ膜では焼結過程で閉塞してしまい CO_2 の透過に有効な細孔が残存したためであると考えられている。また，Al ドープシリカ膜においては，CO_2 との相互作用の低下が示唆されている。金属ドープによる CO_2 分離膜の開発には，金属種の選定や膜中での存在状態について，より詳細な検討が必要とされている。

2.4.4 親和性付与による CO_2 分離性能の向上：アミノシリカ膜

上述したように，細孔径を適切に制御することで，分子ふるい効果により高い CO_2 透過選択性を示すシリカ系多孔膜の製膜が達成されている。一方で，分子ふるい効果のみでは，分子サイズが近接した CO_2/N_2 や CO_2/CH_4 分離性能のさらなる向上には限界があり，CO_2 親和性の付与による膜性能の向上を企図した研究が行われている[13~15]。シリカにアルキルアミン基を導入したアミノシリカは，CO_2 吸着材として有用な有機無機ハイブリッド材料である。アミノシリカは，図3に示すように，水存在下では重炭酸塩として，非存在下ではカルバミン酸あるいはカルバメートとして CO_2 を選択的に化学吸着する[16]。アミノシリカによる CO_2 選択吸着性を利用した分離膜の一例として，メソポーラスシリカの細孔内壁面に 3-aminopropyltriethoxysilane（APTES）をグラフトした表面修飾膜では，CO_2 透過率は 1.0×10^{-9} mol m^{-2} s^{-1} Pa^{-1} と低いが，CO_2/N_2 選択性は 800 と極めて高い値が報告されている[14]。また，APTES と TEOS を前駆体とする CVD

第2章　二酸化炭素分離膜

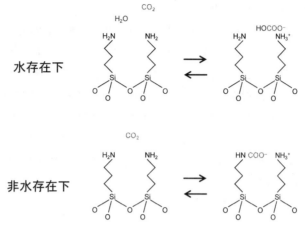

図3　アミノシリカとCO₂の反応の概念図

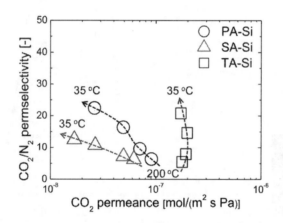

図4　アミノシリカ膜のCO₂透過性とCO₂/N₂透過率比の相関[17]
PA-Si, SA-Si, TA-Siは，それぞれ第一級，第二級，第三級アミンを持つアミノシリカ膜を示す。

法によるアミノシリカ膜も製膜されており，良好なCO₂分離性能（CO₂透過率 2.3×10^{-7} mol m^{-2} s^{-1} Pa^{-1}，CO₂/CH₄透過率比40）が報告されている[15]。

我々は，第一級から第三級アルキルアミン基を持つ前駆体を用いてゾル-ゲル法によりアミノシリカ膜を製膜し，その吸着特性および透過特性を評価した[17]。吸着試験においては第三級のヒンダードアミン（TA-Si）の吸着脱着速度が他のアミンに比べて大きく，図4にCO₂透過率とCO₂/N₂透過率比の関係を示すように，膜性能においても高いCO₂透過選択性を示すことを明らかにした。これらの結果は，CO₂透過においてはアミンの塩基度よりも立体障害が支配的な因子であることを示唆するものであり，アミノシリカ膜構造の設計指針を示すことができた。

2.4.5 大気圧プラズマ CVD シリカ膜

プラズマ CVD 法は，プラズマの高活性な反応場を利用した薄膜製膜法である。中でも，大気圧プラズマ CVD 法（AP-PECVD）は，常温常圧で安定なプラズマを利用する新しいプラズマ CVD 法である。熱分解反応を利用した従来の CVD 製膜を，低温プラズマ中での化学反応で置き換えることにより，室温近傍で均一かつ緻密な薄膜を得ることが可能である。我々は，hexamethyldisiloxane を前駆体とする AP-PECVD により，優れたガス分離性を有するシリカ膜が得られることを報告した[18,19]。特に，図5に示すように，AP-PECVD（蒸着時間10分）後に熱処理（300℃）を行った膜で，高い CO_2 透過選択性（CO_2 透過率 1.9×10^{-7} mol m^{-2} s^{-1} Pa^{-1}，CO_2/CH_4 透過率比 166）が得られている。

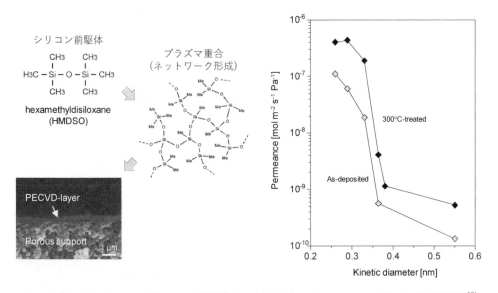

図5　大気圧プラズマ CVD 法による製膜機構と，大気圧プラズマ CVD シリカ膜の気体透過特性[18]

2.4.6 おわりに

本稿では，シリカ系多孔膜による CO_2 分離について，材料あるいは製膜法別に概述した。分子ふるい効果を主体とした CO_2 分離では細孔径制御が極めて重要であり，ネットワークチューニングされたオルガノシリカ膜や POSS 膜，アニオンドープ膜により，優れた CO_2 透過選択性を示すシリカ系多孔膜の製膜が達成されている。今後は実ガスに応じた，混合系での分離性能や安定性の評価と継続的な開発が求められる。アミノシリカ膜においては，分離性能のさらなる向上のための構造設計が課題である。大気圧プラズマ CVD 法は，常温常圧で高透過選択性シリカ膜を製膜できる魅力的な技術であり，大面積化と高効率化へ向けた研究開発を進めていく。

第 2 章　二酸化炭素分離膜

文　　献

1) R. M. de Vos, H. Verweij, *J. Membr. Sci.*, **143**, 37 (1998)
2) M. Asaeda, S. Yamasaki, *Sep. Purif. Technol.*, **25**, 151 (2001)
3) S. Gopalakrishnana, J. C. D. da Costa, *J. Membr. Sci.*, **323**, 144 (2008)
4) Y. S. Lin, I. Kumakiri *et al.*, *Sep. Purif. Methods*, **31**, 229 (2002)
5) M. Kanezashi, K. Yada *et al.*, *J. Am. Chem. Soc.*, **131**, 414 (2009)
6) X. Yu, L. Meng *et al.*, *J. Membr. Sci.*, **511**, 219 (2016)
7) X. Ren, M. Kanezashi *et al.*, *RSC Adv.*, **5**, 59837 (2015)
8) M. Kanezashi, T. Shioda *et al.*, *AIChE J.*, **58**, 1733 (2012)
9) M. Kanezashi, T. Matsutani *et al.*, *ChemNanoMat*, **2**, 264 (2016)
10) S. Himeno, T. Tomita *et al.*, *Ind. Eng. Chem. Res.*, **46**, 6989 (2007)
11) M. A. Carreon, S. G. Li *et al.*, *J. Am. Chem. Soc.*, **130**, 5412 (2008)
12) 吉岡朋久, 真木貴史ほか, 膜, **32**, 45 (2007)
13) G. Xomeritakis, C. Y. Tsai *et al.*, *Sep. Purif. Technol.*, **42**, 249 (2005)
14) Y. Sakamoto, K. Nagata *et al.*, *Micropor. Mesopor. Mat.*, **101**, 303 (2007)
15) S. Suzuki, S. B. Messaoud *et al.*, *J. Membr. Sci.*, **471**, 402 (2014)
16) J. K. Moore, M. A. Sakwa-Novak *et al.*, *Environ. Sci. Technol.*, **49**, 1368 (2015)
17) L. Yu, M. Kanezashi *et al.*, *J. Membr. Sci.*, **541**, 447 (2017)
18) H. Nagasawa, Y. Yamamoto *et al.*, *J. Membr. Sci.*, **524**, 644 (2017)
19) H. Nagasawa, Y. Yamamoto *et al.*, *J. Chem. Eng. Jpn.* (2018) accepted

2.5 その他の無機膜

喜多英敏[*]

2.5.1 はじめに

　無機分離膜の研究開発は精密ろ過膜や限外ろ過膜に始まり，ナノろ過そしてゼオライト膜による浸透気化分離への応用へと展開し，膜素材もシリカ等の金属酸化物，炭素および各種のゼオライトや金属膜などの研究がなされていることは本書の各論で述べられているとおりであるが，本章の主題である二酸化炭素や水素の高性能な膜分離に適用可能なその他の無機膜素材として，ここでは数オングストローム以下の細孔を持つ多孔質ガラスと 500℃ 以上で CO_2 を選択的に透過する溶融炭酸塩について記述する。

2.5.2 多孔質ガラス膜

　分相法で作製する多孔質ガラスは，米国コーニング社（バイコールガラスから改良）の最終組成が SiO_2：96％以上になる高ケイ酸型が有名で，PPG 社の母体ガラス組成で B_2O_3 の割合を高めたもの（SiO_2 40 B_2O_3 50 Na_2O 10 wt％）を含めて，多孔質ガラスを用いた細孔中の物性やフィルター利用に関する研究が発表されている[1]。高ケイ酸型多孔質ガラスの作製方法を図1に示す[2,3]。原料を調合・溶融し，SiO_2，B_2O_3，Na_2O を主成分とする母体ガラスを成型する。これを，熱処理し分相を起こさせ，次いで，分相済みのガラスを酸溶液によりホウ酸ソーダ相を溶かし出して作製する。さらに日本では，宮崎県工業技術センターによってアルミノシリケートタイプの

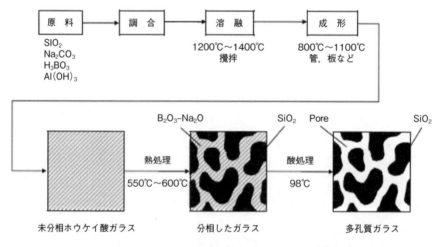

図1　分相法による多孔質ガラスの作製方法[2,3]

---

[*] Hidetoshi Kita　山口大学　大学院創成科学研究科　教授（特命）

第2章　二酸化炭素分離膜

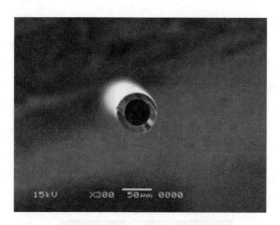

図2　ガラスホローファイバー断面図[4]

表1　多孔質ガラスホローファイバー膜の透過性

Temperature/K	$10^{11}\times$Permeance/mol m^{-2} s^{-1} Pa^{-1}						Selectivity			
	N$_2$	He	H$_2$	CO$_2$	O$_2$	CH$_4$	He/N$_2$	H$_2$/N$_2$	CO$_2$/N$_2$	O$_2$/N$_2$	CO$_2$/CH$_4$
373	0.060	110	67	4.0	0.74	N.D.	1,800	1,100	67	12	—
423	0.12	150	90	4.4	1.1	N.D.	1,300	750	37	9.2	—
473	0.19	180	110	4.4	1.3	0.016	950	580	23	6.8	280

N.D.：Not Detected

SPG（シラスポーラスガラス）と産総研関西センターから耐アルカリ性を向上させたジルコニアシリケートタイプの報告がある[2,3]。

　これらの多孔質ガラスは細孔径が1 nm以上であるため，水素や二酸化炭素の分離ふるい膜としてはそのままでは適用できないが，ガラスホローファイバーを引く急冷過程においてガラス中に微細な分相構造が誘起され，1 nm以下の細孔径を有する多孔質ガラスホローファイバー（図2）を得られることが見出されている[4]。特徴として，製膜性が良く，膜の量産性が高い（成形速度は数百m／分以上），可とう性があり，融着等の手法で簡単にシールできるので，膜モジュール化が容易，膜モジュール単位体積当たりの膜面積を大きくすることができる，膜厚が薄い（10 μm程度）ので短時間の酸リーチングで細孔の形成が可能となる，等が指摘されている。膜の細孔径はメタンの分子径である0.4 nm程度と考えられており，表1に示すように透過速度は小さいが，選択性が100℃で水素／窒素1,100，二酸化炭素／窒素67，酸素／窒素12，200℃で水素／窒素580，二酸化炭素／窒素23，酸素／窒素6.8，二酸化炭素／メタン280と高い値を示している[4,5]。

2.5.3 Dual-Phase 膜

図3にCO$_2$分離膜として，500℃以上でCO$_2$を選択的に透過する溶融炭酸塩と酸素イオン導電体（または，電子導電体）から成るDual-Phase膜の概念図を示す[6,7]。アリゾナ州立大学のY. S. Lin教授らは溶融炭酸塩と様々な導電体の組み合わせを検討している。例えば，溶融炭酸塩・サマリウムドープセリア膜は，700〜950℃の高温ガス分離において1,000以上のCO$_2$/N$_2$分離性能を示している。図4に示すように，サマリウムドープセリア・溶融炭酸塩から成るDual-Phase膜はCO$_2$：N$_2$混合気流（常圧あるいは5気圧）あるいは模擬合成ガス（50％CO，35％CO$_2$，10％H$_2$，5％N$_2$）下で安定な長時間作動が確認されている[7]。

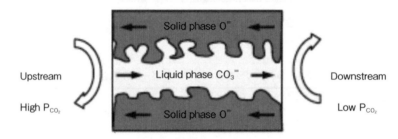

図3 CO$_2$を選択的に透過する溶融炭酸塩と酸素イオン導電体から成るDual-Phase膜の概念図[7]

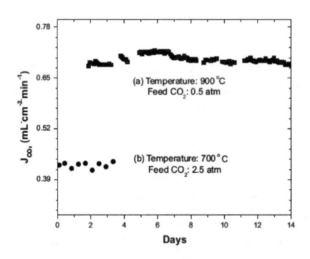

図4 サマリウムドープセリア・溶融炭酸塩から成るDual-Phase膜の長期安定性

第 2 章　二酸化炭素分離膜

文　　献

1) D. Enke *et al.*, *Micropor. Mesopor. Mater.*, **60**, 19 (2003)
2) 江口清久, 表面, **25** (3), 184 (1987)
3) 矢澤哲夫, *NEW GLASS*, **23**, 3 (2008)
4) K. Kuraoka *et al.*, *Chem. Commun.*, 664 (2002)
5) 矢澤哲夫, 分離技術, **32**, 49 (2002)
6) Z. Rui *et al.*, *J. Membr. Sci.*, **345**, 110 (2009)
7) T. T. Norton *et al.*, *J. Membr. Sci.*, **467**, 244 (2014)

3 促進輸送膜

甲斐照彦*

3.1 はじめに

　促進輸送膜は，CO_2 に対して化学的な親和性のある種々のアミンやアルカリ金属炭酸塩等のキャリア（CO_2 と可逆的，選択的に反応する物質）を膜内に担持させた分離膜である。図1に示すように，キャリアを膜内に担持することで，CO_2 は通常の溶解・拡散機構による物理透過に加えてキャリアとの反応生成物としても透過するため，透過速度が促進される。一方，キャリアと反応しないその他のガス（N_2, H_2, CO など）は膜内を溶解・拡散機構でのみ透過するため，高い CO_2 透過速度と分離係数が得られる[1]。キャリアの CO_2 透過促進の寄与は低 CO_2 分圧で特に高く，CO_2 分圧の増加とともに低下するため，促進輸送膜の分離係数は低 CO_2 分圧では非常に高いが，CO_2 分圧の増加とともに低下する傾向を示す。

　促進輸送膜に関する最初の報告例は Ward らによるもので，高い CO_2/O_2 分離性能が報告されている[2]。初期の促進輸送膜は含浸液膜であった。そのため，キャリアの揮発の問題を含め膜の安定性に問題があり，実用化が進まなかった。しかし近年では，高分子マトリクス中にキャリアを担持することや，キャリア等の膜材料の適切な選択などにより耐久性が向上しており，膜モジュール化，実ガス試験などの実用化研究も検討されるようになってきている。

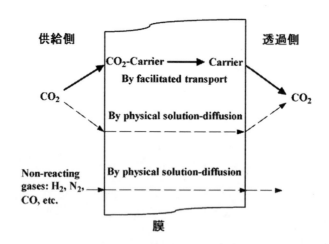

図1　促進輸送膜の分離機構[1]

---

*　Teruhiko Kai　（公財）地球環境産業技術研究機構　化学研究グループ　主任研究員

第2章 二酸化炭素分離膜

3.2 促進輸送膜の研究開発動向

促進輸送膜は，固定キャリア膜と移動キャリア膜に大きく分類される。いずれも CO_2 とキャリアの可逆的な反応を利用している。

固定キャリア膜では，キャリアは通常高分子の主鎖に化学結合されている構造をとるため，キャリアの流出の問題が生じない。キャリアとしてアミノ基を含む高分子が広く用いられている。例として，ポリエチレンイミン（PEI），ポリビニルアミン（PVAm），ポリアリルアミン（PAAm）などが報告されている[3~8]。

CO_2 と1級アミン，2級アミンとの反応は，下記の反応によって，カルバメートイオン（RR'N-COO$^-$）を生じ，それからカルバメートイオンは水の存在下で重炭酸イオン（HCO_3^-）を生じる。

$$CO_2 + 2RR'NH \rightleftarrows RR'N\text{-}COO^- + RR'NH_2^+$$
$$RR'N\text{-}COO^- + H_2O \rightleftarrows RR'NH + HCO_3^-$$

ここで，R'はH原子または有機官能基である。

3級アミンは直接 CO_2 と反応できないためカルバメートイオンを生じず，水の存在下で下記の反応によって重炭酸イオン（HCO_3^-）を生じる。

$$R_3N + CO_2 + H_2O \rightleftarrows R_3NH^+ + HCO_3^-$$

カルバメートイオンのみが形成される場合，アミン2モルに対して CO_2 が最大で1モル吸収される。一方，重炭酸イオンのみが形成される場合，アミン1モルに対して CO_2 が最大で1モル吸収されることになる。このように，アミンの種類によって，CO_2 吸収特性が異なるため，アミンの種類が分離性能に影響する。また，アミン系促進輸送膜においては，高湿度で分離性能が高くなる。アミンの吸水量（膨潤度）は湿度とともに指数関数的に増加することが報告されており，CO_2 の促進輸送に水の役割（上記の式における重炭酸イオンの形成）が重要であることが示唆される。

上述したアミノ基を含む高分子（固定キャリア）には薄膜化に必要な機械的強度がないため，他のポリマーとのブレンドが広く検討されている。代表的な高分子としてはポリビニルアルコール（PVA）が挙げられる。PVAは多くの水酸基を有するため親水性で，アミンとの親和性もよく，アミノ基と水素結合を生じるため，機械的強度が高い等の長所がある。Dengらは，PVAmをPVAとブレンドした複合膜の開発を行い，膜厚500 nmの薄膜の形成に成功した[6]。Qiaoらは，アミンを含む低分子を用いた高分子の水素結合による架橋を提案し，エチレンジアミン（EDA），ピペラジン（PIP），モノエタノールアミン（MEA），メチルカーバメート（MC）を使用し，PVAmマトリクスに添加した膜の開発を行った[9]。アミンの種類の分離性能への影響についても検討されている。Zhaoらは，種々の構造のヒンダードアミンを用い，分離性能への影響を検討した[10,11]。その結果，適度な立体障害を有するヒンダードアミンが最も高い分離性能を示すことが明らかとなった（図2）。

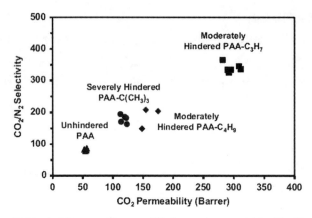

CO₂/N₂ selectivity versus CO₂ permeability for membranes containing 70 wt% polyamines/30 wt% crosslinked PVA at 110℃ and a feed pressure of 2 atm with water injection rates ＝ 0.03/0.03 cm³/min (feed/sweep) using a feed gas composition of 20% CO₂, 40% H₂, and 40% N₂ (on dry basis).

図2　アミンの構造の分離性能への影響[10]

移動キャリア膜は，低分子のアミンやアミノ酸，炭酸塩などをキャリアとして使用した膜である。キャリア密度を高めることができるため，CO_2 透過の促進効果が高いことに加え，非極性ガスの溶解度を下げることができる（塩析効果）ことから，高い分離係数を得ることもできる。ただし，キャリアの流出のリスクがあり，安定に担持することが重要な技術課題である。移動キャリアとしては，吸収液として使用されるアルカノールアミンの検討例があるが，これらのアミンは揮発性があり経時的に膜から抜けていくことが問題となる。一方，アミノ酸は揮発性が非常に低く，キャリアとして適している[12,13]。

揮発性のない新しい移動キャリアとして，イオン液体（Task-specific ionic liquids：TSILs）を用いた促進輸送膜の研究が行われている。通常の促進輸送膜では，乾燥条件において高い分離性能が得られないのに対し，イオン液体を用いる場合，加湿条件のみならず乾燥条件でも高い分離性能が得られることが注目される。Matsuyama らのグループでは，アミノ酸イオン液体含有促進輸送膜に関する一連の研究開発を行っている[14~18]。アミノ酸イオン液体の検討に加え，ダブルネットワーク，有機無機ネットワークを用いた機械的強度の向上に関する研究開発も行われている[17,18]。

促進輸送膜の分離性能は，高温で分離係数が低下する通常の高分子膜と異なり，温度の上昇とともに CO_2 透過速度，分離係数ともに高くなる傾向にあり，100℃以上の高温で，高い分離性能が得られることが報告されている。Ho らは，ポリビニルアルコール（PVA）中にアミンを混合した促進輸送膜を開発した[19]。100℃以上における分離性能を評価し，300（110℃），100（150℃）という高い $\alpha_{CO2/H2}$ を得た。Yegani らは，ポリビニルアルコール／ポリアクリル酸（PVA/PAA）共重合体の中に，ジアミノプロピオン酸や炭酸セシウムを担持した構造の促進輸送膜を作製し，160℃までの高温での CO_2/H_2 分離性能を評価した[13]。作製した分離膜は 160℃において

第2章 二酸化炭素分離膜

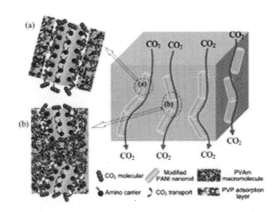

図3 ナノ材料との複合化によるCO₂透過性の向上（概念図）[23]

$α_{CO2/H2}$＝432を示した。

移動キャリアと固定キャリアを混合する検討も行われている。Baiらは，架橋PVAのマトリクス中に移動キャリアと固定キャリアを導入した複合膜を開発し，移動キャリアと固定キャリアの比率の分離性能への影響を検討した[20]。その結果，移動キャリアの方が分離性能向上への寄与が大きかったが，移動キャリアが多すぎると機械的強度が低下する結果となり，最適な存在比があると考えられる。

促進輸送膜では，CO₂とキャリアの反応速度がCO₂透過速度に影響する。そこで，CO₂とキャリアの反応速度を向上させる触媒の検討が行われている。炭酸脱水酵素（carbonic anhydrase：CA）は，CO₂とキャリアの反応速度を向上させる酵素としてよく知られているが，耐熱性，耐久性が低い（活性を失う）ことが問題となる。そこで，CAに類似の分子構造を有する触媒を用いた膜に関する研究が報告されている[21,22]。

耐久性を向上させる等の目的で，シリカナノ粒子，カーボンナノチューブ，金属有機構造体（Metal Organic Framework：MOF），ハイドロタルサイト（Hydrotalcite）等のナノ材料と促進輸送膜の複合化（mixed matrix membrane：MMM）が検討されている[23〜26]。複合化によって，耐圧性，耐久性の向上に加えて，複合界面を利用してCO₂が選択的に透過するチャネルを形成して，CO₂の透過性を促進するコンセプトも提案されている（図3）[23,26]。

促進輸送膜を実用化するためには，実ガスに含まれる不純物に対する耐性が必要である。そのため，燃焼排ガス等を用いた膜の耐久性検討が行われている[27,28]。SO₂（0.7〜5 ppm）のCO₂分離性能への影響の検討では，102℃では性能低下が見られたが，57℃では性能低下が見られず，膜のSO₂耐性に及ぼす操作温度の影響が大きいという結果が報告されている[28]。

3.3 おわりに

上述した通り，当初は膜の安定性に難があり実用化が困難と思われていた促進輸送膜についても，研究開発の進展とともに高い分離性能を長時間維持することが可能になってきており，実用

化は間近であると考えられる。

　実用化のためには，高い分離性能と同時に，実運転時の高い耐久性が重要である。ガス組成，圧力などの運転条件は適用先によって異なるため，想定されるガス源の実ガスを用いた検証試験が実用化のためには重要になると考えられる。また，膜エレメント化や膜システムの検討も重要な課題である。そのためには，関連する企業との協業が実用化に向けて大変重要になると考えられる。

文　　献

1) J. Zou *et al.*, *J. Membr. Sci.*, **286**, 310 (2006)
2) W. J. Ward *et al.*, *Science*, **156**, 1481 (1967)
3) H. Matsuyama *et al.*, *J. Membr. Sci.*, **163**, 221 (1999)
4) Y. Cai *et al.*, *J. Membr. Sci.*, **310**, 184 (2008)
5) T.-J. Kim *et al.*, *J. Polym. Sci., Part B: Polym. Phys.*, **42**, 4326 (2004)
6) L. Y. Deng *et al.*, *J. Membr. Sci.*, **340**, 154 (2009)
7) T.-J. Kim *et al.*, *J. Membr. Sci.*, **428**, 218 (2013)
8) L. Deng *et al.*, *Ind. Eng. Chem. Res.*, **54**, 11139 (2015)
9) Z. Qiao *et al.*, *J. Membr. Sci.*, **475**, 290 (2015)
10) Y. Zhao *et al.*, *J. Membr. Sci.*, **415-416**, 132 (2012)
11) Z. Tong *et al.*, *J. Membr. Sci.*, **543**, 202 (2017)
12) 松宮紀文ほか, 膜 (Membrane), **30**, 46 (2005)
13) R. Yegani *et al.*, *J. Membr. Sci.*, **291**, 157 (2007)
14) S. Kasahara *et al.*, *J. Membr. Sci.*, **415-416**, 168 (2012)
15) S. Kasahara *et al.*, *J. Membr. Sci.*, **454**, 155 (2014)
16) S. Kasahara *et al.*, *Ind. Eng. Chem. Res.*, **53**, 2422 (2014)
17) F. Moghadam *et al.*, *J. Membr. Sci.*, **530**, 166 (2017)
18) F. Ranjbaran *et al.*, *J. Membr. Sci.*, **544**, 252 (2017)
19) J. Zou *et al.*, *J. Membr. Sci.*, **286**, 310 (2006)
20) H. Bai *et al.*, *Ind. Eng. Chem. Res.*, **50**, 12152 (2011)
21) K. Yao *et al.*, *Chem. Commun.*, **48**, 1766 (2012)
22) M. Saeed *et al.*, *J. Membr. Sci.*, **494**, 196 (2015)
23) S. Zhao *et al.*, *J. Mater. Chem. A*, **1**, 246 (2013)
24) L. Deng, *et al.*, *Int. J. Greenh. Gas Control*, **26**, 127 (2014)
25) S. Zhao *et al.*, *Ind. Eng. Chem. Res.*, **54**, 5139 (2015)
26) J. Liao *et al.*, *Chem. Sci.*, **5**, 2843 (2014)
27) M. Sandru *et al.*, *Energy Procedia*, **37**, 6473 (2013)
28) D. Wu *et al.*, *J. Membr. Sci.*, **534**, 33 (2017)

4 イオン液体膜

神尾英治[*1]，松山秀人[*2]

はじめに

イオン液体は100℃以下の低温雰囲気下でも液体として存在できる有機塩の総称である。特に，融点が室温以下の室温溶融塩はRoom temperature ionic liquids（RTILs）と呼ばれる。また，有機塩であるため，その化学構造を設計可能である。特定の目的のために構造を設計されたイオン液体はTask-specific ionic liquids（TSILs）と呼ばれる。また，CO_2分離材料としてアミノ基を修飾したイオン液体はアミノ機能化TSILsなどと呼ばれる。種々イオン液体を構成するカチオンおよびアニオンの構造式を図1にまとめた。

イオン液体は蒸気圧が非常に低いために不揮発性であり，熱的，化学的に安定であり，広い温度範囲で液状を保つなどといった特徴を有する。さらに，多くのイオン液体はCO_2溶解性に優れる。一方で，H_2やN_2，O_2などの溶解性は低いため，イオン液体はCO_2分離材料として適している。そのため，イオン液体を用いたCO_2分離膜の開発が世界中で行われている。ここでは，CO_2分離膜としてのイオン液体膜について概説する。

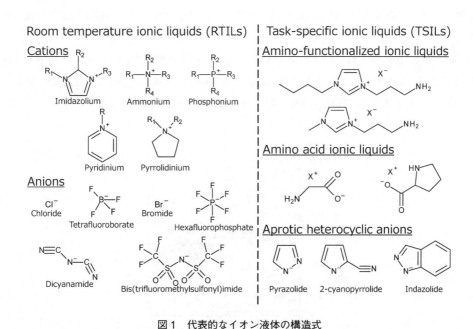

図1　代表的なイオン液体の構造式

---

*1　Eiji Kamio　神戸大学　大学院工学研究科　先端膜工学センター　助教
*2　Hideto Matsuyama　神戸大学　大学院工学研究科　先端膜工学センター　教授

4.1 イオン液体膜の CO_2 選択透過性能

イオン液体を含有する膜は，大きく分けて次の3種類がある：①イオン液体含浸膜（Supported ionic liquid membranes：SILMs），②高分子化イオン液体膜（Polymerized ionic liquid membranes：poly(ILs)膜），および，③イオン液体を溶媒とするゲル膜（Ion gel membranes：イオンゲル膜）。SILMs は多孔性支持膜の細孔内にイオン液体を含浸させた含浸液膜であり，簡単に作製できるため，最も多く研究されている。しかしながら，SILMs は非常に弱いキャピラリー力によってイオン液体が多孔性支持膜内に保持された膜であり，250～300 kPa 程度の小さな膜間差圧でイオン液体の漏出に伴い膜が壊れてしまうため[1,2]，実用には適さない。一方，poly(ILs)膜は，重合性官能基を導入したイオン液体モノマーを重合することによって得られる高分子膜であり，安定性は非常に高い。また，イオン液体モノマー由来の特性を有する膜が得られるため，優れた CO_2 溶解性と高い CO_2/N_2 選択性を有する[3~5]。しかしながら，高分子膜であるがゆえに，膜内に溶解したガスの拡散性は低く，CO_2 透過係数が小さいという課題があり，実用化のためには超薄膜化が必要である。一方，イオンゲル膜は，CO_2 分離媒体としてのイオン液体の優れた性質を損なうことなく，SILMs の安定性に関する課題と poly(ILs)膜の低 CO_2 透過係数に関する課題を双方同時に解決できる膜として，近年，研究開発が進んでいる。イオンゲル膜では，イオン液体はゲル浸透圧によりゲルネットワーク中に保持されており，イオン液体保持性が高い。また，イオンゲルの 80 wt% 以上をイオン液体とすることも可能であり，優れた溶質拡散性を有する。課題はゲル特有の脆弱性であるが，高強度イオンゲルの創出により解決されつつある。

SILMs，poly(ILs)膜，およびイオンゲル膜の CO_2 選択透過性能を図2に示す。図中の直線は 2008 年に L. M. Robeson によりまとめられた高分子膜の上限性能（Upper bound 2008）であり[6]，いくつかのイオン液体膜は既往の高分子膜よりも優れた CO_2 選択透過性能を有することが見て

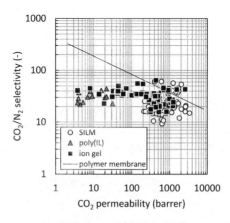

図2　イオン液体含有膜（SILMs, poly(ILs)膜, イオンゲル膜）の CO_2/N_2 選択透過性と CO_2 透過係数の関係[8~29]

第 2 章 二酸化炭素分離膜

取れる。また，米国 MTR 社の T. C. Merkel らによると，火力発電所排ガスからの CO_2 回収に最低限必要とされる CO_2 分離膜の CO_2/N_2 選択性は 20 であり[7]，イオン液体膜は十分に実用化のための要求性能を有することがわかる。実用化のための課題は CO_2 透過速度であり，少なくとも 1,000 GPU（1 GPU = 1×10^{-6} cm^3(STP)/(s・cm^2・cmHg)）以上の CO_2 透過速度を有するイオン液体膜の開発が必要である。イオン液体膜の CO_2 透過速度の改善は，イオン液体の分子構造と，イオン液体膜の構造の制御による改善が進められている。

4.2 イオン液体の設計

イオン液体膜の CO_2 透過は溶解拡散機構に基づく[8]。したがって，CO_2 透過係数は膜内への CO_2 の溶解量と膜内の CO_2 拡散係数の積で書き表せる。つまり，イオン液体膜の場合は，イオン液体への CO_2 溶解量の増大とイオン液体中に溶解した CO_2 の拡散係数の増大が CO_2 透過係数の増大につながる。

イオン液体への CO_2 の溶解量については，様々なイオン液体に対する CO_2 の溶解試験が行われており，CO_2 の溶解量とイオン液体の構造を関連付けることで，さらなる CO_2 溶解量の増大が試みられている。これまでの研究で，イオン液体への CO_2 の溶解量は，イオン液体と CO_2 間の親和性やイオン液体のモル体積に強く依存することが示されている。図 3 に，種々イオン液体への CO_2 溶解のヘンリー定数とイオン液体のモル体積の関係を，アニオン構造，およびカチオ

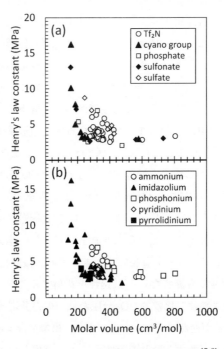

図3　各種イオン液体の Henry 定数とモル体積の関係[17, 21〜23, 27, 30, 35〜43]
(a)アニオンの影響，(b)カチオンの影響。

ン構造に基づき分類分けして示した。すべてのイオン液体ともに，ヘンリー定数はモル体積の増大に伴い減少する傾向を示しており，大きな分子サイズのイオン液体ほどCO_2吸収量が大きなことがわかる。モル体積の大きなイオン液体ほど自由体積も大きく，その自由体積にガスは溶解するために，モル体積の大きなイオン液体はガス溶解量が大きい。一方で，モル体積の大きなイオン液体には他のガスも溶解しやすいため，モル体積の増大はCO_2溶解選択性を低下させる。また，イオン液体の粘度はモル体積の増大に伴い大きくなる傾向があり[8]，モル体積が大きなイオン液体ほど，溶解したCO_2の拡散性は小さい。したがって，CO_2分離膜の材料としては，極力小さなモル体積を有し，かつ，ヘンリー定数が小さなイオン液体が好ましい。イオン液体構造の観点からは，CO_2との親和性が高いシアノ基やイミダゾリウム環を有するイオン液体は，モル体積が小さくてもCO_2溶解量が大きなことが図3より見て取れる。CO_2との親和性増大については，例えばエーテル結合やシアノ基を有するRTILsはCO_2溶解性が高く，N_2やCH_4に対するCO_2溶解選択性が高いことが報告されている[5,30～34]。特に，$[B(CN)_4]^-$をアニオンとするRTILs含浸SILMsは優れたCO_2/N_2透過選択性（50以上）を有する[18]。また，フルオロアルキル基を導入したRTILsはCO_2/N_2溶解選択性を低下させるが，CO_2/CH_4溶解選択性を増大させることが知られている。一方で，長鎖アルキル基を有するRTILsは粘度が高く，CO_2拡散性を制限することが知られている。

　CO_2と化学的に反応できるアミノ基を有するアミノ機能化TSILsを含有するSILMsは，アミノ機能化TSILsが化学反応により大量のCO_2を溶解し，促進輸送機構に基づき高速かつ高選択的にCO_2を透過する。アミノ機能化TSILsはCO_2キャリアであるとともに，化学反応により形成されるCO_2錯体の拡散媒体としても機能する新しいタイプの促進輸送膜である。従来の促進輸送膜はCO_2キャリアと溶媒がそれぞれ異なる物質であり，多くの場合，溶媒の揮発損失に伴う破損やCO_2透過性能の低下が課題であった。また，既往のCO_2キャリアはCO_2との反応にH_2Oが関与するため，乾燥雰囲気ではCO_2透過性能が劇的に低下するという課題があった。それに対して，アミノ機能化TSILsをCO_2キャリアとする促進輸送膜は，アミノ機能化TSILsの極めて低い蒸気圧により揮発損失が起こらず，いくつかのアミノ機能化TSILsはCO_2との反応にH_2Oを必要としない。したがって，乾燥雰囲気でも優れたCO_2分離性能を維持する[44]。一方で，CO_2との反応により形成されるアミノ機能化TSILs-CO_2錯体は，錯体間水素結合ネットワークの形成により粘度が増大するため，温度の低下に伴いCO_2透過速度が減少するという課題があったが，分子内に水素結合性ドナーとなる水素原子を有さない非プロトン性複素環アニオン（Aprotic heterocyclic anion：AHA）を構成成分とするアミノ機能化TSILsはCO_2との反応後も粘度増大が起こらず，低温でも優れたCO_2透過性を維持することが報告されている[45]。そのようなイオン液体型促進輸送膜は，比較的CO_2分圧が低い火力発電所排ガス等からのCO_2分離除去に適しており，研究開発が進んでいる。一方，ギ酸，酢酸，マレイン酸やマロン酸などから得られる，プロトン解離したカルボン酸基を有するイオン液体もCO_2キャリアとなり得ることが報告されており[46]，イオン液体型促進輸送膜のさらなる進展が期待される。

第 2 章　二酸化炭素分離膜

　イオン液体の CO_2 拡散係数についても様々な検討がなされている。図 4 に各種イオン液体中の CO_2 拡散係数とイオン液体の粘度の関係を示す。CO_2 の拡散係数はイオン液体の粘度に対して明確な依存性が認められ，低粘度のイオン液体ほど CO_2 拡散係数は大きい。同程度の粘度であっても，bis(trifluoromethylsulfonyl)imide（Tf_2N）をアニオンとするイオン液体は比較的大きな CO_2 拡散係数を有しており，CO_2 拡散媒体として適する。イオン液体の粘度については，フッ素やアルコキシ基を導入したイオン液体や，カチオンのアルキル鎖長が短く，非対称構造を有するイオン液体が低粘度を有することが知られている。

　イオン液体への CO_2 の溶解性やイオン液体中の CO_2 の拡散係数を推定できれば，それらの積から種々イオン液体膜の CO_2 透過速度および CO_2 選択透過性を予測可能となる。イオン液体への CO_2 の溶解量については，COSMO-RS 法[53]，UNIFAC 法[54]，グループ寄与法[32]や，正則溶液理論に基づくモル体積モデル[55]等が提案されている。イオン液体中の CO_2 拡散係数は，図 4 に示されているように，イオン液体の粘度の約 −0.45 乗に比例するため，イオン液体の粘度から CO_2 の拡散係数を予測できる。また，イオン液体中の CO_2 拡散係数をより精度よく推算するためのモデルも提案されている（表 1）。これら CO_2 溶解量と CO_2 拡散係数の精度の高い予測が可能となれば，種々イオン液体の CO_2 選択透過に関する上限性能を予測可能となり，実用性能を満足するイオン液体設計指針が得られる。

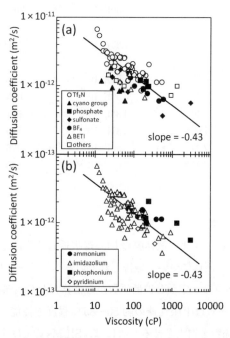

図 4　各種イオン液体中の CO_2 拡散係数とイオン液体粘度の関係[21, 38, 42, 47〜52]
(a)アニオンの影響，(b)カチオンの影響。

表1 RTIL 中の溶解ガスの拡散係数推算式

source	correlation
Arnold[56]	$D = \left[\dfrac{0.01}{A_1 A_2}\right] \dfrac{\left(\dfrac{1}{M_A}+\dfrac{1}{M_B}\right)^{1/2}}{\mu_B^{1/2}\left(V_A^{1/3}+V_B^{1/3}\right)^2}$
Wilke and Chang[57]	$D = 7.4 \times 10^{-8} \left(\dfrac{\sqrt{\varphi M_B}}{\mu_B V_A^{0.6}}\right) T$
Akgerman and Gainer[58,59]	$D = \left(\dfrac{kTN^{1/3}}{6}\right)\left(\dfrac{M_B}{M_A}\right)^{1/2}\left(\dfrac{1}{\mu_B}\right)\left(\dfrac{1}{V_A V_B}\right)^{1/6} \exp\left[\dfrac{E_a^{vis}-E_a^D}{RT}\right]$
Morgan et al.[47]	$D = 2.66 \times 10^{-3} \mu_{IL}^{-0.66} V_A^{-1.04}$
Hou and Baltus[38]	$D_{CO_2} = 6.7 \times 10^5 \mu_{IL}^{-0.66} Mw_{IL}^{-0.89} \rho_{IL}^{4.8} T^{-3.3}$
Moganty and Baltus[48]	$D = 1.0 \times 10^{-5} \mu_{IL}^{-0.6} \exp\left(\dfrac{17.3 \times E_a^{vis}}{T}\right)$ (for Tf_2N anion)
	$D = 3.7 \times 10^{-6} \mu_{IL}^{-0.4} Mw_{IL}^{0.4} \rho_{IL}^{-1.6}$ (anion other than Tf_2N)

表2 RTILs の CO_2 溶解量,RTILs 中の CO_2 拡散係数,および SILMs の CO_2 透過係数

RTIL	Henry 定数 H (kPa·m³/mol)	CO_2 拡散係数 D (m²/s)	CO_2 透過係数, P (barrer) 理論値 (D/H)	実験値
[C₂mim][Tf₂N]	0.85[36]	6.60E-10[49]	2356	1702.4[8]
				960[19]
[C₂mim][B(CN)₄]	0.85[18]	7.50E-10[60]	2661	2040[18]
				1471[19]
[C₄mim][Tf₂N]	0.96[35]	7.80E-10[38]	2453	1344.3[8]
				904[19]
[C₄mim][B(CN)₄]	0.79[18]	5.53E-10[52]	2117	1755[18]
[N₁₁₁₄][Tf₂N]	1.03[30]	3.50E-10[49]	1026	830.5[8]
[N₁₄₄₄][Tf₂N]	1.40[21]	4.38E-10[21]	951	523.9[8]
[N₁₈₈₈][Tf₂N]	1.92[21]	4.87E-10[21]	770	619.4[8]
[P₄₄₄₁₄][DEP]	2.23[42]	3.50E-10[42]	476	231.7[8]
[P₆₆₆₁₄][Cl]	2.07[42]	3.00E-10[42]	440	377.6[8]

4.3 イオン液体膜の構造設計

図2に示されているように,イオン液体膜の CO_2 選択透過性能は,現状は SILMs が優れている。表2にいくつかのイオン液体について報告されているヘンリー定数,CO_2 拡散係数,SILMs の CO_2 透過係数,およびヘンリー定数と拡散係数から推算した CO_2 透過係数の上限値を示した。現状の SILMs の CO_2 透過係数は上限性能の約 50〜85 % 程度の性能であり,未だ改善の余地はある。SILMs の CO_2 透過係数を増大させるためには,SILMs の CO_2 拡散抵抗である支持膜の構造制御,すなわち,多孔度の増大や細孔屈曲率の低減などが有効である。微小な細孔が高度に発達した支持膜を用いることで,CO_2 透過性能を向上できる可能性が見込まれるが,SILMs は安

第 2 章　二酸化炭素分離膜

定性に関する課題があり，実用化には不向きである。

一方で，図 2 に見られるように，イオンゲル膜は SILMs と同程度の CO_2 透過係数を有するものも報告されている。イオンゲル膜はそのゲルネットワークが CO_2 の拡散抵抗となるが，近年ではイオン液体含有量が 80 wt% 以上，つまり，ゲルネットワーク組成が 20 wt% 以下のイオンゲルも開発されており，その CO_2 透過係数は SILMs と同等である。表 3 に種々イオンゲル膜の CO_2 透過係数をまとめた。イオンゲル膜の CO_2 透過係数はイオン液体含有量と有意な関係があり（図 5），特にイオン液体含有量が 80 wt% 以上では，イオン液体含有量の増大に伴い CO_2 透

表 3　[C$_x$mim][Tf$_2$N] を含有する SILM およびイオンゲル膜の CO_2 選択透過性能

Type	IL	Properties			Permeability[†]		Selectivity
SILM	x	Support membrane	pore size	porosity	CO_2	N_2	CO_2/N_2
[ref[17]]	2	hydrophilic PES	0.2 μm	0.80	960	46	21
[ref[19]]	4	hydrophilic PTFE	0.47 μm	0.53	904	35	26
Ion gel	x	Gel network		IL (wt%)	CO_2	N_2	CO_2/N_2
[ref[12]]	2	PS-PIL-PS Triblock Copolymer		85 wt%	985	25	39
[ref[13]]	2	PS-PMMA-PS Triblock Copolymer		90 wt%	870	40	22
[ref[13]]	2	PS-PMMA-PS Triblock Copolymer		85 wt%	840	35	24
[ref[14]]	2	p(VDF-HFP)		80 wt%	510	21	24
[ref[61]]	2	poly(IL)		58 wt%	600	27	22
[ref[62]]	2	curable poly(IL)		80 wt%	500	21	24
[ref[19]]	4	silica particle/PDMAAm composite		80 wt%	903	34	27
[ref[20]]	4	silica particle/PDMAAm composite		80 wt%	1193	44	27

[†] unit: barrer (1 barrer = 1×10^{-10} cm·cm^3(STP)/(cm^2·s·cmHg))

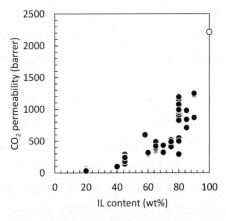

図 5　[C$_x$mim][Tf$_2$N] 含有イオンゲル膜の CO_2 透過係数とゲル中イオン液体含有率の関係
●：実験値，○：IL 中 CO_2 の拡散係数 D(m^2/s) と IL への CO_2 溶解の Henry 定数 H(kPa m^3/mol) から算出した上限性能。

二酸化炭素・水素分離膜の開発と応用

過係数は大きく増大する。しかしながら，イオンゲルはイオン液体含有量が大きなほど機械的強度が小さくなるため，大量のイオン液体を含有するイオンゲルを膜として使用することは困難となる。したがって，イオンゲル膜のイオン液体含有量を増大させるためには，イオンゲルの機械的強度を増大する必要がある。また，イオンゲル膜の CO_2 透過速度を増大させるためには，ゲルを薄膜化する必要があるが，薄膜化に伴い機械的強度が小さくなるため，薄膜化を可能とするためにも，イオンゲル自体の高強度化が必要である。近年では，トリブロックコポリマー[12,13]やTetra-PEG[63]，ダブルネットワーク[19,20,64~67]などといった特殊なゲルネットワークを有する高強度イオンゲル膜も開発されており，そのイオン液体含有量増大と薄膜化により，実用に耐える強度と CO_2 透過性能を兼ね備えたイオンゲル膜の開発が期待される。

　実用化の観点からは，上記の通り，イオンゲル膜の膜厚を極力薄くすることで CO_2 透過速度を増大させる必要がある。Zhouらは poly(IL) と [C_2mim][Tf_2N] から成るイオンゲル膜を特殊な支持膜上に薄層形成させることに成功している[61]。形成されたイオンゲル層の厚みは約100 nmであり，その CO_2 透過速度は約 6,000 GPU，CO_2/N_2 選択性は22程度であると報告されている。しかしながら，そのゲル膜のイオン液体含有量は 58 wt% である。そのため，CO_2 透過係数は約 600 barrer 程度である。[C_2mim][Tf_2N] を含有するイオンゲル膜に期待できる CO_2 透過係数は 1,000 barrer 以上であり，そのような CO_2 透過係数を有するゲル層を 100 nm に超薄膜化できれば，10,000 GPU 以上の CO_2 透過速度を有するイオンゲル膜を創製できる可能性も見込まれる。そのようなイオン液体膜を実用化するためには，イオンゲル薄層を連続的に大規模製膜するための技術確立が必要である。

おわりに

　1999年にイオン液体が大量の CO_2 を吸収することが報告[68]されて以来，イオン液体を用いた CO_2 分離プロセスに関する研究開発が活発化し，CO_2 分離膜については 2002 年に SILMs[69]，2005 年に poly(IL)膜[3,4]，2008 年にイオンゲル膜の前身である poly(IL)/IL 複合膜[11]が提案された。イオン液体膜に関する研究が始まって以来，未だ15年程度しか経過していないが，その技術進展は著しい。イオン液体膜の CO_2 分離性能は従来の高分子膜以上であり，実使用に耐え得るポテンシャルを有している。また，超薄イオンゲル層の形成が可能であること，その超薄ゲル層は実使用に十分な CO_2 選択透過性能を有することが報告されている。さらには，高強度イオンゲルの開発も進んでおり，よりイオン液体含有量が大きく，高 CO_2 透過速度のイオンゲル膜の創製も期待できる。また，イオン液体自体の分子構造設計も日進月歩の進展を遂げており，アミノ機能化 TSILs を含め，より CO_2 分離膜に適したイオン液体の創製も大いに期待できる。さらなる CO_2 溶解量の向上，粘度の低減，超薄ゲル層形成技術の確立などといった課題を解決することにより，イオン液体膜が実用化され，低炭素化社会の実現に貢献することを期待したい。

第2章　二酸化炭素分離膜

文　　献

1) F. F. Krull *et al.*, *J. Membr. Sci.*, **325**, 509 (2008)
2) P. Uchytil *et al.*, *J. Membr. Sci.*, **383**, 262 (2011)
3) J. Tang *et al.*, *Chem. Commun.*, 3325 (2005)
4) J. Tang *et al.*, *Macromolecules*, **38**, 2037 (2005)
5) J. E. Bara *et al.*, *Ind. Eng. Chem. Res.*, **46**, 5397 (2007)
6) L. M. Robeson, *J. Membr. Sci.*, **320**, 390 (2008)
7) T. C. Merkel *et al.*, *J. Membr. Sci.*, **359**, 126 (2010)
8) P. Scovazzo, *J. Membr. Sci.*, **343**, 199 (2009)
9) Y. C. Hudiono *et al.*, *J. Membr. Sci.*, **350**, 117 (2010)
10) J. E. Bara *et al.*, *Ind. Eng. Chem. Res.*, **47**, 9919 (2008)
11) J. E. Bara *et al.*, *Polym. Adv. Technol.*, **19**, 1415 (2008)
12) Y.-Y. Gu & T. P. Lodge, *Macromolecules*, **44**, 1732 (2011)
13) Y. Gu *et al.*, *J. Membr. Sci.*, **423-424**, 20 (2012)
14) J. C. Jansen *et al.*, *Macromolecules*, **44**, 39 (2011)
15) T. K. Carlisle *et al.*, *J. Membr. Sci.*, **397-398**, 24 (2012)
16) J. J. Close *et al.*, *J. Membr. Sci.*, **390-391**, 201 (2012)
17) P. Scovazzo *et al.*, *J. Membr. Sci.*, **238**, 57 (2004)
18) S. M. Mahurin *et al.*, *RSC Adv.*, **2**, 11813 (2012)
19) F. Ranjbaran *et al.*, *J. Membr. Sci.*, **544**, 252 (2017)
20) F. Ranjbaran *et al.*, *Ind. Eng. Chem. Res.*, **56**, 12763 (2017)
21) R. Condemarin & P. Scovazzo, *Chem. Eng. J.*, **147**, 51 (2009)
22) J. E. Bara *et al.*, *Chem. Eng. J.*, **147**, 43 (2009)
23) S. M. Mahurin *et al.*, *Ind. Eng. Chem. Res.*, **50**, 14061 (2011)
24) T. K. Carlisle *et al.*, *J. Membr. Sci.*, **359**, 37 (2010)
25) B. A. Voss *et al.*, *Chem. Mater.*, **21**, 3027 (2009)
26) J. E. Bara *et al.*, *Ind. Eng. Chem. Res.*, **48**, 4607 (2009)
27) J. E. Bara *et al.*, *Ind. Eng. Chem. Res.*, **48**, 2739 (2009)
28) S. U. Hong *et al.*, *Chem. Commun.*, 7227 (2009)
29) L. C. Tome *et al.*, *J. Membr. Sci.*, **483**, 155 (2015)
30) M. J. Muldoon *et al.*, *J. Phys. Chem. B*, **111**, 9001 (2007)
31) J. E. Bara *et al.*, *Ind. Eng. Chem. Res.*, **46**, 5380 (2007)
32) T. K. Carlisle *et al.*, *Ind. Eng. Chem. Res.*, **47**, 7005 (2008)
33) S. D. Hojniak *et al.*, *J. Phys. Chem. B*, **118**, 7440 (2014)
34) S. D. Hojniak *et al.*, *J. Phys. Chem. B*, **117**, 15131 (2013)
35) J. L. Anthony *et al.*, *J. Phys. Chem. B*, **109**, 6366 (2005)
36) M. Kanakubo *et al.*, *ACS Sustainable Chem. Eng.*, **4**, 525 (2016)
37) A. B. Pereiro *et al.*, *Ind. Eng. Chem. Res.*, **52**, 4994 (2013)
38) Y. Hou & R. E. Baltus, *Ind. Eng. Chem. Res.*, **46**, 8166 (2007)

39) J. L. Anthony *et al.*, *J. Phys. Chem. B*, **106**, 7315 (2002)
40) A. Finotello *et al.*, *Ind. Eng. Chem. Res.*, **47**, 3453 (2008)
41) K. Huang & H.-L. Peng, *J. Chem. Eng. Data* (2017), Ahead of Print.
42) L. Ferguson & P. Scovazzo, *Ind. Eng. Chem. Res.*, **46**, 1369 (2007)
43) N. M. Yunus *et al.*, *Chem. Eng. J.*, **189-190**, 94 (2012)
44) S. Kasahara *et al.*, *Chem. Commun.*, **48**, 6903 (2012)
45) S. Kasahara *et al.*, *Ind. Eng. Chem. Res.*, **53**, 2422 (2014)
46) K. Huang *et al.*, *J. Membr. Sci.*, **471**, 227 (2014)
47) D. Morgan *et al.*, *Ind. Eng. Chem. Res.*, **44**, 4815 (2005)
48) S. S. Moganty & R. E. Baltus, *Ind. Eng. Chem. Res.*, **49**, 9370 (2010)
49) C. Moya *et al.*, *Ind. Eng. Chem. Res.*, **53**, 13782 (2014)
50) D. Camper *et al.*, *Ind. Eng. Chem. Res.*, **45**, 445 (2006)
51) L. F. Zubeir *et al.*, *J. Chem. Eng. Data*, **61**, 4281 (2016)
52) M. H. Rausch *et al.*, *J. Phys. Chem. B*, **118**, 4636 (2014)
53) X. Zhang *et al.*, *AIChE J.*, **54**, 2717 (2008)
54) Z. Lei *et al.*, *Ind. Eng. Chem. Res.*, **48**, 2697 (2009)
55) D. Camper *et al.*, *Ind. Eng. Chem. Res.*, **45**, 6279 (2006)
56) J. H. Arnold, *J. Am. Chem. Soc.*, **52**, 3937 (1930)
57) C. R. Wilke & P. Chang, *AIChE J.*, **1**, 264 (1955)
58) A. Akgerman & J. L. Gainer, *Ind. Eng. Chem., Fundam.*, **11**, 373 (1972)
59) A. Akgerman & J. L. Gainer, *J. Chem. Eng. Data*, **17**, 372 (1972)
60) H. Liu *et al.*, *Phys. Chem. Chem. Phys.*, **16**, 1909 (2014)
61) J. Zhou *et al.*, *Ind. Eng. Chem. Res.*, **53**, 20064 (2014)
62) M. G. Cowan *et al.*, *Acc. Chem. Res.*, **49**, 724 (2016)
63) K. Fujii *et al.*, *Chem. Lett.*, **44**, 17 (2015)
64) F. Moghadam *et al.*, *Chem. Commun.*, **51**, 13658 (2015)
65) F. Moghadam *et al.*, *J. Membr. Sci.*, **525**, 290 (2017)
66) F. Moghadam *et al.*, *J. Membr. Sci.*, **530**, 166 (2017)
67) E. Kamio *et al.*, *Sep. Sci. Technol.*, **52**, 197 (2017)
68) L. A. Blancard *et al.*, *Nature*, **399**, 28 (1999)
69) P. Scovazzo *et al.*, *ACS Symp. Ser.*, **818**, 69 (2002)

第3章　水素分離膜

1　高分子膜
1.1　ポリイミド膜

田中一宏*

　水素は重要な化学原料であり，化学工業において水素分離は重要なプロセスである。石油精製において接触改質装置の副生ガスから水素を回収するプロセスでは CH_4 や他の炭化水素と H_2 が分離される。合成ガスの成分調整では H_2 と CO の分離が行われる。また，アンモニア製造で生じるパージ流れから水素を回収するプロセスでは H_2 と N_2 が分離される。これらの用途に高分子分離膜が用いられている。

　一般に高分子膜では分子サイズの小さな H_2 と He は分子サイズの大きな N_2, CO, CH_4 よりも透過しやすく，その差も大きい。第2章1.1項の表1および同1.2項の表1に示したように，H_2 または He と CH_4 の透過係数の比は酢酸セルロースで80以上，市販のポリスルホンで50以上である。H_2 と He の透過係数の差は小さな場合が多いので He/CH_4 と H_2/CH_4 の選択性はおおむね同じと考えることができる。有効膜厚が薄く大面積の分離膜モジュールを作製可能な酢酸セルロースやポリスルホンもある程度の H_2 分離が可能である。実際，1977年に世界初のガス分離膜装置がモンサント社によりアンモニアプラントに設置されているが[1]，その膜素材はポリスルホンと言われている。

　ポリイミドも早くから分離膜素材としても注目された。1972年に DuPont の Hoehn がガス分離膜素材に適するポリイミドの化学構造や膜の熱処理の効果に関する特許を出している[2]。特許では多数のポリイミドの H_2 と CH_4 の透過係数がまとめられている。宇部興産は独自に開発した酸二無水物 BPDA から合成されるポリイミドでガス分離膜を開発している。分離活性層の厚さが $0.1\ \mu m$ 以下の非対称中空糸膜の製造技術を確立し[3,4]，1980年代中頃から水素分離膜や窒素分離膜，除湿膜，炭酸ガス分離膜などとして市販している。このポリイミド非対称中空糸膜の H_2/CH_4 選択性は室温付近で300以上であり，酢酸セルロースやポリスルホンに比べてかなり高い。また，120℃でも100を超える優れた H_2 分離性能を示す[3]。

　ポリイミドは図1に示すように酸二無水物とジアミンから合成されるものが多い。酸二無水物とジアミンの種類を変えることで広範囲に物性を調整できる。多様な酸二無水物とジアミンが入手可能で，化学構造を系統的に変えることもでき，ガス透過選択性と化学構造との相関もよく調

*　Kazuhiro Tanaka　山口大学　大学院創成科学研究科　准教授

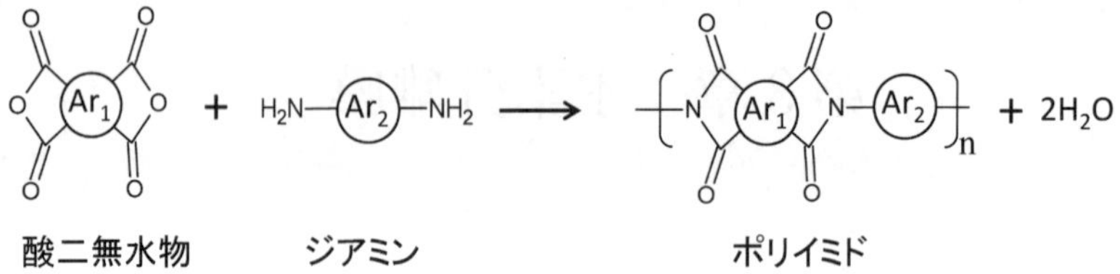

二酸化炭素・水素分離膜の開発と応用

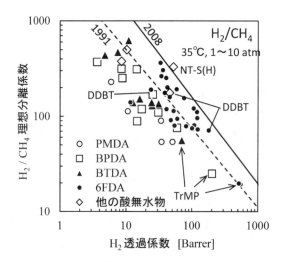

図1 芳香族ポリイミドの化学構造

図2 種々の化学構造のポリイミド膜[5~9]のH$_2$/CH$_4$透過選択性（35℃，1~10 atm）

べられている。本稿では筆者の研究室で調べてきた様々な化学構造のポリイミド[5~9]を中心にそのH$_2$透過分離特性を概説する。

図2にH$_2$/CH$_4$透過選択性を示す。一つ一つのプロットが一つの化学構造のポリイミドに相当する。それぞれの膜の純粋なH$_2$とCH$_4$に対する透過実験から得られたデータである[5~9]。酸二無水物の種類（PMDA, BPDA, BTDA, 6FDA, その他）により区別しており，NTはNTDAである。また，一部のジアミンの種類（DDBT, TrMPD, S(H)）も図中に示した。これらの略号と化学構造との対応は第2章1.3項の図1と図2に示す。透過係数と選択性が共に高い膜素材が分離膜に適しており，この図の右上に位置するポリイミドほどH$_2$透過選択性に優れていることになる。透過係数が高い膜素材ほど選択性は低くなるトレードオフの傾向がある。図2に1991年と2008年に当時の文献値を集めてRobesonが引いたUpper bound lineも示す[10,11]。ここではこの線を上限線と呼ぶことにする。

Robesonの論文に書かれているように6FDA-DDBTとNTDA-S(H)を含めた複数のポリイミドが2008年の上限線を構成している[11]。CO$_2$/CH$_4$分離ではミクロ孔を有する高分子膜であるPIMの方がポリイミドよりも上限線に近いが，H$_2$/CH$_4$分離ではポリイミドの方が上限線に近

い。分子サイズの差の大きな H_2/CH_4 分離における上限線の傾きは CO_2/CH_4 分離よりも大きく，透過性の増加に伴う選択性の減少割合が大きい。PIM は通常のポリイミドよりも1桁以上高い H_2 透過性を示す高透過性に特徴のある高分子素材であるため H_2/CH_4 選択性が低いと考えられる。また，ミクロ孔を持つ PIM への CH_4 の溶解度係数が高いことも理由と考えられる。ポリイミドの透過選択性は酸二無水物によって異なることがわかる。同じ透過係数で比べた時，選択性は PMDA ＜ BTDA, BPDA ＜ 6FDA の順に高くなる傾向がある。これは CO_2/CH_4 分離と同じである。

図3に様々な化学構造のポリイミドの H_2 の透過係数と自由体積分率 V_F との関係を示す[5～9]。第2章 1.3 項の図4に CO_2 の透過係数と V_F との関係を示しているが，それとほぼ同じ形の右下がりの傾向が確認できる。ジアミンに TrMPD または DDBT を用いたポリイミドが他のポリイミドの傾向の上方に位置し，NT-S(H) が下方に位置する点も CO_2 の透過係数の場合と同じである。他のガスの透過係数も同じように V_F の逆数に対してプロットするとこの図と同じ傾向がみられる。ただし，個々のポリイミドのプロットの相対的な位置はガスにより少しずつ異なる。

図4に H_2/CH_4 の溶解度選択性と H_2 の溶解度係数との相関を示す[5～9]。溶解度係数は平衡収着実験により得られた値である。ポリイミドの化学構造の違いによる H_2 の溶解度係数の差は5倍程度である。一見，緩やかな右上がりの傾向があるように見えるが，H_2/CH_4 の溶解度選択性が 0.1 付近に数多くのポリイミドが密集しており，また，H_2 の溶解度係数の精度がやや低いことを考慮すると，ポリイミドの化学構造に関係なく H_2 の溶解度係数は CH_4 の溶解度係数のちょうど 1/10 程度であると見ることができる。H_2/CH_4 分離では溶解度選択性は1以下で選択性には負の寄与を示し，また，化学構造による違いはない。したがって，ポリイミドによる H_2/CH_4 選択性

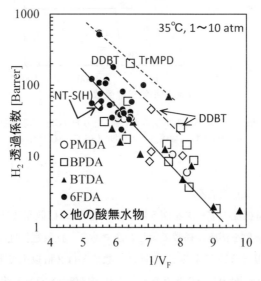

図3 種々の化学構造のポリイミド膜[5～9]の H_2 の透過係数と自由体積分率 V_F の逆数との相関（35℃，1～10 atm）

二酸化炭素・水素分離膜の開発と応用

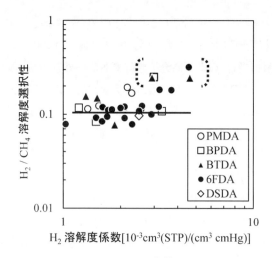

図4　種々の化学構造のポリイミド膜[5~9]のH_2/CH_4溶解度選択性とH_2の溶解度係数との相関（35℃, 10 atm）

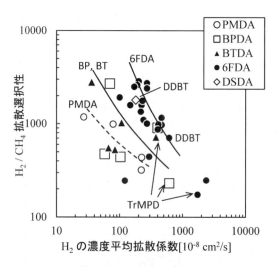

図5　種々の化学構造のポリイミド膜[5~9]のH_2/CH_4拡散選択性とH_2の濃度平均拡散係数との相関（35℃, 10 atm）

の差は拡散選択性の差により決まる。

　そのH_2/CH_4の拡散選択性のデータを図5に示す[5~9]。この拡散係数は濃度平均拡散係数，すなわち，各ガスの透過係数を溶解度係数で除した商である。拡散選択性はH_2とCH_4の拡散係数の比である。異なるポリイミドによるH_2の拡散係数の差は2桁以上である。H_2/CH_4の拡散選択性は最低でも100以上，最高は3,000である。これがほぼ0.1である溶解度選択性を大きく上回り，図2に示すような20~700のH_2/CH_4選択性をもたらしている。図5では明確な右下がり

第 3 章　水素分離膜

の傾向がみられる。同じ拡散係数で比べると，酸二無水物が 6FDA のポリイミドの拡散選択性は他の酸無水物から得られるポリイミドよりも高い。ジアミンに DDBT を用いたポリイミドの拡散選択性が高く，TrMPD を用いたポリイミドは拡散選択性が低い傾向にある。また，極性基を持つポリイミドは高い選択性を示す。これらの特徴は第 2 章 1.3 項の図 5 で示した CO_2/CH_4 分離と同じ傾向である。

　ベンゾフェノン基を持つ BTDA とアルキル水素を持つ TrMPD から得られるポリイミドはフィルムに成形した後に紫外線を照射すると架橋が生じることが知られている[12]。UV 光で励起されたベンゾフェノン基が近隣のアルキル水素を引き抜き，生じたラジカルが結合して架橋が生じると考えられている。予想される架橋構造を図 6 に示す。喜多らはこの光架橋によるガス透過選択性の変化を調べ，H_2 選択性が著しく増加することを報告した[13]。そのデータを Robeson の上限線と比較する形で図 7 に示す。PT-1 は BTDA-TrMPD であり，PT-2 と PT-3 は酸無水物に 6FDA を共重合したポリイミドである。光架橋ポリイミドは H_2 の透過係数の損失に比べると非常に大きな選択性の増加が得られ，H_2 分離膜として魅力的な膜素材である。

　化学構造により H_2/CH_4 透過選択性は広い範囲で調節が可能であるが，実用的には現在市販されている H_2 分離膜で十分なようで，新規な H_2 分離膜の開発ニーズはないと述べられている[14]。しかし，新しい H_2 分離の用途があれば新規な分離膜の開発ニーズもあると考えられる。その一つの例として，光触媒水素製造への応用[15]がある。H_2 と O_2 を膜で効率よく安全に分離するというものである。実用化には H_2/O_2 の分離係数が 45 以上の膜が必要である[15]。O_2 は CH_4 や N_2 よりも高透過成分であるので，分離係数 45 以上は容易ではない。図 8 にいろいろなポリイミドの H_2/O_2 透過選択性のデータと上限線を示す[5〜10,13]。この分離に対する関心は低く，2008 年の Robeson の論文では上限線は調べられていない[11]。高分子膜の中では図 6 の光架橋ポリイミドが唯一，この用途に使える可能性のある膜素材である。光架橋ポリイミドのデータは 1991 年の上限線をはるかに超えている[13]。この光架橋ポリイミドが実用可能かどうかは大面積の薄膜化ができるかどうかにかかっているが，残念ながら製膜性はあまりよくなく，今のところ小さな膜面積

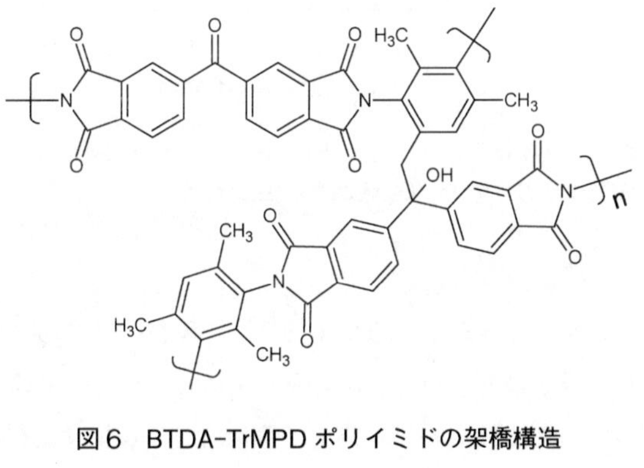

図 6　BTDA-TrMPD ポリイミドの架橋構造

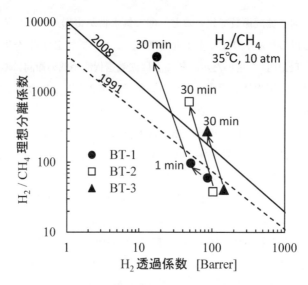

図7 ベンゾフェノン基含有ポリイミド膜のUV照射による H_2/CH_4 透過選択性の変化[13] (35℃, 10 atm)

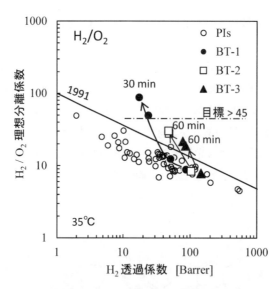

図8 種々の化学構造のポリイミド膜 (PIs)[5〜9] と光架橋ポリイミド膜 (BT-1〜3)[13] の H_2/O_2 透過選択性 (35℃)

で膜厚 4 μm の膜が作製できたというところである[16,17]。現在のところこの用途に用いることができる分離膜としてシリカ膜が最も有望で,炭素膜も候補の一つとして検討されている。しかし,無機膜は製造コストが高いので比較的安価な高分子膜の性能を検討する価値はあると思われる。

第3章　水素分離膜

文　　献

1) 西岡晴夫, 膜, **21**, 283 (1996)
2) H. H. Hoehn, US Patent 3,822,202 (1972)
3) 中村明日丸, 高分子, **35**, 1078 (1986)
4) 楠木喜博ほか, 化学工学, **59**, 392 (1995)
5) K. Tanaka *et al.*, *Polymer*, **33**, 585 (1992)
6) K. Tanaka *et al.*, *J. Polym. Sci., Part B, Phys. Ed.*, **30**, 907 (1992)
7) K. Tanaka *et al.*, *J. Polym. Sci., Part B, Phys. Ed.*, **33**, 1907 (1995)
8) K. Tanaka *et al.*, *Polymer*, **47**, 4370 (2006)
9) 未発表データ
10) L. M. Robeson, *J. Membr. Sci.*, **62**, 165 (1991)
11) L. M. Robeson, *J. Membr. Sci.*, **320**, 390 (2008)
12) A. A. Lin *et al.*, *Macromolecules*, **21**, 1165 (1988)
13) H. Kita *et al.*, *J. Membr. Sci.*, **87**, 139 (1994)
14) R. W. Baker *et al.*, *Ind. Eng. Chem. Res.*, **47**, 2109 (2008)
15) 田中一宏ほか, 膜, **36**, 113 (2011)
16) 林健太郎ほか, 化学工学会第80年会, YE306 (2015)
17) 日高真吾ほか, 化学工学会第49回秋季大会, PA104 (2017)

1.2 その他の高分子膜

喜多英敏*

1.2.1 はじめに

気体分離分野において最初に実用化された膜は水素分離膜である（Monsanto社によるポリスルホン製のPRISM® membrane）。水素分離膜の用途は，表1に示すように，プロセスガスからの水素回収，反応ガスの濃度調整，水素の高純度化が主な用途である。その後，気体分離膜は炭酸ガス分離（天然ガスやランドフィルガスからの分離），空気分離（窒素富化あるいは酸素富化ガスの製造），空気の除湿，揮発性有機化合物（VOC）の空気からの分離などに適用されてきた[1]。膜分離装置は小型で運転操作およびメンテナンスが容易であること，小容量での処理が可能である等の特徴を有しており，現在，気体分離膜の需要は窒素富化，次いで炭酸ガス，水素分離の順となっている。本稿では，前項1.1ポリイミド膜に続いて，その他の高分子膜の水素分離性能について述べる。

1.2.2 高分子の1次構造と気体の透過選択性との関係

非多孔質の高分子膜の気体透過挙動は溶解拡散モデルで説明され，透過係数 P[cm^3(STP)cm/(cm^2 s cmHg)] は溶解度係数 S[cm^3(STP)/(cm^3 cmHg)] と拡散係数 D[cm^2/s] の積で表される。気体分子は高分子膜中へ溶解し，高分子鎖の熱運動で生じる間隙を高圧側から低圧側に拡散する。A，B 2成分気体の透過選択性は透過係数比 P_A/P_B（理想想分離係数）で表すことができ，溶解選択性 (S_A/S_B) と拡散選択性 (D_A/D_B) の積として表せる。

高性能な気体分離膜素材の分子設計指針を得ることを目的に，一次構造を広範囲に系統的に変え気体の透過選択性との関係がこれまでに様々な高分子膜で調べられている[2]。ここで，ポリマーの一次構造に溶解度係数はあまり依存しないが，拡散係数および拡散選択性は著しく依存す

表1 水素分離膜の応用例

石油精製	接触改質，水素化分解，水素化精製，水素化脱硫等の工程ガスからの水素回収
化学工業	各種反応プロセスにおける H$_2$, CO 比率調整 メタノールプラントからの H$_2$ 回収 アンモニアパージガスからの水素回収
	コークス炉ガスからの水素回収 天然ガスからの He 回収 高純度水素の製造

* Hidetoshi Kita　山口大学　大学院創成科学研究科　教授（特命）

第3章　水素分離膜

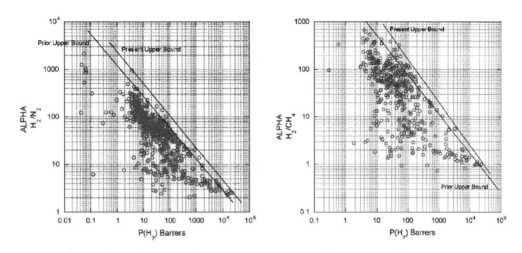

図1　水素分離系（H_2/N_2 と H_2/CH_4）での高分子膜性能[3]
1 Barrer = 10^{-10} $cm^3(STP)cm/(cm^2\,s\,cmHg)$

る。ガラス状高分子では，凍結された高分子鎖間隙が拡散に寄与するので，その体積分率および，その平均サイズとサイズ分布が拡散係数を支配する主な因子である。さらに，高分子鎖の局所運動および側鎖の運動は，サイズの揺らぎを生じ，拡散係数を増加させるが，同時に分子ふるい効果を低減する結果，拡散選択性を減少させることになる。

　例えば，一連のポリスルホンやポリイミドの分子構造と透過物性の相関性についての研究で，高透過・高分離性を実現するためには，高分子鎖が剛直でかつ非平面構造（繰り返し単位中の芳香環が互いに捻れた構造）をとり，高分子鎖の充填を阻害すると同時に，局所運動性を抑制するように分子設計する必要が明らかとなっている。透過分子のサイズに大きな差のある H_2/CH_4 分離，およびサイズに若干の差があり分子形状の異なる CO_2/CH_4 分離では，上述の分子設計により，選択性をあまり低下させずに，透過性を増加できる。しかし種々の高分子膜の化学構造と透過選択性の相関についての探索が進むとともに，従来から指摘されていた選択性の高い膜は透過性が小さく，透過性が大きくなると選択性が小さくなるトレードオフの関係がより明瞭になり，膜性能の上限が明らかになってきた。水素分離系の高分子膜性能を図1[3]に示す。ここ10年余り分離性能の上限に大きな変化はなく，表2と表3に示すように，2つの分離系でいずれも一連のポリイミドが優れた分離性能を示し，熱的・化学的安定性，機械的特性や製膜性にも優れることから，実用化している水素分離膜で主に使用されている。

1.2.3　水素分離膜

　表2と表3に示す高分子膜のうち透過係数の大きな高分子として注目される高分子が置換ポリアセチレンである。図2に種々の置換ポリアセチレンの分離性能を示す[4]。合成高分子中で最も高い気体透過性を示すポリ（1-トリメチルシリル-1-プロピン）（PTMSP）はポリアセチレン構造

表2 H$_2$/N$_2$分離性能の上限ライン上の高分子膜の透過係数 P [Barrer] と分離係数 α[3]

Polymer	P(H$_2$)	α(H$_2$/N$_2$)
Polybenzoxazinone imide (PBOI-2-Cu$^+$)	3.7	960
Polyimide (1,1-6FDA-DIA)	31.4	165
Polyimide (NTDA-BAPHFDS(H))	52	141
Poly(amide-imide) (3a)	72	103
PIM-7	860	20.5
PIM-1	1,300	14.1
Poly(trimethylsilylpropyne-co-phenylpropyne) (95/5)	20,400	2.5
Poly(trimethylsilylpropyne)	23,200	2.5

表3 H$_2$/CH$_4$分離性能の上限ライン上の高分子膜の透過係数 P [Barrer] と分離係数 α[3]

Polymer	P(H$_2$)	α(H$_2$/N$_2$)
Sulfonated polyimide (DAPHFDS(H))	52	325
Polyimide (6FDA-mMPD)	106	121
Polyimide (6FDA-DDBT)	156	78.8
Hyflon® AD60X	187	61.7
Teflon AF-2400	3,300	5.5
Poly(trimethylsilylpropyne)	17,000	1.13
Poly(trimethylsilylpropyne-co-phenylpropyne) (95/5)	20,400	0.953
Poly(trimethylsilylpropyne)	23,200	0.995

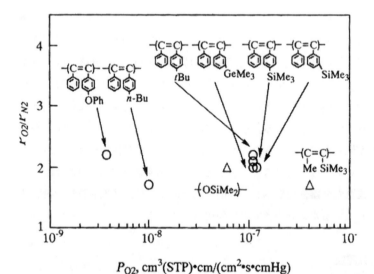

図2 置換ポリアセチレンの分離性能 (25℃)[4]

第3章 水素分離膜

の主鎖が剛直で運動性が高く嵩高いトリメチルシリル基を有し，分子間力が弱く空隙の多い構造をしている。より嵩高いトリ-i-プロピル基を有する場合は置換基の運動性が小さく透過性も低くなる。PTMSP はガラス状高分子であるがゴム状のポリジメチルシロキサンと同様に拡散係数が大きく，溶解度係数も大きい。置換基が長鎖アルキル基では拡散係数が大きくなり，フェニル基を有する場合は溶解度係数が大きくなる傾向がある。このように PTMSP は最も高い透過性を示すが，膜の構造緩和や有機蒸気の吸着により，製膜後の時間経過とともに透過性が大きく減少する欠点があり，実用化されていない。

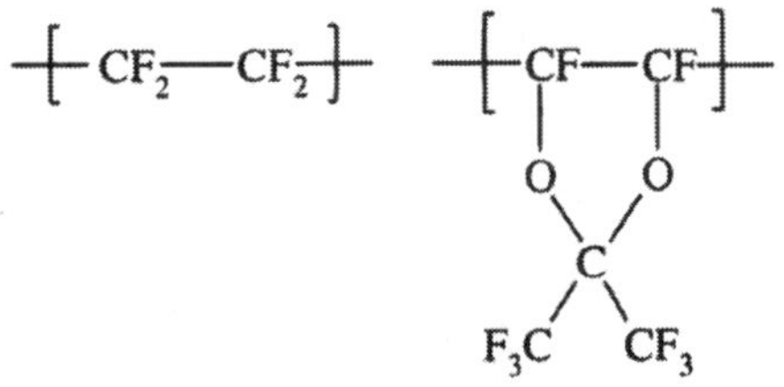

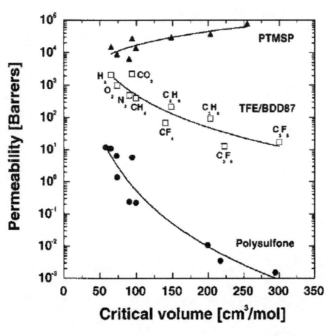

図3 TFE と BDD の化学構造

図4 ポリスルホン，PTMSP と AF-2400(TFE/BDD87) の気体透過性 (35℃)[5]

表3にあるテフロン AF-2400（デュポン㈱製）はテトラフルオロエチレン（TFE）と2,2-ビス(トリフルオロメチル)-4,5-ジフルオロ-1,3-ジオキソール（BDD）(図3）のモル比13/87の共重合体で気体透過性はPTMSPより小さいもののポリジメチルシロキサンより高い非晶質のフッ素樹脂である[5]。図4にその気体透過性をPTMSP，ポリスルホンと比較して示す。

1.2.4 おわりに

水素分離を始まりとする膜による気体分離の発展は，膜素材の改良と膜形態の設計技術の進歩により成し遂げられてきた。この進歩には，高分子膜の分子設計の多様性や製膜上の長所とあわせて，特に1960年代のLoeb-Sourirajanによる非対称膜の創生，すなわち工業利用に耐え得る欠陥がなく高流束な薄膜製造法の確立によるところが大きい。

文　　献

1) R. W. Baker, "Membrane Technology and Application 3rd Ed.", McGraw-Hill (2004)
2) 喜多英敏ほか, 高分子, **75** (11), 894 (2008)
3) L. M. Robeson, *J. Membr. Sci.*, **320**, 390 (2008)
4) 増田俊夫, *Membrane*, **26**, 171 (2001)
5) T. C. Merkel *et al.*, *Macromolecule*, **32**, 8427 (1999)

2 無機膜
2.1 シリカ膜
2.1.1 ゾル-ゲル法によるシリカ系膜の水素透過特性

金指正言[*1], 長澤寛規[*2], 都留稔了[*3]

(1) はじめに

　水素はアンモニア原料や水素化脱硫，油脂改質などの還元剤など，最も基本的な化学原材料として必要不可欠であるだけでなく，燃焼後に水以外の排出物を出さないクリーンエネルギー源としても注目される。さらに，水素は高い発電効率と熱供給が期待される燃料電池を用いたエネルギー供給システムへの応用も期待されている。将来の水素エネルギー社会構築に向けて，水素の高効率分離・精製技術は必要不可欠な要素技術である[1]。水素分離膜は高分子膜と無機膜に大別され，無機膜は優れた安定性と耐熱性を有し，高温での使用が可能であり，脱水素などの各種反応場での応用も期待されている。無機膜は膜構造から多孔質膜と金属膜に分類され，パラジウム膜に代表される金属膜は，分離機構が水素の溶解拡散機構であるために，高水素選択性を有する。一方で，高コストであるため，薄膜化によるクラック形成，酸性ガスでの膜劣化，炭化水素によるコーキングによる性能低下が問題となっている[2,3]。

　ゼオライト，ジルコニア，チタニア，シリカ膜などの多孔質膜は，透過分子サイズと細孔サイズで分離性が決定される分子ふるいによる分離機構となる[2,4~6]。多孔質シリカ膜は，アモルファスシリカが結晶構造よりもルースである。アモルファスシリカネットワークは，図1に示すようにSi, O, Hから形成され0.2~0.4 nmのネットワーク間隙を有していると考えられている[7,8]。He（動的分子径：0.26 nm）やH$_2$（0.289 nm）などの小さな分子はアモルファスシリカネットワーク間隙からなる細孔を透過可能であり，N$_2$（0.364 nm）などの比較的大きな分子はシリカネットワークを透過できない。1990年代に気相蒸着（CVD）法，ゾル-ゲル法で高水素選択性を有するシリカ膜を薄膜で製膜できることが明らかになってから研究が活性化している[2,4~6]。ここでは，ゾル-ゲル法によるシリカ系膜の製膜法，水素透過特性，水熱安定性を中心に紹介する。

(2) ゾル-ゲル法による多孔質シリカ膜[9~11]

　ゾル-ゲル法は低温製膜が可能であり，複合物の作製が可能である。図1にゾル-ゲル法による多孔質シリカ膜の断面TEM写真を示す。シリカ膜は，膜支持層，中間層，シリカ分離層から形成され非対称構造である。膜支持体には，平均細孔径が0.1~1 μm程度のアルミナ管がもっとも

[*1] Masakoto Kanezashi　広島大学　大学院工学研究科　化学工学専攻　准教授
[*2] Hiroki Nagasawa　広島大学　大学院工学研究科　化学工学専攻　助教
[*3] Toshinori Tsuru　広島大学　大学院工学研究科　化学工学専攻　教授

二酸化炭素・水素分離膜の開発と応用

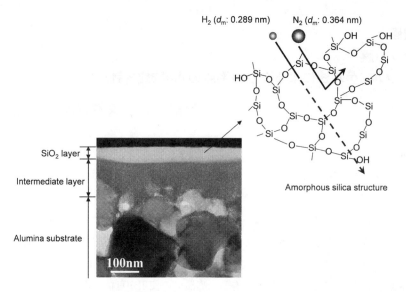

図1　アモルファスシリカ膜の断面 TEM 写真とアモルファスシリカネットワーク概略図

多く使用されている。支持体上にオングストローム細孔を有するシリカ分離層を製膜することは難しく，厚膜になるため通常中間層の形成が行われる。中間層には，ベーマイトゾルをコーティング，焼成することで形成される，4 nm 程度の平均細孔径を有する γ-アルミナや，耐水性に優れるジルコニアとシリカの複合酸化物であるシリカ-ジルコニア層も用いられている。分離選択性が発現するのがシリカ分離層であり，ゾル-ゲル法により調製したシリカゾルを中間層上にコーティングし，焼成することで製膜する。

　シリカゾルは，珪酸エチル（TEOS）をシリカ源として調製することが一般的であり，TEOS が3次元的に重合し球状構造を有するコロイドゾル，および線状構造を有するポリマーゾルがある（図2）[12〜14]。これらは，加水分解・縮重合反応の際の触媒種や水モル比により制御可能で，塩基性触媒や大量の水存在下では，TEOS の4官能基が完全に加水分解され $Si(OH)_4$ を形成し，同時に重縮合反応が進行して，3次元的に架橋したコロイド状シリカとなる。一方，酸性触媒や少量の水しか存在しない場合は，TEOS 加水分解速度が抑制され，線状に縮合した網目状高分子となる（ポリマーゾル）。コロイド状シリカの場合はゲル粒界が細孔を形成し，ポリマーゾルの場合はシリカネットワークが細孔に相当するため，気体分離には細孔径を小さく制御できるポリマー法が有利とされている。

(3)　多孔質シリカ膜の水素分離特性

　水素分離と一口に言っても分離対象に応じた①ネットワークサイズ制御，②耐熱性，③水熱安定性など分離膜設計指針が大きく異なる。表1に多孔質シリカ膜の設計指針と細孔径に応じた代表的な分離対象を示す。平均細孔径が 0.3〜0.4 nm 程度の緻密シリカ膜は，NH_3/H_2，H_2/CO，

第3章 水素分離膜

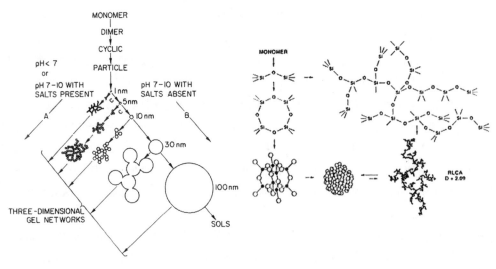

図2 シリカゾルの成長概略[12~14]

表1 多孔質シリカ膜の設計指針と代表的な分離対象

①細孔径制御	緻密シリカ (0.3-0.4 nm)	アンモニア脱水素：NH_3/H_2, H_2/N_2 メタン水蒸気改質：H_2/H_2O, H_2/CO, H_2/CO_2, H_2/CH_4
	ルースシリカ (>0.5 nm)	有機ハイドライド脱水素：H_2/toluene, H_2/MCH アルカン脱水素：$H_2/C2$, $H_2/C3$
②耐熱性	オルガノシリカ (~300℃) シリカ, カチオンドープシリカ, アニオンドープシリカ (>500℃)	
③水熱安定性	◎オルガノシリカ, カチオンドープシリカ, アニオンドープシリカ ×シリカ	

H_2/CH_4分離で高水素選択透過性を示す。メタン水蒸気改質反応では，高温水蒸気共存系のため緻密シリカ膜の水熱安定性が必要になる。一方で，平均細孔径が0.5 nm以上のルースシリカ膜は，$H_2/C3$，H_2/tolueneなど分子サイズが大きな分子に対して高水素選択透過性を示し，耐熱性の観点からも有機ハイドライド脱水素反応などへの応用が期待できる。ここでは，ゾル-ゲル法による緻密シリカ，ルースシリカ膜の開発状況，水素分離特性，耐熱，水熱安定性などを中心に紹介する。

① **緻密シリカ膜―高温水蒸気共存系―**

現在，世界の水素生産量のおおよそ50％程度はCH_4 (0.38 nm) などの炭化水素の水蒸気改質反応により行われている。耐熱性，耐薬品性に優れ，H_2/CH_4選択性を示す緻密シリカ膜を本プロセスへ導入し，H_2を選択的に生成物側に引き抜くことで熱力平衡のシフトによる低温化が可能になる。一方で，アモルファスシリカ膜は，水熱雰囲気において，膜構造を形成しているSi-O-Siからなるシロキサン結合と水蒸気が反応し，Si-OH基を形成することで，シリカネット

ワーク構造の緻密化が進行するため，H_2 選択透過性が著しく低下する[2,5]。

2002 年から 2007 年 3 月までの 5 年間にわたって NEDO プロジェクト「高温水素分離セラミック膜の開発」において，シリカ膜の課題である水熱雰囲気における安定性および水蒸気改質反応による水素高効率製造が精力的に研究された。広島大学の研究グループは，4 年間研究プロジェクトに参画し，シリカネットワークの水熱雰囲気における緻密化を抑制するために，珪酸エチル（TEOS）にカチオンである Ni, Co, Fe, Al などを添加し，様々なカチオンドープシリカ膜を製膜し，Ni, Co ドープシリカ膜において，従来のシリカ水素分離膜と比較し水熱安定性が大幅に向上することを明らかにした[2,5,6,15~17]。水熱雰囲気でネットワーク構造を安定化した Ni-SiO$_2$ は，図 3 に示すように水熱雰囲気（500℃，水蒸気分圧 400 kPa）で膜性能がほとんど変化しないことが報告されている[16]。

緻密シリカ膜の H_2 透過特性は，CH_4 と分子サイズが近接した N_2（0.364 nm）を用いて評価されている。図 4 に無機膜における H_2 トレードオフカーブを示す。2007 年に岩本らが報告したトレードオフライン[18] よりもカチオンドープ（Ni, Co, Pd）シリカ膜の水素選択性が高い（H_2 透過率：~1.0×10^{-6} mol m^{-2} s^{-1} Pa^{-1}，H_2/N_2：100~1,000）。水熱暴露試験後の膜性能は，シリカ膜よりも大幅に向上しているが，薄膜化に成功した Pd 系膜[3] よりも水素選択性・透過率とも 1 オーダー程度小さくなっている。メタン水蒸気改質系においては，水熱雰囲気における緻密シリカ膜の H_2 選択透過性の向上が今後の分離膜設計指針になる。

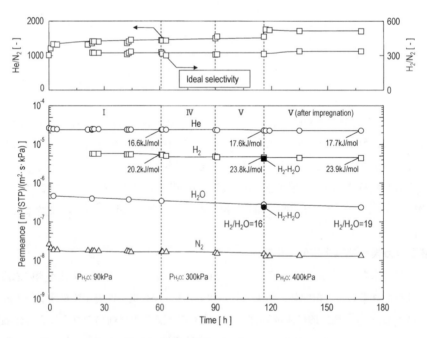

図 3　Ni-SiO$_2$（Si/Ni＝4/1）膜の水熱雰囲気（500℃，水蒸気分圧：90~400 kPa）における透過率経時変化[16]

第 3 章 水素分離膜

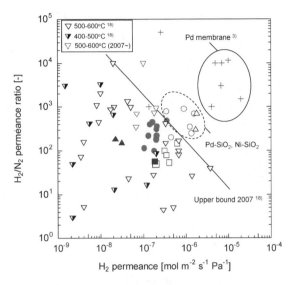

図 4 無機膜（Pd 系[3]，シリカ系）の水素透過特性（H_2 透過率，H_2/N_2 透過率比）
open symbols：dry 雰囲気，closed symbols：steam 雰囲気

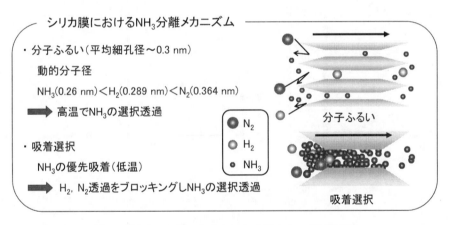

図 5 緻密シリカ膜における NH_3 分離メカニズム模式図

② 緻密シリカ膜—dry 系—

多孔膜において，一般的に有効分子サイズとして用いられている動的分子径[19]は，NH_3（0.26 nm），H_2（0.289 nm），N_2（0.364 nm）と報告されているため，図 5 に示すように吸着の影響が小さい高温では，サブナノレベルの細孔径を有する多孔膜を用いて動的分子径が H_2, N_2 よりも小さい NH_3 を分子ふるい効果により選択的に透過させることが可能になる。一方，吸着選択ではシリカに NH_3 が優先的に吸着することで H_2, N_2 の透過をブロッキングし，NH_3 分子が選択透過するメカニズムが期待できる。Camus らは MFI 型ゼオライトとメチル化シリカ膜の 80℃における NH_3-H_2 分離特性を評価しており，いずれの膜においても NH_3 選択（NH_3/H_2：～10）で

あることを報告している[20]。一方で高温における NH_3 分離特性に関する研究報告はなく，広島大学の研究グループでは，ゾル-ゲル法によって平均細孔径が 0.3～0.4 nm 程度の緻密シリカ膜を製膜し，50～400℃の広範囲で透過実験を行い，NH_3 透過特性について検討している[21]。

図6に混合ガス，純ガス透過によるシリカ膜の透過率温度依存性を示す[21]。純ガス透過による H_2 は活性化拡散，N_2 は Knudsen 拡散を示した。NH_3-H_2, NH_3-N_2 混合分離試験において，NH_3 透過率は表面拡散を示し，透過特性は同伴ガスに依存しなかった。一方，混合分離による H_2，N_2 透過率は，純ガス透過と比較して操作温度が低くなるに従い，大きく減少した。NH_3 が，臨界温度付近からシリカに吸着することで，H_2, N_2 の透過をブロッキングしたためと考えられる。一方，高温では H_2 選択性を示し，シリカ膜を透過する際の NH_3 の分子サイズは H_2 よりも大きく，Leeuwen[22] が提案している 0.326 nm が妥当であると考えられ，分子ふるいにより NH_3 を H_2 混合ガスより分離することは困難であることが明らかになっている。

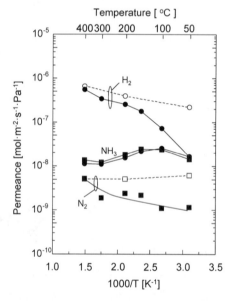

図6 緻密シリカ膜における透過率温度依存性[21]
open symbols：純ガス透過, closed symbols：混合分離
（供給組成：NH_3/H_2 = 1/1, NH_3/N_2 = 1/1）

③ ルースシリカ膜―dry 系―

有機ハイドライド脱水素反応は，操作温度が 300℃ 程度であるため有機-無機ハイブリッド材料によるネットワーク構造設計が可能になる。メチルシクロヘキサン系有機ハイドライドでは，分離対象となる methylcyclohexane (MCH, 0.73 nm), toluene (TOL, 0.66 nm) の分子サイズが比較的大きいため，高水素選択透過性を実現するためには，平均細孔径を 0.6～0.65 nm 程度に制御するのが理想である。従来の緻密シリカ膜では，ネットワークサイズが小さすぎるため，

第3章　水素分離膜

表2　オルガノシリカを用いたルースシリカ膜の細孔構造制御

手法	Si前駆体	特徴
スペーサー法	オルガノシリカ （橋架け型）	$-CH_2CH_2-$：spacer法 →均一・looseな構造 Siプレカーサによる 　分子ふるい性，親和性制御
テンプレート法	オルガノシリカ （側鎖型）	有機基消失による細孔形成 →テンプレート（鋳型）
ヒドロシリル化	オルガノシリカ （側鎖型）	In-situヒドロシリル化による 耐熱性ネットワーク設計
カチオンドープ （Ni, Co, Nb, Al, Ag）	オルガノシリカ （橋架け型，側鎖型）	カチオンドープによる 水熱安定性向上，親和性制御

　オルガノシリカを用いて細孔径をルースに制御する手法が提案されている。表2にオルガノシリカを用いたルースシリカ膜の細孔構造制御概略を示す。

　スペーサー法は，Si原子を複数個含む橋架けアルコキシドを用い，Si原子間の架橋基をシリカネットワークのスペーサーとして用いる手法であり，スペーサーの種類やサイズによってシリカネットワークサイズを制御するものである[23~25]。メチルシクロヘキサン系有機ハイドライドには，Si原子間にエチレン基を有するbis(triethoxysilyl)ethane（BTESE）が適していることが明らかになっている。

　表3に無機膜（ゼオライト，カーボン，シリカ，オルガノシリカ）の水素透過特性（H_2透過率，H_2/SF_6透過率比）を示す[23, 26, 27]。SF_6の分子サイズ（0.55 nm）は，TOLやMCHと近接しているため膜性能評価のプローブ分子として用いられている。Pd系膜は，水素脆化の影響で低温における透過データがほとんどなく，一般に透過の活性化エネルギーが大きいため低温でH_2透過

表3 無機膜（ゼオライト，カーボン，シリカ，オルガノシリカ）の水素透過特性（H_2透過率，H_2/SF_6透過率比）（〜300℃）[23, 26, 27, 29]

	H_2 permeance [mol·m^{-2}·s^{-1}·Pa^{-1}]	H_2/SF_6 [−]
DDR-type zeolite	10^{-8}〜10^{-7}	>10,000
MFI-type zeolite	10^{-8}〜10^{-5}	10〜1,000
Carbon	〜3×10^{-8}	>10,000
Silica (TEOS)	〜10^{-6}	>1,000
Organosilica (BTESE)	10^{-6}〜10^{-5}	1,000〜10,000

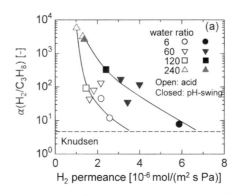

図7 BTESE膜の水素透過特性（H_2透過率，H_2/C_3H_8透過率比）[29]

率は大きく低下する。BTESE膜は，製膜性に優れ薄膜での製膜が可能なため透過性が高く，分子ふるいにより高H_2選択性を示した。

オルガノシリカの架橋基種のみならず，ゾル調製条件（H_2Oモル比，pHなど）によりネットワーク構造の精密制御が可能であることも明らかになっている[27〜29]。ゾル粒径，加水分解反応特性をH_2Oモル比，pHにより制御することで，中間層細孔内へのゾル浸透を抑制することができ，図7に示すようにH_2透過性を大きく向上できるため，製膜パラメータを最適化することで更なる性能向上が期待されている。

(4) おわりに

本稿では，ゾル-ゲル法による緻密シリカ，ルースシリカ膜の開発状況，H_2分離特性，耐熱，水熱安定性などを中心に紹介した。シリカネットワークチューニング法として注目されているカチオンドープ，スペーサー法により，アモルファスシリカ構造の水熱安定性の向上，Si原子間のスペーサーの種類やサイズによってシリカネットワークサイズを制御可能であった。メタン水蒸気改質系においては，水熱雰囲気におけるH_2選択透過性の向上が，今後のシリカ分離膜の設計指針になる。アンモニア脱水素系では，分子ふるいによりNH_3をH_2混合ガスより分離するこ

第3章 水素分離膜

とは困難であることが明らかになっているため，高温では H_2/NH_3 に対する分子ふるい性制御，低温では NH_3 と膜材料との吸着性制御がシリカ系膜の設計指針になる。有機ハイドライド脱水素系では，オルガノシリカ膜の製膜パラメータを最適化することでさらなる高 H_2 選択透過性を実現できる。

文　献

1) 瀬田敦司ほか，水素エネルギーシステム，**36**, 16 (2011)
2) N. W. Ockwig & T. M. Nenoff, *Chem. Rev.*, **107**, 4078 (2007)
3) S. Yun & S. T. Oyama, *J. Membr. Sci.*, **375**, 28 (2011)
4) Y. S. Lin et al., *Sep. Purif. Meth.*, **31**, 229 (2002)
5) T. Tsuru, *J. Sol-Gel Sci. Technol.*, **46**, 349 (2008)
6) J. Dong et al., *J. Appl. Phys.*, **104**, 121301 (2008)
7) P. Hacarlioglu et al., *J. Membr. Sci.*, **313**, 277 (2008)
8) M. C. Duke et al., *Adv. Funct. Mater.*, **18**, 3818 (2008)
9) 喜多英敏，エネルギー・化学プロセスにおける膜分離技術，p.55, S&T 出版 (2014)
10) 野上正行，ゾル-ゲル法の最新応用と展望，p.286, シーエムシー出版 (2014)
11) 幸塚広光，ゾル-ゲルテクノロジーの最新動向，p.169, シーエムシー出版 (2017)
12) P. K. Iler, The Chemistry of Silica, John Wiley & Sons (1979)
13) 作花済夫，ゾル-ゲル法の科学，アグネ承風社 (1988)
14) C. J. Brinker et al., *J. Membr. Sci.*, **94**, 85 (1994)
15) M. Asaeda et al., *Mater. Res. Soc. Symp. Proc.*, **752**, 213 (2003)
16) M. Kanezashi, M. Asaeda, *J. Chem. Eng. Jpn.*, **38**, 908 (2005)
17) R. Igi et al., *J. Am. Ceram. Soc.*, **91**, 2975 (2008)
18) Y. Iwamoto et al., *J. Ceram. Soc. Jpn.*, **115**, 947 (2007)
19) D. W. Breck, Zeolite Molecular Sieves, Structure, Chemistry and Use, John Wiley (1974)
20) O. Camus et al., *AIChE J.*, **52**, 2055 (2006)
21) M. Kanezashi et al., *AIChE J.*, **56**, 1204 (2010)
22) M. E. van Leeuwen, *Fluid Phase Equilibria*, **99**, 1 (1994)
23) M. Kanezashi et al., *J. Am. Chem. Soc.*, **131**, 414 (2009)
24) H. L. Castricum et al., *Adv. Funct. Mater.*, **21**, 2319 (2011)
25) M. Kanezashi et al., *AIChE J.*, **63**, 4491 (2017)
26) 吉宗美紀，原谷賢治，ゼオライト，**34**, 113 (2017)
27) T. Niimi et al., *J. Membr. Sci.*, **455**, 375 (2014)
28) H. L. Castricum et al., *Micropor. Mesopor. Mater.*, **185**, 224 (2014)
29) X. Yu et al., *J. Membr. Sci.*, **511**, 219 (2016)

2.1.2 CVD膜

中尾真一[*]

(1) CVD法シリカ膜

　シリカを素材とするガス分離膜の製膜法には，大きく分けてゾルゲル法とCVD法の2通りの製膜法がある。CVDはchemical vapor depositionの略で，日本語では化学気相成長，化学気相蒸着または化学蒸着と訳されている。2つの方法で得られるシリカ膜は，いずれもSi-O-Siで示されるシロキサン結合が，3次元的にネットワークを構成したアモルファス構造を持ち，ガス透過性，選択制には大きな違いはない。しかし，耐水蒸気性に関しては大きな違いがあり，一般にゾルゲル法で得られる膜は，空気中の水蒸気に触れることで容易に構造が破壊されるが，CVD法で得られる膜，とりわけ高温で製膜することで得られる膜は，空気中の水蒸気程度では構造の大きな変化は生じない。この理由は未だよくわかっていないが，ゾルゲル法が湿式製膜法であることから，得られた膜には多くのシラノール基が存在するのに対し，CVD法は乾式気相製膜法であることから，特に高温製膜では残存しているシラノール基数が少ないためではないかと考えられている。

　CVD法シリカ膜の製膜では，基材として通常は細孔径0.1 μm 程度の α-アルミナ管状膜を使用し，その表面にベーマイトゾルを2〜3回ディップコーティングし，焼成することで細孔径3〜5 nm の γ-アルミナの中間層を形成する。γ-アルミナ層の厚みは，通常2〜5 μm 程度である。この γ-アルミナ層の表面あるいは細孔内にシリカ膜をCVD法で製膜する。最終的に得られるシリカ膜は，図1に示すような三層構造となる。

　CVD法シリカ膜のガス透過性能は，シリカのネットワーク構造を構成するシロキサン結合のリング構造の大きさと，CVD蒸着層厚み（これが膜厚に相当する）とで決定される。いずれの

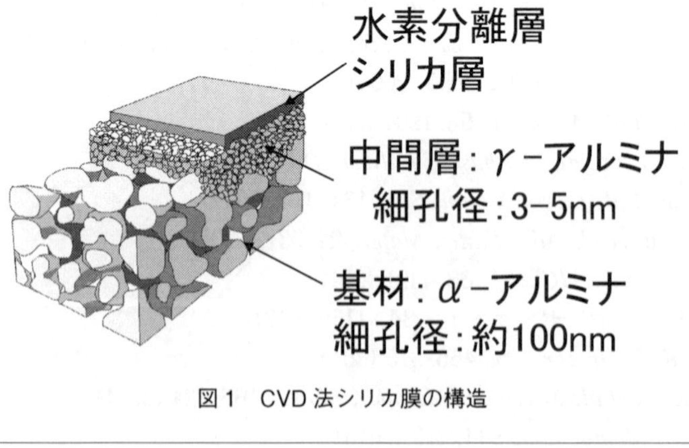

図1　CVD法シリカ膜の構造

[*] Shin-ichi Nakao　工学院大学　先進工学部　環境化学科　教授

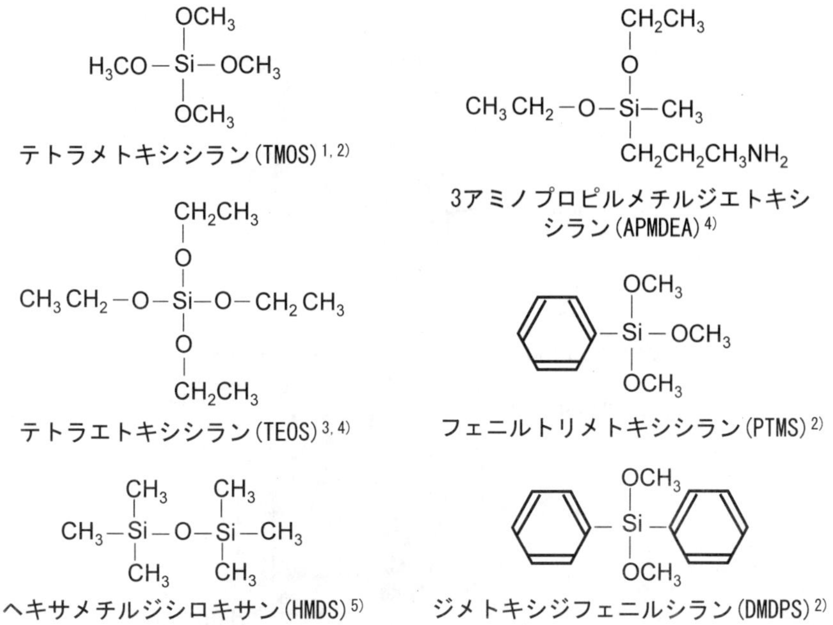

第3章 水素分離膜

図2 CVD法で使用されるシリカプレカーサーの構造

コントロール法も今のところ明確には解明されていないが，現象としては，シリカ源として使用されるアルコキシシランの構造を変えることでいずれもコントロールができるようである。特に蒸着層の厚みについては，分子量の大きなアルコキシシランの拡散係は小さなことから，後述する対向拡散CVD法では蒸着層厚みは薄くなり，ガス透過性が大きくなる傾向にある。これまでに報告されているシリカプレカーサーを図2にまとめて示す[1〜5]。

(2) CVD膜の製膜法

シリカ膜の製膜に用いられるCVD法には，図3に示すように，一方拡散CVD法と対向拡散CVD法とがある。一方拡散CVD法では，シリカ源と酸化剤（通常は酸素）とを管状基材にコーティングしたγ-アルミナ層側に供給し，γ-アルミナ層の表面にシリカ膜を製膜する。これに対して対向拡散CVD法では，γ-アルミナ層側にシリカ源を蒸気として供給し，反対側（通常は管状基材の内側のα-アルミナ層側）に酸化剤を供給する。基材の両側は等しい圧力に保つので，シリカ源と酸化剤はともに拡散のみで基材およびγ-アルミナ層の細孔内をそれぞれ両側から移動し，細孔内の両者が出会ったところで反応が生じ，シリカとなってγ-アルミナの細孔壁に沈着する。沈着物が成長し，γ-アルミナの細孔が埋まるとシリカ膜の製膜の終了となる。一方拡散CVD法は，薄膜を製膜するのに適しているが，膜厚のコントロールは難しく，高性能の膜を再現性良く得るのは容易ではない。これに対し対向拡散CVD法による，特に水素やヘリウムのみが透過する細孔径がおよそ0.3 nmのシリカ膜の製膜では，シリカ沈着層（シリカ膜）でγ-ア

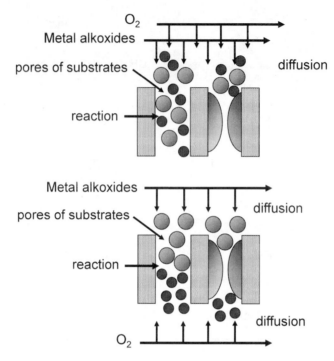

図3 一方拡散CVD法（上図）と対向拡散CVD法（下図）

ルミナの細孔が埋まると酸化剤の酸素も膜を透過できないことから，シリカの生成反応は自動的に停止する。その際，未だシリカ層で埋まっていないγ-アルミナの細孔が残っていると，そこでは反応が継続され，最終的にはすべての細孔が自動的にシリカの沈着層で埋まる。このため，対向拡散CVD法による製膜では，再現性良く高性能のシリカ膜を得ることが容易で，この方法の大きな特徴となっている。

図4には，筆者らが通常用いている対向拡散CVD法の製膜装置の概略を示す[2]。まず，γ-アルミナをコーティングした基材を，ハウジングと呼ばれる耐圧管状容器の中にセットする。製膜部はハウジングの外側に設置された電気炉により所定の製膜温度に維持する。シリカ源のアルコキシシランは，通常は液体なのでバブラーに入れて加熱し，流量をマスフローコントローラー（図中MFCと表示）で調整した窒素をキャリアガスとしてバブリングし，所定濃度の蒸気としてγ-アルミナ層側に供給する。蒸気濃度はバブラー温度と窒素流量でコントロールする。アルコキシシランの配管内での凝縮を防止するため，アルコキシシランが流れる配管はすべてバブラー温度以上にリボンヒーターで加熱する。酸化剤の酸素は，やはりマスフローコントローラーで流量を調整し，管状基材の内側に供給する。余剰のアルコキシシランはコールドトラップで捕集する。

図4の装置では，各種のガスの単ガス透過実験を行うこともできる。ガスはシリカ膜側（管状膜の外側）に供給され，透過ガスは管状基材の内側から得られる。透過ガス流量を測定する際に

第3章 水素分離膜

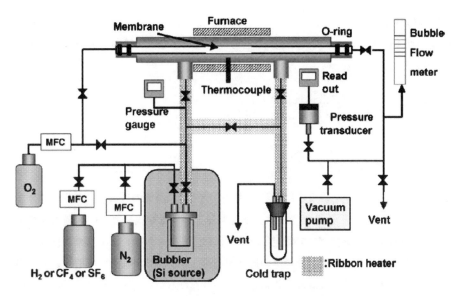

図4 対向拡散CVD法製膜装置の概略図

表1 対向拡散CVD法によるシリカ膜の製膜条件

製膜温度	873 K
バブラー温度	318 K
シリカ源濃度	0.98 mol m^{-3}
キャリア（N$_2$）流量	200 mL min^{-1}
O$_2$ 流量	200 mL min^{-1}
製膜時間	1 時間

シリカ源：TMOS，得られる膜細孔径：0.3 nm

は，透過ガスの出口側の配管に接続されたガス流量測定装置を使用する。通常，透過ガス量が多い場合は石鹸膜流量計を使用する。透過量が少なく石鹸膜流量計では測定できない場合には，圧力変化法を用いる。圧力変化法は，透過側配管出口のバルブを閉め，真空に引き，ある時刻に透過ガスを供給する。膜を透過したガスが透過側にたまるにつれて圧力が上昇していくので，この圧力上昇速度を測定し，透過側体積から透過ガス量を計算する方法である。

製膜条件は使用するシリカ源により異なるが，TMOSをシリカ源とし，細孔径が約0.3 nmのシリカ膜（水素，ヘリウム以外はほぼ透過しない膜）を製膜する際に，筆者らが標準的に使用している条件を表1に示す[1]。他のシリカ源を用いる場合も，筆者らは製膜温度は873 Kとしている。これ以上の製膜温度では，シリカ源にもよるが，多くの場合シリカ源の熱分解が生じ，高性能の膜が得られない。また，これより低い温度で製膜すると，得られた膜の耐水蒸気性は劣るようである。キャリアである窒素流量，酸化剤である酸素濃度は，筆者らはシリカ源の種類によらず200 mL min^{-1}に固定している。したがって，シリカ源濃度はバブラー温度のみで制御している。研究者によっては，窒素や酸素の流量を調整している場合もあるようである。

(3) CVD 膜の性能

CVD 膜のガス透過性能は，次式で定義されるガス透過性を表す透過率 P と，ガス選択性を表す分離係数 α とで表される。

$$透過率\ P = \frac{ガス透過量\ (\mathrm{mol})}{膜面積\ (\mathrm{m^2}) \times 時間\ (\mathrm{s}) \times 差圧\ (\mathrm{Pa})}$$

$$分離係数\ \alpha = \frac{高透過性ガスの透過率}{低透過性ガスの透過率}$$

ここで，時間はガス透過量を得るのに要した時間，差圧は膜両側の透過ガスの分圧差である。透過率 P の単位は $\mathrm{mol\ m^{-2}\ s^{-1}\ Pa^{-1}}$ となる。分離係数は，通常は単成分ガスの透過実験で得られた透過率の比で定義する。混合ガスで測定した場合には，多くの無機ガスではガス種同士の相互作用が無視できるため，単成分ガス透過率の比と変わらないが，膜に対して吸着性のあるガス，特に有機蒸気などの場合には，吸着により細孔径が小さくなるため，他のガスの透過性が小さくなり，分離係数は単成分ガス透過率の比と一致しない。そのため，単成分ガスの透過率比で定義した分離係数を，特に理想分離係数として区別する場合もある。また，特に高透過性のガス透過率が大きく（およそ $10^{-6}\ \mathrm{mol\ m^{-2}\ s^{-1}\ Pa^{-1}}$），分離係数の大きな場合には，混合ガスの分離では濃度分極の影響が生じるため，理想分離係数と混合ガスでの分離係数とは一致しないので注意が必要である。

CVD 膜の細孔径が透過ガス分子の大きさに近い場合には，ガス透過機構は活性化透過で説明される。細孔を透過する際には活性化過程を経ることとなり，そのため透過の活性化エネルギーが必要となる。活性化エネルギーは，アレニウスプロット（透過率と透過温度の逆数のプロット）の傾きで定義される。これに対し，細孔径が分子サイズよりも大きな場合には，透過機構はヌッセン拡散となり，アレニウスプロットは活性化透過とは逆に右上がりの直線となる。ヌッセン拡散では気体分子運動論から透過性，選択性が決まり，同じ温度では分離係数は分子量比の平方根（$=\sqrt{大きな分子の分子量／小さな分子の分子量}$）で定義される。

TMOS をシリカ源として 600℃ で製膜した膜のアレニウスプロットを図5に示す[1]。水素の透過率は右下がりの直線となり，活性化透過であることが理解できる。これに対して窒素の透過率には温度依存性が見られないが，これは，膜にわずかに存在する比較的細孔径の大きな欠陥部を透過しているために，ヌッセン拡散と活性化透過とが複合した透過機構となっており，結果として温度依存性が表れていないためであると推察されている。また，図5には製膜直後の透過率と膜を一度空気に触れさせた（水蒸気に暴露した）膜の透過率とが示されているが，両者には差がなく，前述したように，ゾルゲル膜と比較して CVD 膜が耐水蒸気性に優れていることを示している。

CVD 膜のガス分離機構は，いわゆる分子篩機構で，膜の細孔より大きな分子は透過せず，小さな分子のみ透過するというものである。したがって，膜の細孔径分布が非常にシャープな場合

第3章 水素分離膜

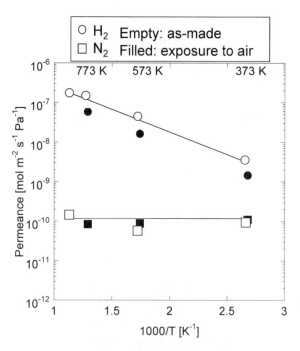

図5 ガス透過性の温度依存性
（シリカ源：TMOS, 製膜温度：873 K）

には，細孔径を境としてガスの透過性は大きく変化する。図6には，TMOS をシリカ源とし，600℃で製膜した膜の600℃における各種ガスの透過率を示すが，分子径の小さな水素は高い透過率を示しているのに対し，分子径の大きな二酸化炭素や窒素，メタンなどは低い透過率を示しており，水素と二酸化炭素の間で透過率がおよそ1,000倍変化している。このことは，膜の細孔径が水素と二酸化炭素の分子径の間（約0.3 nm 程度）にシャープに制御されており，分離機構が分子篩となっていることをよく示している。窒素やメタンの透過率は，分子篩機構であるなら二酸化炭素より小さくならなくてはならないが，図ではそのようになっていない。これは，前述したように，膜にわずかに残っている欠陥である大きな細孔を透過しているために，選択性が表れていないためである。

これまで見てきたように，TMOS で製膜したシリカ膜は通常0.3 nm 程度の細孔径を持ち，ヘリウムや水素は高い透過性を示すがそれより大きな窒素や二酸化炭素といったガス分子は低い透過性を示すので，これらの分離には適している。しかしながら，より大きな分子，例えばベンゼンやトルエン，キシレンなどに代表される芳香族炭化水素や，シクロヘキサンやメチルシクロヘキサンなどの環状飽和炭化水素は0.5～0.6 nm の分離サイズを持つため，水素との分離では膜の細孔径はもっと大きな方が望ましい。膜の細孔径を例えば0.5 nm にシャープに制御できれば，細孔が大きなことから水素の透過性は高くなり，分子篩で大きな分子は透過しないので，高透過性かつ高選択性の膜を得ることができる。CVD 膜の細孔径制御法は未だよくわかっていないが，

二酸化炭素・水素分離膜の開発と応用

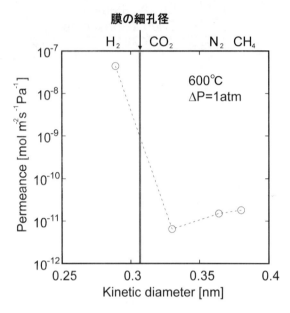

図6 CVDシリカ膜の分子篩特性
（シリカ源：TMOS，製膜温度：873 K，透過温度：873 K）

通常はシリカ源の種類を変えることで細孔径を制御することが試みられている。筆者らは，シリカ源として TMOS，PTMS，DMDPS の3種を用い，600℃で製膜し，各種ガスの透過性を測定した[2]。透過温度300℃での結果を図7に示すが，シリカ源を変えることで水素の透過率は大きく向上していることが分かる。また，酸素や窒素の透過性も TMOS から PTMS さらに DMDPS へと変えることにより向上しており，細孔径が大きくなっていることが理解できる。しかし，明確な分子篩性は見られないことから，シリカ源が PTMS，DMDPS と変化するにつれて，細孔径が大きくなると同時に細孔径分布も大きくなっているものと予想される。一番大きな六フッ化硫黄の透過率はシリカ源を変えてもあまり変化していないが，これは膜にわずかに残っている欠陥である大きな細孔を透過しているためである。

膜の細孔径が大きくなると，水素のような小さな分子の透過は活性化透過よりもヌッセン拡散による透過が増し，両者の複合した透過機構となる。したがって，透過係数の温度依存性は，明確な右下がりの直線とはならず，一方で活性化透過の寄与も残っているため明確な右上がりの直線ともならず，温度に対してほぼ一定の依存性を示すようになる。図8には，図7に示したDMDPSをシリカ源とする膜の水素，窒素，六フッ化硫黄の透過率の温度依存性を示す[2]。水素についても，窒素についても温度依存性は見られていない。六フッ化硫黄は細孔径の大きな欠陥を透過しているので，温度依存性は見られない。窒素でも温度依存性が見られないことからも，細孔径分布が大きなことが予想される。温度依存性が見られないということは低温でも高い透過

第3章　水素分離膜

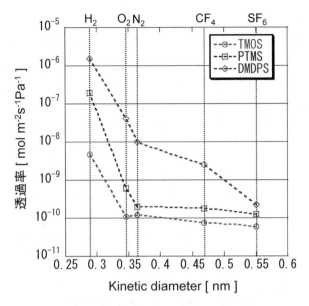

図7　シリカ源による膜細孔径の制御
（製膜温度：873 K，ガス透過温度：573 K）

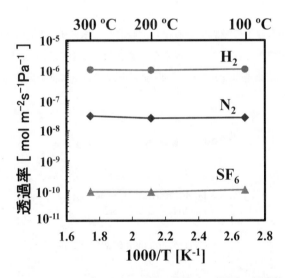

図8　DMDPSから製膜したシリカ膜の各種ガス透過率の温度依存性

性が得られることを意味し，これは活性化透過の膜に比べ実用においては好都合である。透過温度300℃においても水素の透過率は1.06×10^{-6} mol m^{-2} s^{-1} Pa^{-1}とTMOSをシリカ源とする膜に比べ10倍以上高く，六フッ化硫黄との分離係数は11,000以上と高性能な膜となっている。

(4) CVD 膜の耐久性

シリカ膜の最大の弱点として,耐水蒸気性,特に高温での耐水蒸気性が劣るということが指摘されてきた。しかしながら,これはゾルゲル法で製膜した膜にいえることで,CVD膜では,すでに図5に示したように,耐水蒸気性は大幅に改善されている。図5では空気中の湿度分の水蒸気に触れただけであるが,図9にはさらに高濃度の水蒸気に,しかも高温で触れさせた場合の透過率の経時変化を示す[6]。膜はTMOSをシリカ源とする膜で,水蒸気と窒素をモル比3で混合したガスを773Kで供給し,82時間まで経時的に水素と窒素の透過率を測定した結果である。水素の透過率は初期に少し低下するがその後は安定しており,TMOS由来のCVD膜は優れた水熱安定性を有していることが明らかである。初期の低下は,膜細孔内への水分子の吸着によるものと考えている。

これに対して細孔径の大きなDMDPS由来の膜では,水蒸気吸着の影響は大きく現れ,図10に示すように,水素や窒素の透過率の低下は大きくなる[7]。図10では25℃で相対湿度20％の空気に暴露しているが,最初の一時間で水素および窒素の透過率は大きく減少し,その後透過率は一定の値を維持している。これに対し,細孔径の大きな欠陥を透過している六フッ化硫黄は水分子吸着の影響を受けることなく一定の透過率を維持している。これより,六フッ化硫黄が透過するような欠陥は,吸着水分子の影響を透過ガス分子が受けない程度に大きな細孔であることが分かる。

透過率低下の原因が水分子の吸着であるなら,吸着した水分子を高温で処理して脱着させれば透過率は回復するはずである。そこで,水素を透過させつつ100℃,200℃,300℃と温度を上げて膜の熱再生を試みた結果を図10に示す。温度を上げていくに従い,水素,窒素の透過率は回

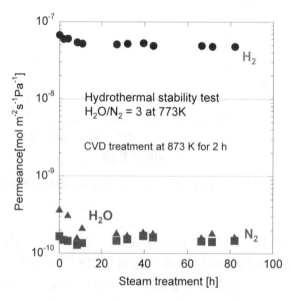

図9 TMOS由来のCVD膜の水熱安定性

第3章　水素分離膜

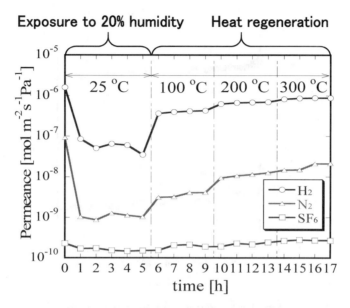

図10　DMDPS 由来の CVD 膜の耐水蒸気性

復しているが，300℃再生でも完全に元の透過率までは戻っていない。おそらく，この熱再生できない透過率の低下分は，水蒸気による膜の緻密化によるものと推察される。

　水蒸気の影響によるガス透過性の低下は，暴露する水蒸気濃度に大きく依存する。図11には，水素98％，トルエン2％の混合ガスを DMDPS 由来のシリカ膜に200℃で透過させた場合の，水素と窒素の透過率の経時変化を示す[8]。図中，白抜きのキイは特に脱水していないトルエンを透過させた場合で，トルエン中には258 ppm の水分が含まれている。いずれのガスでも透過率は初期に大きく低下し，その後なだらかに低下を続けている。初期の低下はトルエンの吸着によるもので，その後の減少は水分による膜の緻密化によるものである。しかしながら，相対湿度20％の空気に暴露した結果である図10と比べると明らかなように，水分量の少ない図11のケースでは緻密化による透過率の低下は小さい。黒いキイは，前もってモレキュラーシーブで脱水し，水分を16 ppm としたトルエンを用いた場合の結果で，初期のトルエン吸着による低下は同様であるが，その後の膜の緻密化による減少はまったく見られず，透過率は500時間にわたって一定となっている。

(5)　まとめ

　CVD 法によるアモルファスシリカ膜の製膜においては，とりわけ対向拡散 CVD 法が製膜再現性に優れており，また，シリカ源となるアルコキシシランの種類を変えることで細孔径の制御や透過性の制御が可能である。すでに各種のシリカ源による製膜結果が報告されており，水素透

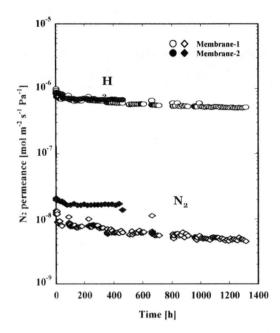

図11 水素-トルエン混合ガスの透過における DMDPS 由来の
CVD 膜の耐水蒸気性

過率が高く分離係数の大きな膜が製膜可能となっている。

シリカ膜の細孔径は，シロキサン結合が形成するリング構造の大きさに依存するが，TMOS をシリカ源とする膜がおよそ 0.3 nm と最も小さな細孔を持ち，水素の分離精製に適している。報告されている範囲では，細孔径は 0.6 nm 程度まで大きく制御することが可能であるが，その場合には細孔径分布が大きくなり，明確な分子ふるい性は見られなくなる。

細孔径の小さな膜のガス透過は活性化透過となり，低温では透過率が大きく低下するので，実用的な透過率は高温でしか得られない。これに対し大きな孔径の膜では，活性化透過とヌッセン拡散とが複合した透過機構となり，ガスの透過率に温度依存性が現れない。このため，十分に実用的な透過率が室温から 100℃ といった低温でも得られ，この点は実用上有利な点となっている。

シリカ膜の弱点として耐水蒸気性が低いことが指摘されてきたが，これはゾルゲル法で製膜したシリカ膜の場合で，CVD 法で製膜したシリカ膜では，初期には水分やトルエンなどの吸着による急速な透過率の低下が生じるものの，水蒸気による透過率の低下はさほど大きくはなく，十分実用に耐えることが分かってきている。透過率の低下は共存する水蒸気量に大きく依存し，水分量が小さな場合では透過率の減少は問題とならない。また，細孔径の小さなシリカ膜では，水蒸気と窒素をモル比 3 で混合したガスを 773 K で供給しても，水素の透過率の低下は大きくはなく，メタンの水蒸気改質のような高温，高水分下での応用も可能である。

このように，CVD 法で製膜したシリカ膜は優れた特性を有することから，今後，ガスの分離精製や膜反応器など，多くの応用が可能であると期待される。

第3章　水素分離膜

文　　献

1) M. Nomura *et al.*, *J. Membr. Sci.*, **251**, 151 (2005)
2) Y. Ohta *et al.*, *J. Membr. Sci.*, **315**, 93 (2008)
3) S. Nakao *et al.*, *Micropor. Mesopor. Mater.*, **37**, 145 (2000)
4) H. H. Han *et al.*, *J. Membr. Sci.*, **431**, 72 (2013)
5) Y. Yoshino *et al.*, *J. Membr. Sci.*, **267**, 8 (2005)
6) M. Nomura *et al.*, *Desalination*, **193**, 1 (2006)
7) T. Saito *et al.*, *J. Membr. Sci.*, **392-393**, 95 (2012)
8) M. Seshimo *et al.*, *Ind. Eng. Chem. Res.*, **52**, 17259 (2013)

2.2 金属
2.2.1 パラジウム膜

上宮成之*

(1) はじめに

　パラジウムが発見されたのは200年以上前の1803年であり，その約60年後の1866年には気体の拡散に関する研究を実施していたトーマス・グレアムによってパラジウム中を水素が拡散することが明らかにされた。その約100年後の1964年にはジョンソン・マッセイ社により水素分離・精製膜として商品化されている。今日では，有機，無機を問わず多種の分離膜が開発されているが，パラジウム膜はその先駆け的存在と言えよう。パラジウムは貴金属がゆえに水素分離膜としては高コストとなるため，半導体製造や粉末冶金などの超高純度水素（99.9999％以上）製造用水素精製装置に用途が限られてきた。しかし水素透過性能は他のセラミック系や高分子系の水素分離膜より優れており，固体高分子形燃料電池用，とりわけ燃料電池自動車用の水素製造プロセスの高効率化を目指して，パラジウム膜を使用した膜反応分離プロセスの開発が検討されてきた。本稿では，パラジウム膜の水素透過機構とともに，膜性能向上に向けた検討と今後の課題について概説する。

(2) 水素の溶解・拡散を利用したパラジウム中の水素透過

　パラジウムに限らず金属の多くには，水素が溶解することが知られている[1]。高分子膜素材では水素は分子状のまま溶解するのに対して，パラジウムでは清浄な表面上で水素が原子状に解離してから金属格子の間隙に溶解することが知られている。この原子状水素は濃度勾配にしたがって金属格子の間隙を高速で移動（拡散）することも知られている。したがって，パラジウムを欠陥のない緻密な状態で気体分離膜として利用すれば，金属の格子間隙に溶解できる水素のみが透過する，高選択水素分離膜になりうる。すなわち，パラジウムは水素のみを透過させる，究極のふるい膜素材と言える。

　図1には，パラジウム膜（商品化に際していくつもの理由からパラジウムは合金化されている）の水素透過機構（溶解－拡散機構）を示す。

① 水素分子がパラジウム膜表面（供給側）に吸着する
② 吸着した水素は膜表面上で解離して原子状となる
③ 原子状水素は電離し，プロトンとして金属内部に溶解する
④ 溶解した原子状水素は濃度勾配に従って拡散するとともに，電子もパラジウム内を移動する
⑤ 金属格子間の水素が金属内部から脱溶解し抜け出る

＊ Shigeyuki Uemiya　岐阜大学　工学部　化学・生命工学科　教授

第3章 水素分離膜

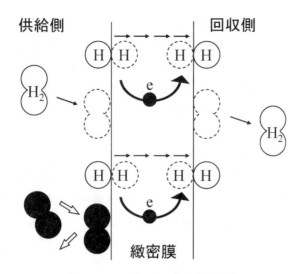

図1 パラジウム膜の水素透過機構

⑥ 原子状水素がパラジウム膜表面（回収側）で再結合して水素分子となる
⑦ パラジウム膜表面から水素分子が脱着する

　なお透過した水素の純度は，特殊な分析方法で測定したところ99.99999％以上であることが証明されている[2]。

　パラジウムが水素分離膜として使用されている理由の一つは水素溶解量が多いことであるが，パラジウムに限らず金属材料は水素溶解量が増加するにつれ体積膨張するため，水素雰囲気下では分離膜に亀裂が発生したり，極端な例では粉化したりすることがある。これらは水素吸蔵合金として使用するときに生じ，その対策技術が精力的に検討されてきた。また純パラジウムでは約300℃より低温で水素雰囲気に晒すと，水素圧によっては結晶構造が同じで水素溶解量の異なる二相の水素化物（α相，α'相）が共存（スピノーダル分解）する状態となり，水素溶解量の急激な変化に伴う材料破壊（水素脆性破壊）が生じることがある。そのためパラジウムは，スピノーダル分解温度を下げるために銀などと合金化して使用している[3]。

　パラジウム中の水素拡散係数は，他の金属と比べてとりたてて優れているわけではない。パラジウム結晶は面心立方構造であるが，水素拡散の観点からは体心立方構造の金属であるバナジウム，ニオブやタンタルの方が水素透過材料として望ましい。これは結晶内で水素が安定に存在しうるサイト間の距離が，体心立方構造の方が短いためと理解されている。しかしバナジウム，ニオブやタンタルは，水素脆性，さらには化学的安定性，すなわち表面が容易に酸化され水素分子の解離能が著しく低下する問題が生じるため，水素分離膜への商品化に向けた検討は進んでいるものの，商業化規模を目指したスケールアップの検討までには至っていない[4]。それに対してパラジウムは大気中に晒しても表面が急激に酸化されることなく安定で，表層に生成する酸化物層は水素気流中で容易に還元されて清浄金属表面となり水素分子の吸着や原子への解離がスムーズ

に進行することから，パラジウムの方が商品化において先行したと考えられる。なおスピノーダル分解を避けるためのパラジウムの銀の合金化により，水素拡散係数は低下することが知られている[5]。なお銅との合金化では極めて限られた合金組成（Cu 40％）であるが，結晶が体心立方構造となるため水素透過性能が大きく向上する。しかし，高温になると体心立方構造から面心立方構造に転移するために使用温度に限界がある[6]。

(3) パラジウム膜の水素透過性能の向上

純水素を用いたときパラジウム膜での水素透過は，供給側での水素の吸着や解離，回収側での水素の再結合や脱離は早く，気相の水素分子の圧力と水素原子の溶解量は平衡状態になっている。したがって，溶解した水素原子の拡散が律速段階となっており，水素透過速度 J はジーベルツ則に従い，

$$J = (\Phi/t)(P_h^{0.5} - P_l^{0.5})$$
$$\Phi = D \cdot K$$

で表される。ここで Φ は水素透過係数，t は膜厚，P_h，P_l はそれぞれ供給側（高圧側），回収側（低圧側）の水素圧力（混合ガスでは水素分圧）を示し，水素透過係数 Φ は D（水素拡散係数）と K（水素溶解度係数）の積である。なお，水素を含む混合ガスからの水素分離ではバルクの対流と比べて極めて遅い境膜において濃度分極が生じ，水素透過速度の圧力依存性が 0.5 乗とは異なる値となることがある[7]。水素透過速度式から，水素透過性能の向上には，薄膜化により t を小さくする，または合金化などにより Φ を大きくすることが必要なことがわかる。

パラジウムは薄膜化した際に機械的強度が十分でなく，そのまま自立膜として使用することは困難である。そこで金属素材またはセラミック素材からなる多孔質膜を支持体として用い，表層上または細孔内にパラジウム層を形成することで複合膜化し，それを水素分離膜として利用することが多い[8]。なお複合膜では多孔質支持体での水素の拡散が律速とならないようにするため，平均細孔径 0.1 μm 程度の比較的大きな細孔を有する多孔質支持体が用いられている。これまでに，パラジウム膜厚が数 μm，さらにはそれ以下の複合膜が作製されており，圧延法，無電解めっき法，電気めっき法，CVD 法，スパッタリング法などで製膜されている[9,10]。パラジウム膜が有する完全な水素選択透過性を得るには，パラジウム層を無欠陥な状態となるよう作製しなくてはならない。図 2 には，無電解めっき法で作製したパラジウム／多孔質アルミナ複合膜の外観を示す。平均細孔径が 0.1 μm の多孔質アルミナを用い無電解めっき法で製膜したときには，無欠陥なパラジウムを得るには 2.5 μm 程度の膜厚が必要であった[11]。一般的な家庭用アルミホイルは厚さが約 12 μm（欠陥はある）といわれており，パラジウム複合膜ではその 1/5 程度の膜厚である。多孔質支持体には細孔径が 0.1 μm より大きな欠陥，さらにはパラジウム薄膜を形成する表層部に若干の凹凸があるため，細孔径 0.1 μm の 20 倍以上の厚みとなってしまっている。

第3章 水素分離膜

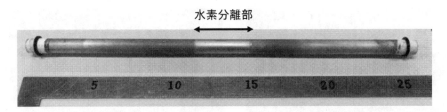

図2 パラジウム／多孔質アルミナ複合膜（水素透過試験後）

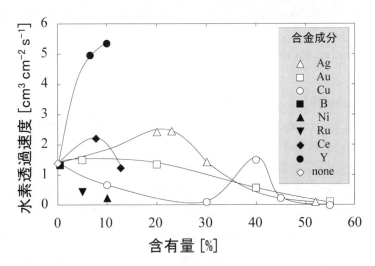

図3 パラジウムの合金化が水素透過性能に与える影響[12]

パラジウムの合金化が水素透過性能に与える影響を図3に示す[12]。図からパラジウムに銀を23％加えたパラジウム合金膜，さらにはセリウムを7.7％，イットリウムを10％加えたパラジウム合金膜が優れた水素透過性能を示すことがわかる。商品化されているパラジウム合金膜はパラジウム－銀合金（Pd 77％‐Ag 23％）とともに，前述したように面心立方から体心立方に構造変化する組成のパラジウム－銅合金（Pd 60％‐Cu 40％）である。イットリウムをはじめとするパラジウム－希土類合金膜は商品化が望まれているものの，希土類元素は酸化しやすいこと，またパラジウム－希土類合金は堅く圧延しにくいことから，薄膜化に高度な技術を要することが知られている。

(4) パラジウム膜の耐久性向上

作製した直後のパラジウム膜は無欠陥で優れた水素分離選択性を示すが，使用中に欠陥が発生して選択性が低下するときがある。その主な原因として，

① 製膜時におけるパラジウム膜内への不純物の混入
② 金属不純物のパラジウム膜表面への付着・合金化

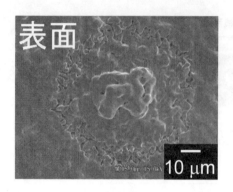
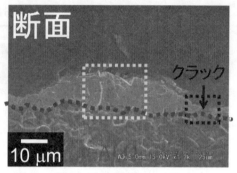

図4 パラジウムと金属不純物との合金化に伴う欠陥発生[13]
(Pd薄膜上にFeを付着した後，加速条件900℃，24hで処理)

③ シール部分の破損

が挙げられる。パラジウム複合膜作製の際にパラジウム膜内への不純物の混入を防ぐには，クリーンルームの使用が推奨される。例えば無電解めっき法で作製するときには微粒子が発生しないようにするなど，いずれの製膜方法でも細心の注意が必要である。またパラジウム薄膜上に配管部品や触媒などの金属不純物が付着すると，高温下でパラジウムと付着した金属は相互に拡散し合金化が進行することが知られている。図4には，パラジウム薄膜上に鉄粒子を付着させ，加速条件（900℃）で合金化させたときの様子である[13]が，パラジウムと鉄では拡散速度が異なるため，鉄が付着した場所の周囲部のパラジウム膜の厚みが薄くなり，最終的には鉄が付着したパラジウム膜部が支持体から脱落して欠陥となることがある（カーケンダルボイド）。その対策としては，配管部品の選択や触媒充填方法の工夫で不純物がパラジウム膜に付着しないようにすること，パラジウム層を多孔質支持体の細孔内に形成した複合膜[14]を使用することが挙げられる。

(5) おわりに

水素分離用パラジウム膜について，水素透過機構，薄膜・複合膜化および合金化による透過性向上および耐久性向上の観点から概説した。パラジウム膜の商品化は，技術的な問題ではなく，コストの点で障壁がある。薄膜・複合膜化および合金化により必要なパラジウム使用量は削減されコスト削減に寄与したが，パラジウム自体の材料コストというより，むしろ複合膜化に伴う材料および製膜のコスト削減が必要と考える。とりわけ複合化したときには，多孔質支持体の表層欠陥の削減，さらにはコスト削減が課題である。パラジウム膜の優れた水素分離選択性を利用した膜反応器は燃料電池用水素製造[15~17]のみならず，ケミカルヒートポンプ，さらには難反応へ適用することで高付加価値化学品の製造にも活用される場面が多くなると期待される。

第 3 章　水素分離膜

文　　献

1) 深井有ほか，水素と金属―次世代への材料学，p.25，内田老鶴圃（1988）
2) J. R. Young, *Rev. Sci. Instr.*, **34**, 894（1963）
3) A. Suzuki *et al.*, *Mater. Trans.*, **57**, 695（2016）
4) 吉永英雄ほか，まてりあ，**57**, 23（2018）
5) E. Kikuchi & S. Uemiya, *Gas Sep. Purif.*, **5**, 261（1991）
6) 常木達也ほか，日本金属学会誌，**70**, 468（2006）
7) S. Uemiya *et al.*, *Ind. Eng. Chem. Res.*, **30**, 585（1991）
8) S. Uemiya *et al.*, *J. Membr. Sci.*, **56**, 303（1991）
9) 上宮成之，膜，**30**, 13（2005）
10) 上宮成之，日エネ誌，**91**, 1052（2013）
11) M. Miyamoto *et al.*, *Trans. MRS-J*, **36**, 229（2011）
12) A. G. Knapton, *Platinum Metals Rev.*, **21**, 44（1977）
13) M. Miyamoto *et al.*, *J. Alloys Comp.*, **577**, 445（2013）
14) K. Yogo *et al.*, *Energy Procedia*, **37**, 1104（2013）
15) E. Fernandez *et al.*, *Int. J. Hydrogen Energy*, **42**, 13763（2017）
16) G. D. Marcoberardino *et al.*, *J. Clean. Prod.*, **161**, 1442（2017）
17) 白崎義則ほか，化学工学論文集，**43**, 336（2017）

2.2.2 非パラジウム系金属膜

原　重樹[*]

(1) 非パラジウム系金属膜の必要性

　パラジウム（Pd）やPd合金からなるPd膜は水素のみを選択的に透過させることができ，水素透過速度も比較的大きい。しかし，その主成分であるPdが白金族金属であることが，利用拡大の障害となっている。

　Pdの生産量は白金（Pt）と同程度の約200トンしかなく，同じく貴金属の金（Au）と比べても一桁少ない（表1）。しかも，ロシアと南アフリカでその8割を占めている。それぞれの国の事情で生産量が変動することがPd取引の不安材料となっている。リサイクルが進んでいるものの，それでもリサイクルされるPdは80トン弱（2016年）と限られている。

　一方，自動車排ガス浄化触媒としての需要は250トン近く（2016年）ある。ガソリンを燃料とする自動車（ハイブリッド車を含む）では主にPdが触媒として用いられている。新興国の経済発展に伴いこれらの自動車の市場は拡大しており，自動車排ガス浄化触媒としてのPdの需要は年々増加している。

　こうした事情から，Pdは他の金属に比べて高価で，しかも，その価格変動が大きい。時にはPtやAuをも上回る価格で取引される。また，2008年には700円/gを下回っていたこともあるが，それでも銀より一桁高い。

　そこで，Pd膜に必要なPd量を減らす努力とともに，安価な金属へ代替する研究開発が進められている。

表1　各種金属の世界生産量と取引価格

	世界生産量（2016）	取引価格（2017）
Pt[1,2]	190	3,480
Pd[1,2]	210	3,130
Au[3,4]	3,222	4,572
Ag[4,5]	27,551	62
Nb[6,7]	56,000*	8.0
V[6]	79,400*	1.0*
Zr[6,8]	1,410,000*	4.9
Ni[8,9]	1,991,000	1.2
Fe[8,10]	1,628,049,000	0.09

*2015年の鉱物生産量，*酸化バナジウムの2015年の価格

---

[*] Shigeki Hara　（国研）産業技術総合研究所　材料・化学領域　ナノ材料研究部門　総括研究主幹

第3章　水素分離膜

⑵　**開発されている非パラジウム系金属膜**
① **水素透過性金属膜に求められる材料特性**

　気体の水素分子は金属膜の表面で水素原子に解離し，金属膜中に溶解し，金属膜中を拡散し，もう一方の膜表面で結合して水素分子となることで金属膜を透過する。また，金属は一般に水素を溶解すると脆くなる（水素脆化）。したがって，水素透過性金属膜を構成する金属材料には，膜表面での水素解離・結合に関する触媒活性，高い水素溶解性，高い水素拡散性および耐水素脆性が求められる。

　金属の水素溶解性は水素との化学的親和性を反映しているため，周期律表との間に明確な相関関係がある。すなわち，高い水素溶解性を有することから候補となる金属は，イットリウム（Y），ランタン（La）などの3族，チタン（Ti），ジルコニウム（Zr）などの4族，バナジウム（V），ニオブ（Nb），タンタル（Ta）の5族元素である。

　水素拡散性は金属格子の結晶構造の影響を顕著に受ける。最密構造である面心立方構造と六方最密構造は，水素原子が安定して存在できる位置（サイト）間の水素の移動に高いエネルギー障壁がある。他方，体心立方（BCC）構造は金属原子の充填密度がやや低く，サイト間の移動に必要なエネルギー障壁が低い。結果として拡散係数が高い。実際，BCC構造をもつV, Nb, Ta, 鉄（Fe）は水素拡散性が高い。

　金属材料の水素透過性能を表す指標である水素透過係数ϕは水素溶解度係数と水素拡散係数の積に比例する。すなわち，他の手法でこれらを評価することで，水素透過試験を行うことなく水素透過係数を予測することができる。こうした計算を行うと，Zr, Ti, V, Nb, Taがパラジウムを超える水素透過係数を有しており，水素透過性金属膜の材料として期待できることが分かる[11]。

　しかし，これらの金属を膜状に加工しても次の2つの理由から水素透過膜として用いることはできない。

　1つ目の理由は，これらの金属が水素解離・結合に関する触媒活性を持たないことである。そこで，金属膜の両表面に厚さ100 nm程度のPd層をスパッタリング法やメッキ法等で形成して解離活性を付与するのが普通である。

　2つ目は，水素透過のために水素にさらすと，金属膜が水素を大量に溶解し，脆化して自発的に割れてしまうことである。この水素脆化を克服する方法と対応して，非Pd系金属膜は結晶性均一膜，結晶性複相膜，非晶質膜に分けられる（図1）。

② **結晶性均一膜**

　水素脆化は金属中の水素量がある値（一般には，金属原子数に対する溶解水素原子数の比が0.3～0.4）を超えると顕著になる。そこで，BCC構造を変えない範囲で水素溶解性の低いNi等を添加して合金化することで水素溶解量を制限することが行われる。Vに15原子％のNiを加えた$V_{85}Ni_{15}$合金は，150～400℃において，代表的なPd合金（$1～2 \times 10^{-8}$ mol H$_2$/(m s Pa$^{0.5}$)）より優れた水素透過係数（$2～3 \times 10^{-8}$ mol H$_2$/(m s Pa$^{0.5}$)）を有する水素分離膜として使えることが

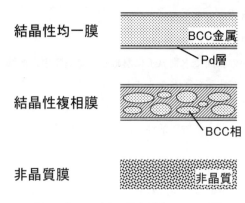

図1 非パラジウム系金属膜の3つの形

知られている[12]。また，Pdの水素透過係数は高温ほど大きくなるが，$V_{85}Ni_{15}$合金は400℃より低温である200℃の方が水素透過性は大きい。これは，Vの水素溶解性が低温ほど大きく，その影響が水素拡散係数の温度依存性より強いことに起因している。

溶解する水素量を抑えるため，水素分圧を大気圧以下に下げることも検討されている。大気圧に満たない希薄な水素を含むガスから水素を分離する用途であれば，純Vや純Nbからなる金属膜を用いることができる[13]。

③ 結晶性複相膜

大きな水素透過係数を有するBCC相と耐水素脆性に優れた領域の複相構造にすることで高い水素透過性と耐水素脆性を両立する試みが報告されている。

Nb, Ti, Niがそれぞれ40原子％，30原子％，30原子％となるよう加熱溶融して混合させた後，冷却すると，NbからなるBCC相とその間を満たす別の構造を有する領域からなる複相構造が自然に形成される。この領域の水素透過係数はBCC相ほど高くないが，その代わり優れた耐水素脆性を有している。その結果，膜全体としてPd合金に匹敵する水素透過係数が得られる[14]。

BCC相一つひとつの形やその向きに応じて水素透過係数は変化する。工夫することでさらに高い水素透過係数を得ることもできる[15]。

④ 非晶質膜

非晶質合金が一般に優れた機械的特性を有していることに着目した金属膜が開発されている。

アルゴン雰囲気で36原子％のZrと64原子％のNiからなる溶融金属を毎分数千回で回転する銅製ロールの周に接触させると，溶融時の不規則な原子配列を残したまま固化した非晶質合金を得ることができる。その形が長さ数～数十m，厚さ20～50μmのリボン状であるため，圧延等の機械加工をする必要がない。こうして得られた非晶質$Zr_{36}Ni_{64}$合金膜は水素にさらしても割れることなく水素透過性を発現する[16]。しかも，非晶質の構造に起因して水素解離・結合に関する触媒活性を有しているため，膜両面にPd層を形成することなく水素が透過することが報告されている。

第3章　水素分離膜

(3) その他の課題と取り組み
① 使用環境下における耐久性

水素拡散性は温度とともに高くなることから，大きな透過流束を得るため，金属膜は100～500℃で使用する。ところが，高温では金属原子も拡散しやすくなるため，膜表面に形成したPdが膜中へ拡散し，膜表面の触媒活性が低下する。Pdがなくなることで合金膜表面が酸化され，それが水素透過の障壁にもなる。その結果，数十時間から数百時間の単位で透過流束が低下することが問題となっている。

Pdの散逸を抑えるため，Pd層の下に薄い酸化物層を設ける試みや，合金材料にW等を添加すること等が試みられている。寿命を延ばすためには，200～300℃前後の低い温度で利用することを検討する必要があるかもしれない。

② 水素透過性能の材料間の比較

Pd膜の水素透過流束Jは膜両側の水素分圧p_f，p_pの平方根の差に比例し，膜厚dに反比例する。

$$J = \frac{\phi}{d}\left(\sqrt{p_f} - \sqrt{p_p}\right)$$

これはPd中へ溶解する水素量が比較的少なく，ヘンリーの法則が成立しているとみなせるからである。すなわち上式は，Pd中の水素濃度Cが平衡水素圧pの平方根に比例し，水素原子のFickの拡散係数Dが濃度に依らない定数であることを前提にしている。

しかし，非Pd系金属膜の場合，金属膜中へ溶解する水素量が多く，ヘンリーの法則からの逸脱がしばしば問題となる。すなわち，上述の式では実験範囲の水素透過挙動を表現できず，上記で近似したϕを使って材料を比較して良いのだろうかという疑問が生じる。

この問題に対しては，以下の3つの方法が使われている。

1つ目の方法は，ϕを用いることを諦め，水素透過試験を行うときの供給側と透過側の水素分圧を条件として明記した上で，透過流束Jそのものを指標として用いることである。しかしながら，ISOのような標準的な試験条件についての定めはなく，同一の試験条件に対する透過流束の文献を探すことは困難である。

2つ目の方法は，水素透過実験を行うときの供給側と透過側の水素分圧を用いて上述の式で近似して得られたϕを使って材料の比較を行うことである。近似ではあるものの，これまでの多数の文献値と比較ができる。

3つ目の方法は，ϕを水素分圧pの関数として定義する方法である[14]。異なる材料を比較するには同じ水素分圧に対するϕを比較することができる。この方法によればヘンリーの法則からの逸脱を考慮した理論的解析が可能となる。しかしながら，今のところあまり普及していない。

非Pd系金属膜の開発のみならず，多様な水素分離膜の開発，その利用システムの開発など，それぞれの目的に応じて適切な指標を選択することが，水素分離膜の用途を広げるために不可欠である。

文　　献

1) PGM MARKET REPORT MAY 2017, Johnson Matthey
2) http://www.platinum.matthey.com/prices/price-charts, Johnson Matthey
3) GFMS GOLD SURVEY 2017, Thomson Reuters
4) http://gold.tanaka.co.jp/commodity/souba/index.php，田中貴金属工業㈱
5) WORLD SILVER SURVEY 2017, Thomson Reuters
6) 鉱物資源マテリアルフロー2016，㈱石油天然ガス・金属鉱物資源機構
7) 工業レアメタル，アルム出版社，**133**（2017）
8) 財務省貿易統計
9) 金属資源レポート 2017 年 11 号，㈱石油天然ガス・金属鉱物資源機構
10) STEEL STASTICAL YEARBOOK 2017, World Steel Association
11) レアメタル 技術開発で供給不安に備える，㈱産業技術総合研究所レアメタルタスクフォース編，工業調査会（2007）
12) C. Nishimura *et al.*, *Mater. Trans., JIM*, **32**, 501（1991）
13) G. X. Zhan, *et al.*, *Int. J. Hydrogen Energy*, **33**, 4419（2008）
14) K. Hashi *et al.*, *J. Alloys Compd.*, **368**, 215（2004）
15) 徳井翔ほか，日本金属学会誌，**71**，176（2007）
16) S. Hara *et al.*, *J. Membr. Sci.*, **164**, 289（2000）
17) S. Hara *et al.*, *Trans. MRS-J*, **36**, 217（2011）

2.3 炭素膜

喜多英敏*

2.3.1 はじめに

　膜による気体分離は1970年代後半の高分子膜による水素分離の実用化(Monsanto社によるPRISM® membrane)に始まる。非多孔質の高分子膜の気体透過挙動は溶解拡散モデルで説明され，透過係数 P [cm^3(STP)cm/(cm^2 s cmHg)] は溶解度係数 S [cm^3(STP)/(cm^3 cmHg)] と拡散係数 D [cm^2/s] の積で表される。気体分子は高分子膜中へ溶解し，高分子鎖の熱運動で生じる間隙を高圧側から低圧側に拡散する。A, B 2成分気体の透過選択性は透過係数比 P_A/P_B（理想想分離係数）で表すことができ，溶解選択性（S_A/S_B）と拡散選択性（D_A/D_B）の積として表せる。

　高性能な気体分離膜素材の分子設計指針を得ることを目的に，高分子の一次構造を広範囲に系統的に変え気体の透過選択性との関係がこれまでに様々な高分子膜で調べられてきた。現在，酢酸セルロース，ポリスルホン，ポリイミドなど拡散選択性に優れるガラス状高分子が，水素分離や二酸化炭素分離膜として主に用いられていることは本書の高分子膜の項で詳述されている。分子径の小さな水素分子を他の気体分子と分けるためには，高分子鎖が剛直でかつ非平面構造（繰り返し単位中の芳香環が互いに捻れた構造）をとり，高分子鎖の充填を阻害すると同時に，局所運動性を抑制するように分子設計する必要が明らかとなっている[1]。例えば，透過分子のサイズに大きな差のある H_2/CH_4 分離では，上述の分子設計により，選択性をあまり低下させずに透過性を増加できる。しかし，一次構造から拡散選択性を制御するだけでは得られる膜の分離性能に限界があるので，さらに分子鎖間隙のサイズとその分布について直接的制御を図ることを考えねばならない。すなわち，膜がサブナノメートルサイズの細孔を有して，透過する分子径の大小により分子をふるいわけることができる分子ふるい能を膜に導入する。炭素膜では高分子を前駆体として数百℃以上で熱処理することにより熱分解・炭化を経て分子ふるい膜を作製する。このような膜は気体分子径に近い細孔を有しその細孔径分布が狭く，分子サイズの分離が可能である。さらに高分子前駆体の優れた成形性を生かして中空糸状に製膜した自立膜や多孔質支持体上に製膜が可能であることは，第2章2.3炭素膜の項で述べた。以下に，炭素膜構造とその水素分離性能について記述する。

2.3.2 炭素膜の構造[2]

　炭素膜の前駆体として検討例の多いポリイミドを例として，炭化過程を以下に説明する。酸二無水物とジアミンの縮合重合反応で得られたポリイミド膜を窒素中，500℃以上で熱処理をすると，膜は黄褐色から光沢のある黒色に変化する。膜の広角X線回折パターンはアモルファス状

＊ Hidetoshi Kita　山口大学　大学院創成科学研究科　教授（特命）

態であるが，処理温度が700，800℃と高くなるにつれてピークが高角度側にシフトする。例えば，含フッ素系のヘキサフルオロイソプロピリデン基を有する酸無水物（6FDA）とテトラミンから合成されたポリアミノイミドは300℃以上の加熱で梯子状ポリマーのポリピロロンに熱転移する。500℃の熱処理では密度が約1.4 g/cm³，d-spacingは0.59 nmで，ともに300℃で熱処理したポリピロロンと変わらないが，700℃，1時間熱処理を行うと密度が1.581 g/cm³に増加し，d-spacingは0.49 nmに減少する。800℃の熱処理をした膜はさらに密度が1.643 g/cm³に増加し，d-spacingは0.44 nmに減少し，膜が緻密化し分子鎖間隙が小さくなる。この熱処理時に，550℃に放出量が極大となるCO_2と，フッ化水素と四フッ化炭素の放出が観測される。CO_2はイミド環のカルボニル基に，フッ化水素および四フッ化炭素はトリフルオロメチル基の熱分解に起因する。6FDA-ポリピロロンの予測される熱分解初期過程を図1[2)]に示す。ポリピロロンの炭素化過程は大きく3つ考えられる。発生ガス分析で500℃付近からフッ化水素と四フッ化炭素が観測されたが，これはヘキサフルオロイソプロピリデン基の開裂によるものと考えられる。さらに550℃付近でイミド環がラジカル的に開裂（route B）し，水素の引き抜きと，COが発生し，続いてイミダゾール環の開裂が起こると考えられる。ポリピロロンに特有な窒素原子を含むイミダゾール環の開裂（route C）が起こる場合も考えられ，引き続いてCOが発生し縮合環化が進み，多環芳香族化が進行する。この過程では500，550，600℃熱処理膜のIRスペクトルで観察される −CN 基が膜中に残在している。さらに700℃で熱処理すると膜中のN原子もN_2やHCNとし

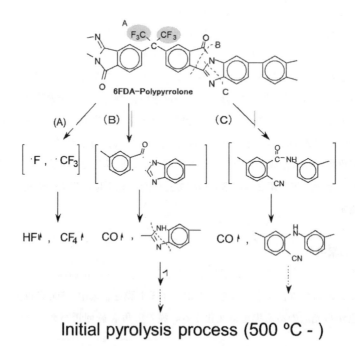

図1　6FDAポリピロロンの窒素中での熱分解初期課程[2)]

第3章　水素分離膜

て脱ガスし元素分析から示されるようにN原子の比率が減少する。6FDA-ポリピロロンを500℃，1時間熱処理したときの77KにおけるN$_2$の吸着等温線は低相対圧部分からN$_2$の吸着量が増加して飽和するIUPAC分類のI型の挙動を示し，膜にミクロ孔が存在することを示す。D-Rプロットから求めたミクロ孔容積は0.29 cm^3/gである。このようにポリピロロンを500℃以上で熱処理を行うことで膜が多孔質化し，気体透過性，気体選択性とも未処理のポリピロロンと比較して増加する。

　図2と図3にポリエーテルイミド膜の熱分解による炭素膜形成過程のMDシミュレーションの報告例[3]を示す。ポリマーの熱分解による反応性ラジカルの形成と原子の転移が引き続き起りナノレベルの細孔を有する非晶質炭素膜が形成される。

　図4にポリイミドを前駆体とする炭素膜断面の透過電子顕微鏡写真を示す。膜構造は一部に結晶らしきコントラスト（図中の○印）が認められるが，全体に均一なアモルファスで細孔径約0.5 nmの多孔質体である。

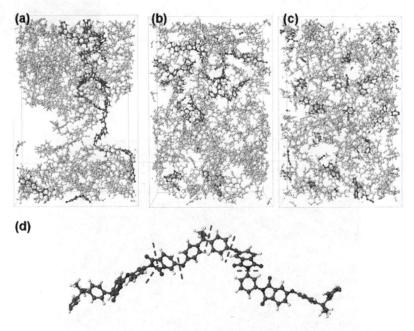

図2　ポリエーテルイミドの原子配置と熱分解時の結合開裂のMDシミュレーション[3]

145

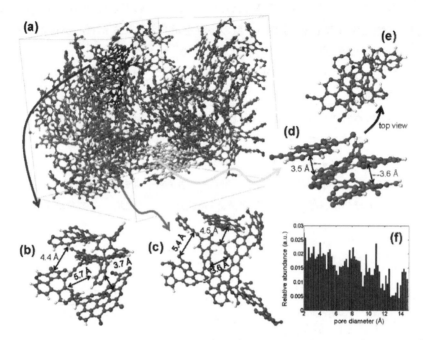

図3 ポリエーテルイミドの熱分解により形成された多孔質構造のMDシミュレーション[3]

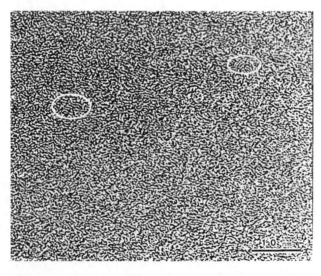

図4 ポリイミドを前駆体とする炭素膜断面の透過電子顕微鏡写真（×2,000,000）

第3章　水素分離膜

2.3.3　水素分離

図5に木炭製造で副生する木タールを前駆体として多孔質アルミナ支持体上に作製した炭素膜の気体透過測定結果を示す。いずれの焼成温度でもコート回数1回で分離性のある膜が得られ，気体分子径の増加とともに気体透過速度が大きく減少する分子ふるい能を示す。

気体透過速度は400℃焼成膜が最も大きく焼成温度とともに減少する。膜は焼成温度が400℃から500℃にかけては多孔質化が進行し，600℃，700℃と焼成温度の上昇に伴い緻密化が進行する様子が見られる。焼成温度の増加とともに気体分離性が向上し，特に水素の選択透過性が高いことが注目される[4]。

図6[5]は炭素膜の前駆体高分子にスルホン化ポリフェニレンオキシド（SPPO）を用い，湿式法により紡糸して得られた中空糸高分子膜を不融化処理した後，真空雰囲気下600，650，700℃で1時間焼成して作製した中空糸炭素膜の気体透過性（90℃）である。いずれの炭素膜も透過気体の分子サイズに大きく依存した分子ふるいの透過挙動を示し，次世代の水素エネルギーキャリアとしてのトルエン／メチルシクロヘキサン系有機ハイドライドを用いた水素輸送システムへの適用が提案されている（第Ⅱ編第2章に詳述）。米国でも石炭およびバイオマス由来の合成ガスから製造された水素の分離用にパイロットスケールテストで炭素膜モジュール（図7）が検討されている[6]。

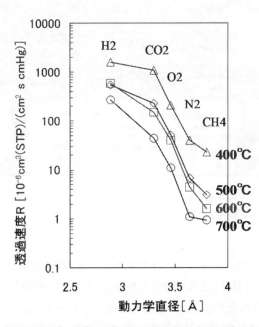

図5　木タールを前駆体とする炭素膜の気体透過速度
（35℃）の焼成温度依存性（焼成時間30分）[4]

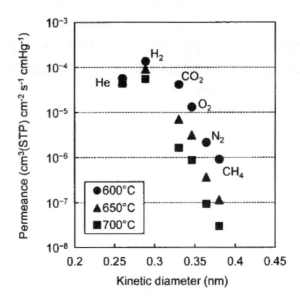

図6 スルホン化ポリフェニレンオキシドを前駆体とする
中空糸炭素膜の気体透過性(90℃)[5]

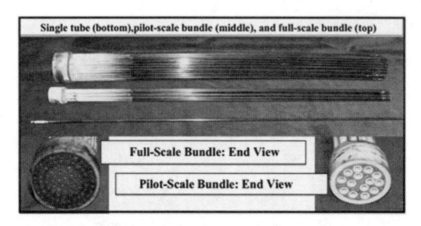

図7 パイロットスケールテストで石炭およびバイオマス由来の合成ガスから製造された
水素の分離用に使用された炭素膜モジュール[6]

　さらに，炭素材料はカーボンナノチューブやフラーレンなどで代表されるナノマテリアルとして従来材料にない高機能性材料として期待されており，それらの膜化も試みられている。陽極酸化アルミナ多孔質体上に酸化グラフェンを減圧ろ過した1.8〜18 nmの薄膜（膜面積4 cm^2）では，等モルのH_2/CO_2とH_2/N_2混合ガスに対して20〜100℃で気体透過実験が行われ，水素の透過速度が約10^{-7} mol/(m^2 s Pa)，H_2/CO_2とH_2/N_2の分離係数が20℃でそれぞれ3,400と900と報告されている[7]。

第3章 水素分離膜

2.3.4 おわりに

　実用化している高分子の気体分離膜の需要は窒素富化，次いで脱湿，炭酸ガス，水素分離となっているが，膜による気体分離は，水素エネルギー開発や地球持続のための技術開発において，蒸留法，吸収法，吸着法に次ぐ4番目の革新的分離技術として期待を集めている。今後その期待に応えるためには，分離性能とコストの両面で従来の膜をしのぐ新しい膜開発が必要である。膜分離法の発展は，膜素材の改良と膜形態の設計技術の進歩により成し遂げられてきた。実用化している高分子膜の分子設計の多様性や製膜上の長所とナノメートルサイズの細孔を持つ分子ふるい膜の優れた分離性能を生かせる炭素膜には，様々な応用展開が期待される。

文　　献

1) 喜多英敏ほか，高分子，**57**(11), 894 (2008)
2) H. Kita, Materials Science of Membranes for Gas and Vapor Separation, Y. Yampolskii *et al.* (Eds.), p.337, Wiley (2006)
3) J. B. S. Hamm *et al.*, *Carbon*, **119**, 21 (2017)
4) 喜多英敏，木質炭化学会誌，**5**, 51 (2009)
5) 吉宗美紀，原谷賢治，膜，**41**, 96 (2016)
6) D. Parsley *et al.*, *J. Membr. Sci.*, **450**, 81 (2014)
7) H. Li *et al.*, *Science*, **342**, 95 (2013)

2.4 ゼオライト膜

熊切　泉[*]

2.4.1 はじめに

　結晶性アルミノ珪酸塩のゼオライトは，ガス分子と同程度の大きさの規則正しい細孔構造をもつ[1]。このため，ゼオライトを膜化すれば，ゼオライト細孔による分子ふるいや，ゼオライトの特異な吸着能により，極めて高い分離性能が得られると期待され，様々なゼオライトや類似鉱物の膜化が試みられてきた[2~4]。これまでに，A型やT型ゼオライト膜が共沸蒸留を代替する脱水用途で実用化[6]したのを始めとして，二酸化炭素分離用途でDDR型やCHA型膜モジュールも開発されている。本稿では，水素選択透過性に着目し，ゼオライト膜の現状と課題を紹介する。

2.4.2 ゼオライト細孔構造と，ゼオライト膜による水素選択性の発現

　ゼオライト構造を構成するSi-O-Si, Si-O-Alの環状構造に含まれている酸素の数で，およそのゼオライト細孔径が決まる。骨格にアルミを含む場合は，構造中にNa^+などの陽イオンが存在し，その種類によっても細孔径が変化する。図1には，膜化されている代表的なゼオライトの分離に寄与するゼオライト細孔の大きさと，水素等の分子径の例を比較して示した。ゼオライトは，異なる孔径や孔の形に加えて，1, 2, 3次元の細孔ネットワーク構造があり，200種類以上のゼオライトが報告されている[1,7]。また，ゼオライト細孔は柱状の場合と，LTA (NaA, CaA等)，FAU (X, Y等) 等のゼオライトのように，キャビディと呼ばれる，大きな空間が存在する場合がある。ゼオライト骨格構造は，web上にデータベースとしてまとめられているので参照願いたい。

　水素のゼオライトへの吸着は弱いので，ゼオライト膜による水素の選択的透過性は，主として，

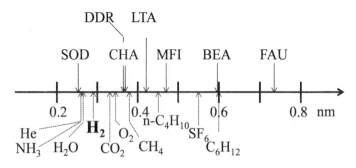

図1　膜化されているゼオライトの例と，それらのゼオライト細孔径と分子径の比較
　　ゼオライト細孔径には拡散できる球の最大径[1]を，分子の大きさには動的分子径[4]を用いた。

　＊　Izumi Kumakiri　山口大学　大学院創成科学研究科　准教授

第3章 水素分離膜

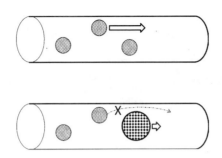

図2 共存する分子の水素透過性への影響の例
単成分（上）に比べて，拡散性の小さい大きな分子が存在し，追い抜きができない場合，透過性は低下する（下）。

ゼオライト固有の細孔の大きさによる分子ふるい効果と，他の分子に比べて速い水素のゼオライト細孔内の拡散性に起因する。例えば，小さな水素は入れるが，共存する他の分子は入れない細孔径のゼオライトを膜にすれば，分子ふるいによる極めて高い水素選択性が期待できる。ゼオライトの細孔径の種類はある程度限られるが，ゼオライト類似鉱物（例えば，リン酸塩（Aluminum phosphate：AlPO），シリコアルミノ燐酸塩（Silicoaluminophosphate：SAPO）等）や金属有機構造体（Metal-Organic Framework：MOF）（例えば，イミダゾールを有機リンカーとしたMOFのZeolitic Imidazolate Framework：ZIF）なども視野に入れれば，細孔径の選択肢は格段に増加する。また，空隙率の高い材質を選べば，透過流束の向上も期待できる。

水素の透過性は，共存する分子の影響を受ける場合がある。例えば，ゼオライト細孔に侵入できる大きさの分子が水素と共存する場合，柱状の1次元細孔の大きさによっては，水素が共存分子を追い抜くことができず，水素の拡散性が遅くなる（図2）。また，後で述べるような共存分子の吸着による水素の透過阻害が起きる場合もある。これらの結果，水素の透過性能が，単成分に比べて，二成分や多成分系で格段に小さくなる場合があり，膜の評価には単成分の透過試験だけでなく，多成分や実際の使用条件での試験が欠かせない。

2.4.3 水素分離用のゼオライト膜合成への異なるアプローチ

分子ふるい性の発現方法には，ゼオライト細孔自身の孔径を利用する場合[8~11]（図3a）に加えて，ゼオライト膜の表面の細孔径を修飾により収縮する場合[12~14]（図3b）も検討されている。いずれの場合も，高い分離性や透過流束を得るためには，欠陥がない（少ない）薄膜が望まれるが，欠陥の制御や薄膜化は，今日のゼオライト膜合成の課題でもある。

水素のみが透過できるような小口径なゼオライトを膜化する場合，高い水素分離性能が期待できる反面，小口径ゼオライト中の水素の拡散係数は小さいので，透過流束の要求を満たすためには薄膜化が必須となるだろう。一方，分子ふるい性を表面修飾により発現すれば，大きな孔のゼオライトを用いることができるので，小口径ゼオライトに比べて高い水素の透過流束は得やすいかもしれない。ただし，ゼオライト層を中間層に用いる利点の明確化や，簡易な修飾法の開発が

二酸化炭素・水素分離膜の開発と応用

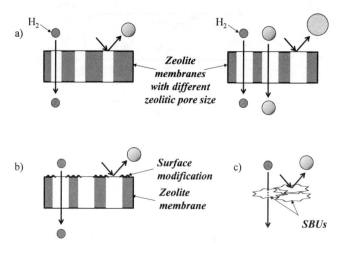

図3　分子ふるい性の発現
a) 異なるゼオライト細孔径の膜, b) 表面修飾による細孔入口径の縮小,
c) ゼオライト二次構造単位 (SBUs) の積み重ね。

必要であろう。

　上記とは異なるアプローチに, ゼオライトの二次構造単位 (Secondary Building Units: SBUs) を堆積して膜化すること (図3c) も試みられている[15]。ゼオライトを部分的に破壊して再構築することが触媒開発で検討が進んでおり[16], ゼオライト膜の製膜法としても興味深い。A型ゼオライト結晶をHClに溶解して得た液を, 多孔質支持体にコートして得た膜は, 660以上のH_2/CO分離係数を示した。膜は非晶質だが, ゼオライト構造に由来すると思われる酸素4員環や6員環が含まれ, A型ゼオライトに比べて高Si/Al比な膜であった[15]。以下では, ゼオライト膜の水素選択透過性能の例や, 膜性能に与える因子の例を紹介する。

2.4.4　ゼオライト膜の水素透過性

　表1には, ゼオライト膜の水素透過分離性能の例を示した。比較として, 多孔質シリカ膜の透過性能の例も含めた。透過性には膜厚が大きく影響するので, 必ずしもこの限りではないが, 水素の透過性は, ゼオライト細孔径の増大に伴って増加する傾向がある。

　分離対象によって, 用いられるゼオライトの種類が異なる。例えば, 炭化水素の改質後の水素分離 (e.g. 水素／二酸化炭素) や, 光触媒による水分解の後段での水素／酸素分離などの, 分子径の差が小さな水素／無機ガス分離では, 酸素6員環ゼオライト (SOD) や, 8員環ゼオライト (DDRやCHAなど) を選ぶことが多い (図1)。水素やヘリウム, 水蒸気といった極小さな分子のみが透過できる孔径を持つSODから成る膜は, 1,000以上の水素／n-ブタン分離係数を示した[9]が, 水素の透過性は1×10^{-7} mol·m^{-2}·s^{-1}·Pa^{-1}のオーダーで, シリカ膜と比べて2桁小さい。

　一方, 有機水素キャリアとしての利用が考えられているメチルシクロヘキサン・トルエン

第3章 水素分離膜

表1 Single gas ideal selectivity, values read from figures

Membrane type (topology)	Approximate zeolitic pore size◊ [nm]	H_2 permeance [10^{-6} mol·m^{-2}·s^{-1}·Pa^{-1}]	Selectivity in H_2/CO_2 (/CO) [-]	Selectivity in H_2/CH_4 (/C_3H_8), (/n-C_4H_{10})*, (/SF_6)** [-]	Temp. [K]	Ref.
SOD	0.25	0.114	–	(>1000)*	R.T.	9)
DDR	0.37, 0.26	0.02§	0.5§	150§ (>5000)*,§ (>10000)**,§	373	8)
DDR	0.37, 0.26	0.04§	4.5§ (5§)	–	773	13)
SAPO-34 (CHA)	0.37	6.96	–	9.54	R.T.	18)
ZIF-7	0.3[19]	0.455 (in H_2/CO_2)	13.6	14.0	593	19)
Ag-LTA	0.42	0.23§	5.5	9.8 (120.8)	423	11)
Modified-MFI	0.45, 0.47	0.40	141	–	723	14)
MFI-SBUs	–	0.054 (in H_2/CO)	(>660)	>1200	293	15)
ZSM-5 (b-oriented MFI)	0.45	1.8§	3§	2§ (9)**,§ >3000†,§	493	20)
FAU	0.74	0.74	4.7	2.8 (6.2)	373	10)
SiO_2 (CVD)	0.486	12	–	– (16800)**	573	21)

◊: maximum diameter of a sphere that can diffuse in the corresponding topology[1], §: values are taken from figures, †>3000 (ideal selectivity) in H_2/2,2-Dimethylbutane

($C_6H_{11}CH_3 \rightleftarrows C_6H_5CH_3 + 3H_2$) などの，大きな有機物からの水素分離では，水素／無機ガス分離よりも大きな細孔径のゼオライトを選ぶ方が，ゼオライト細孔中での水素の拡散性が上がるので，より高い透過流束が期待できる．ただし，例えば，10員環ゼオライトのMFI型ゼオライト細孔径はトルエンとほぼ同程度なため，ゼオライト膜の表面修飾によって，細孔径をわずかに縮小することが必要であろう[17]．これまでに，様々な膜の修飾方法が報告されている．例えば，二酸化炭素はMFIゼオライト細孔を透過できる（図1）が，ジメトキシ（メチル）シラン（MDES）の化学蒸着法により細孔入口径を狭めてやると，水素透過性をそれほど損なうことなく，高い水素／二酸化炭素が得られた[14]（表1中，Surface modified MFI）．一方，このようなシリカや炭素を蒸着させて孔を小さくする後処理では，水素の透過性は元々のゼオライト膜よりも大きくはならない．基となるゼオライト層の水素透過性を向上させるためには，ゼオライト層の薄膜化に加

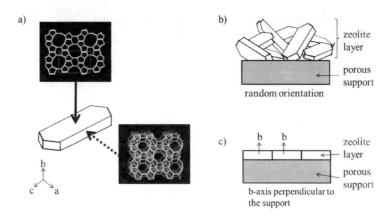

図4 ゼオライトの細孔構造を意識した膜形成の例
a) MFIゼオライトの中の細孔構造[1], b) ランダム配向なゼオライト多結晶膜, c) b軸が膜表面に垂直になるように制御した多結晶膜。

えて,以下に紹介するように配向性制御が有効である(表1中,b-oriented MFI)。

2.4.5 膜構造の影響

ゼオライト膜は,多結晶体として得られることが多く,膜の透過には,ゼオライト細孔の透過に加えて,結晶間隙の透過も無視できない。結晶間隙の透過の寄与は,ゼオライト細孔径が小さくなるほど顕著になるので,小口径のゼオライトを膜化する場合は,合成条件の最適化に加えて,合成後に修飾を施して結晶間隙を閉塞する必要があるかもしれない。

また,多結晶体の配向性を制御してゼオライトの細孔構造を積極的に利用することも検討されている。例えば,MFI型ゼオライトは,図4に示すような6角柱として得られることが多い。この6角柱状の結晶は,b軸方向にストレートな,a軸方向にジグザグなゼオライト細孔のネットワークを持つ。したがって,例えば支持体表面に対してb軸が垂直になるように製膜できれば,ストレートな細孔が膜の供給側から透過側に並ぶ構造となり,ランダムな多結晶膜と比べて透過距離が短くなるため,透過性が向上すると期待できる。実際に,b軸配向なMFI型ゼオライト膜は,$>2\times10^{-6}$ mol·m^{-2}·s^{-1}·Pa^{-1}の高い水素透過性(表1)や,細孔径に基づく分子ふるいによる高いp-キシレン／o-キシレン分離係数(200〜450)を示した[20]。

2.4.6 共存する分子の吸着阻害

ゼオライトの特異な吸着能が膜の透過分離性能に影響を与えることが報告されている[5,20,22]。例えば,水素・炭化水素分離[22]や,水素・二酸化炭素分離[5]において,低温(e.g. <200℃)では,水素分子より大きな炭化水素や二酸化炭素が膜を選択的に透過する。図5には,水素・二酸化炭素分離透過性能の温度依存性を例として示した。水素・二酸化炭素混合ガスを膜に供給すると,水素の透過性が,単成分時(□)に比べて低温時に著しく低下した(■)。これは,二酸化炭素

第 3 章　水素分離膜

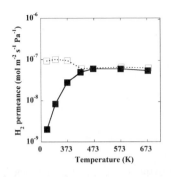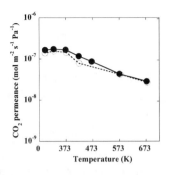

図 5　MFI 型ゼオライト膜の水素透過性に与える共存ガスと温度の影響
左：水素透過性と温度の関係（□：単成分水素，■：等モル水素・二酸化炭素供給ガス）；右：
二酸化炭素透過性と温度の関係（○：単成分二酸化炭素，●：等モル水素・二酸化炭素供給ガス）
文献 5) から改変。

の吸着により水素の透過が阻害されるためと考えられる。一方，温度が高くなるほど，吸着の寄与が減り，膜の分離選択性は拡散性の違いによるようになるため，膜は水素選択透過性を示すようになった。

　同様に，水蒸気が共存する系では，Si/Al 比が小さな親水的なゼオライト膜では，水による細孔の閉塞が起きる場合がある。同じ構造のゼオライトでも，高 Si/Al 比や all-silica で合成すれば，ゼオライトの疎水性が向上するので，水蒸気の影響は低下できると考えられる。一方，高 Si/Al なゼオライトの合成は，一般に，高価な有機構造規定剤（Structure Directing Agent：SDA）を必要とする上，膜の合成後にゼオライト細孔に存在する SDA を 500 ℃ 程度で焼成して除かなくてはならない。焼成の際に膜と支持体との熱膨張率の違いに起因した欠陥の形成が起きる場合もある[2]。これらのデメリットを避けるために，有機 SDA を用いない合成法の開発も盛んに行われている[4,23]。

2.4.7　おわりに

　様々なゼオライトやゼオライト類似材料の膜化技術の開発が進んでいるが，水素分離に用いる場合は，結晶間隙の透過や，共存ガスのゼオライトへの吸着が無視できない場合もあり，注意が必要である。溶剤の脱水用途で実用化した A 型ゼオライト膜は，極めて高い水の選択透過性に加えて，孔径 1～数 μm の対称支持体上に，簡易な水熱合成で製膜できる点が特徴である。平滑な表面を提供できる＜1 μm の孔径の中間層を用いたり，表面研磨した支持体を用いれば，薄膜化や配向性の制御などによって水素透過性を向上しやすいかもしれないが，支持体価格が高くなると，比較的安価に製膜ができる利点が削がれてしまう。したがって，水素／無機ガス分離では，吸着の影響が大きな脱水用途とは異なる，新しい膜の設計指針が必要であろう。また，比較的大きな分子の形状選択性分離（例えば，o-キシレン／p-キシレン分離等）のような，ゼオライト膜の特徴がより生かせる系への展開も忘れてはならない。

文　　献

1) http://www.iza-structure.org/databases/
2) Y. S. Lin *et al.*, *Separ. Purif. Methods*, **31**, 229 (2002)
3) N. Rangnekar *et al.*, *Chem. Soc. Rev.*, **44**, 7128 (2015)
4) N. Kosinov *et al.*, *J. Membr. Sci.*, **499**, 65 (2016)
5) I. Kumakiri *et al.*, *Trans. Mat. Res. Soc. Japan*, **29**, 3271 (2004)
6) Y. Morigami *et al.*, *Separ. Purif. Technol.*, **25**, 251 (2001)
7) C. Baerlocher, L. B. McCusker, D. H. Olson, Atlas of Zeolite Framework Types, Elsevier Science (2007)
8) T. Tomita *et al.*, *Micropor. Mesopor. Mater.*, **68**, 71 (2004)
9) X. Xu *et al.*, *Micropor. Mesopor. Mater.*, **75**, 173 (2004)
10) A. Huang *et al.*, *J. Membr. Sci.*, **389**, 272 (2012)
11) K. Xu *et al.*, *J. Membr. Sci.*, **511**, 1 (2016)
12) M. Hong *et al.*, *Ind. Eng. Chem. Res.*, **44**, 4035 (2005)
13) M. Kanezashi *et al.*, *AIChE J.*, **54**, 1478 (2008)
14) Z. Tang *et al.*, *Langmuir*, **25**, 4848 (2009)
15) N. Nishiyama *et al.*, *J. Membr. Sci.*, **306**, 349 (2007)
16) D. Verboekend & J. Perez-Ramirez, *Catal. Sci. Technol.*, **1**, 879 (2011)
17) I. Kumakiri *et al.*, *J. Chem. Eng. Japan*, **49**, 753 (2016)
18) L. Zhou *et al.*, *Int. J. Hydrogen Energy*, **39**, 14949 (2014)
19) Y. Li *et al.*, *J. Membr. Sci.*, **354**, 48 (2010)
20) Z. Lai & M. Tsapatsis, *Ind. Eng. Chem. Res.*, **43**, 3000 (2004)
21) X.-L. Zhang *et al.*, *J. Membr. Sci.*, **499**, 28 (2016)
22) S. Miachon *et al.*, *J. Membr. Sci.*, **298**, 71 (2007)
23) M.-H. Zhu *et al.*, *J. Membr. Sci.*, **415-416**, 57 (2012)

第Ⅱ編
二酸化炭素・水素分離膜の実用プロセス

第1章 二酸化炭素分離膜の実用プロセス

1 ポリイミド膜を用いるプロセス
1.1 BPDA系ポリイミド中空糸膜による二酸化炭素分離

谷原　望*

1.1.1 はじめに

　有機系，無機系，金属系材料による分離膜技術が盛んに研究開発されてきており，いくつかの材料が実用化されてきている。二酸化炭素を分離対象物とした分離系においては，吸収，吸着などの単位操作技術に続き，有機系の高分子材料を利用した膜分離技術が実用化されてきた。特に，酢酸セルロースとポリイミドの実績例が多い。幾種の酸無水物と多種のジアミンとの組み合わせから合成されるポリイミドは，系統的な分子設計を検討できる分離膜材料として興味深く検討されてきている[1~10]。1986年に石油産業の水素回収に適用された水素分離用ポリイミド膜[11~13]もその後に改良・開発が重ねられ，1989年には二酸化炭素分離用膜としてランドフィルガス（生ごみ埋立地由来のバイオガス）からのメタン等の炭化水素濃縮用途へと適用された。以来，天然ガス，消化ガス（下水由来のバイオガス），家畜排泄物由来のバイオガスなどにおいて利用されてきている[14~24]。また，除湿用[25,26]，有機蒸気脱水用[26~28]，空気分離としての窒素富化用[29,30]などのガス分離膜および蒸気分離膜としてその適用範囲をさらに拡大している。3,3',4,4'-ビフェニルテトラカルボン酸二無水物（BPDA）からなるポリイミドは，耐熱性，耐化学薬品性，機械的強度に優れるとともに，良好な曳糸性を有し，非対称中空糸膜に成形され，膜分離プロセスへ利用されてきている[11~30]。二酸化炭素分離用膜技術としても約30年の利用実績を積み重ね，化学工学的分離技術としての信頼性を得てきた。ここでは，BPDA系ポリイミド中空糸膜の特性，二酸化炭素分離系への適用場面を紹介する。

1.1.2 ポリイミド中空糸膜および膜モジュール

　図1[24]のように，多種多様な一次構造を有する酸無水物，ジアミンから合成されるポリイミドは，ガス透過性，ガス選択性，耐熱性，耐化学薬品性，機械的強度に優れ，有機系高分子の中でもガス分離膜材料として注目されてきた。一方，図2[24]に示すような中空糸膜状の形状制御，外表面の緻密層の薄膜化制御，その緻密層とそれを支える多孔質支持層とからなるとされている非

---

*　Nozomu Tanihara　宇部興産㈱　ポリイミド・機能品事業部
　　　　　　　　　　ポリイミド・機能品開発部　ガス分離膜グループ　グループリーダー

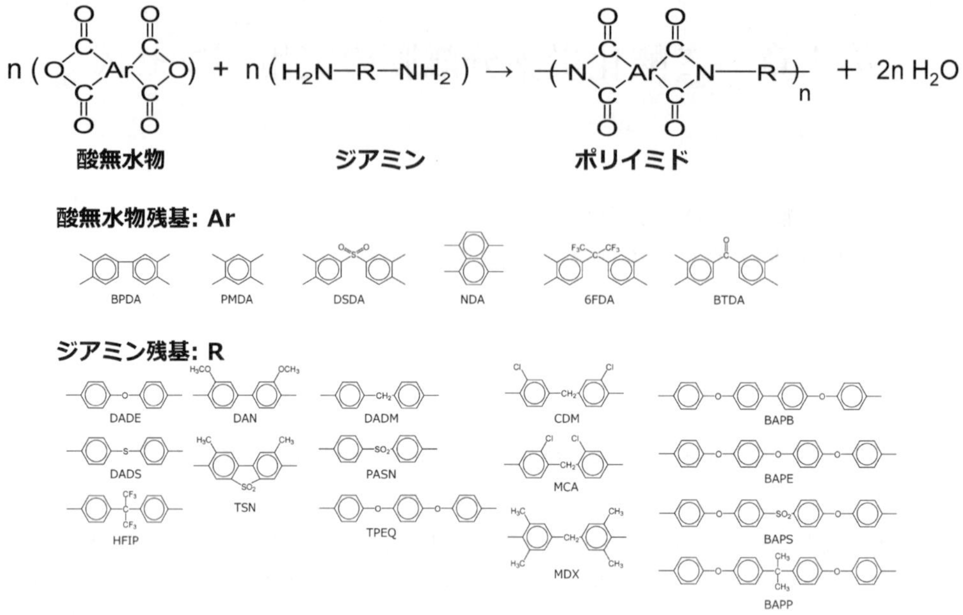

図1 ポリイミドの化学構造の一例

図2 ポリイミド中空糸膜の形状と非対称性構造の一例

多孔型の非対称性構造制御，それらの工業的観点での生産技術，そして品質保証的観点を含めたコストパフォーマンスの改善などは容易ではなかった。しかし，特殊な溶媒に可溶なBPDA系ポリイミド，その紡糸技術，その膜を用いたモジュール生産技術が開発・改善され，ポリイミド中空糸膜は実用化に至った[11~30]。

図3[19,29]に，ポリイミド中空糸膜における各種ガスの透過速度（パーミアンス）を示す。ガスを処理する指標となるガス透過性を表す透過速度は，単位膜面積，単位時間，単位圧力差あたりの透過ガスの体積である。また，ガスを分離する指標となるガス選択性は，それぞれのガスの透過速度の比として評価される。なお，図2に示すような外表面の非多孔型緻密層におけるガス透

第1章　二酸化炭素分離膜の実用プロセス

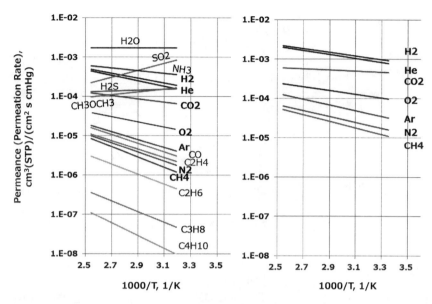

図3　ポリイミド中空糸膜の透過速度（パーミアンス）の一例

過機構は溶解－拡散機構によって説明され，この緻密層を支持する支持層におけるガス透過抵抗は多孔質構造のため著しく小さいことがわかっている．すなわち，ポリイミド中空糸膜におけるガスの透過速度は，ガスの溶解性が大きい，ガスの分子径が小さい，緻密層が薄い，支持層のガス透過抵抗が小さい，などであるほど大きくなる．そして，各種ガス同士の透過速度の大小関係が大きいほど，ガス選択性が大きくなる．なお，ポリイミド中空糸膜における二酸化炭素の透過速度は，メタンの透過速度に比較して，数十倍大きい．

適用場面，特に分離対象物が膜に供給される圧力の大小の観点から，その分離対象物をポリイミド中空糸膜へ供給する形態が異なる．すなわち，2.4 MPaG 程度以上の高い供給圧力の場面が多い水素分離，天然ガスの二酸化炭素分離などはシェルフィード，2.4 MPaG 以下の低い供給圧力の場面が多いバイオガスの二酸化炭素分離，除湿，有機蒸気脱水，窒素富化などは中空フィード，という供給形態がとられることが多い．

図4に，シェルフィード型膜モジュールの構造の一例を示す．膜モジュールは，中空糸膜を多数本束ねた中空糸膜束と，それを収納する圧力容器とを備えている．圧力容器には，供給ガス入口ノズル，透過ガス出口ノズル，非透過ガス出口ノズルが設けられている．中空糸膜束は，その両端または一方が，樹脂の硬化板（管板）によって固着されている．管板は，多数本の中空糸膜を一体に固着する役割に加え，中空糸膜同士の間，そして，中空糸膜束と圧力容器の内面の間を密封する役割を果たす．なお，後者の密封では，管板樹脂と圧力容器とを直接接着させる方法と接着させずにオーリングなどのシーリング手段を用いる方法とがある．また，透過側の管板は，高圧の供給圧力を受圧するために，管板の厚みを厚くしてある，多孔板などの支持機能を利用して管板がたわみにくい構造にする，など圧力による圧壊変形が起こらない設計がなされている．

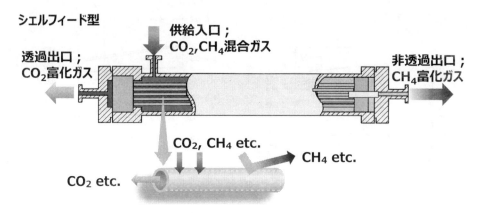

図4 シェルフィード型膜モジュール構造の一例

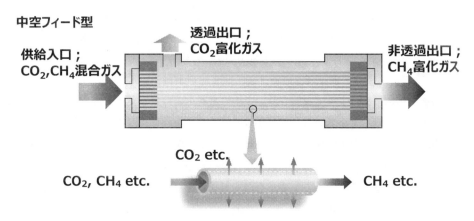

図5 中空フィード型膜モジュール構造の一例

管板の樹脂としては，エポキシ樹脂が利用されている。中空糸膜の外側（シェル側と呼ぶ）に供給された供給ガスのうち透過しやすい成分は，中空糸膜を透過して低圧の中空側に集められ，透過出口から排出される。一方，供給ガスのうち透過しにくい成分は，中空糸膜を透過せずに中空糸膜束の内部に配された多孔質芯管を介して非透過出口から排出される。中空糸膜は外圧による圧壊変形が起こらない設計がなされている。

図5に，中空フィード型膜モジュールの構造の一例を示す。中空糸膜束は，その両端が，樹脂の管板によって固着されている。管板は，エポキシ樹脂やウレタン樹脂などからなる熱硬化性樹脂が利用されている。中空糸膜の中空側に供給された供給ガスのうち透過しやすい成分は，中空糸膜を透過して低圧の中空糸膜の外側（シェル側）に集められ，透過出口から排出される。一方，供給ガスのうち透過しにくい成分は，中空糸膜を透過せずに供給入口とは逆側の中空糸膜の中空側となる非透過出口から排出される。管板は供給ガス圧力による圧壊変形が，中空糸膜は内圧による圧壊変形が起こらない設計がなされている。なお，中空フィード型膜モジュールは，供給ガ

第 1 章　二酸化炭素分離膜の実用プロセス

ス流れが膜と接触する確率が高く，ショートパス等の偏流が起こりにくく，分離効率が良いとされている。

1.1.3　二酸化炭素分離

　1989 年から 1990 年代初期，欧州や米国ではポリイミド膜モジュールを利用したランドフィルガスの二酸化炭素分離やメタン濃縮を目的とした実プラントが建設された。Rautenbach らは，それらに先駆けて実施された 2 年間の長期運転事例を報告している[31,32]。二酸化炭素を約 40％，メタンを約 54％，他として 4％-窒素，1％-酸素，1％-水，100 mg/m^3-硫化水素，100 mg/m^3-ハロゲン化炭化水素などを含むランドフィルガス 200 Nm^3/h をゴミ埋立地から吸引採取し，脱硫，液水分離，ハロゲン化炭化水素吸着などの前処理工程を経た後，3.5 MPaG 程度まで昇圧してシェルフィード型のポリイミド膜モジュールへ供給している。そして，高圧状態としての天然ガス品質を得る二酸化炭素分離とメタン濃縮とができたことを報告している。

　1991 年以降，アジア，北米，オセアニア，欧州等ではポリイミド膜モジュールを利用した天然ガスの二酸化炭素分離やメタン濃縮を目的とした実プラントが建設された。一般的な天然ガスは数 MPaG の圧力を有するので，シェルフィード型のポリイミド膜モジュールが利用されることが多い。Iwakami らは，天然ガスの二酸化炭素分離を酢酸セルロース膜モジュールとポリイミド膜モジュールとで実施している[33]。6％の二酸化炭素を含有する実天然ガスを膜モジュールの供給ガスとして供給し，非透過ガスとしてパイプラインスペックである 2％濃度以下に下げる条件において，ポリイミド膜モジュールでは，供給圧力 6.5 MPaG，透過圧力 0.5 MPaG，温度 70℃，供給流量 50 kNm^3/day で運転し，約 2 年間の運転後もパイプラインスペックを満足したという結果が報告されている。また，透過圧力 0.1～0.5 MPaG，運転温度 40～90℃，供給流量 25～50 kNm^3/day での操作条件に対する膜モジュール応答も報告されている。

　2008 年以降，地球環境保全の観点と再生可能エネルギーの各種支援制度とから，バイオガス群における二酸化炭素分離やメタン濃縮では省エネルギー的運転や高いメタン回収率（地球温暖化係数の高いメタンの排出濃度規制）などが要求されるようになった。これらのバイオガス群の一般的な圧力はほぼ大気圧である。したがって，そのほぼ大気圧のバイオガス群は 0.3～1.4 MPaG まで昇圧して中空フィード型のポリイミド膜モジュールへ供給され，実プラントとしては低圧で運転されることが多くなっている。なお，さらに高圧の濃縮メタンが要求される場合には，0.3～1.4 MPaG 程度の非透過ガスとして得られた濃縮メタンガスを昇圧する方法が採用される。これらのバイオガス群は，二酸化炭素濃度が約 40％，メタン濃度が約 60％であり，その他の成分として，水，酸素，窒素，硫化水素やメルカプタンなどの硫黄成分，シロキサン類などのシリカ成分，アンモニアなどを含有している。一般的な実プラントでは，膜へのコンタミ成分となる物質は，スクラバー，吸着，触媒，液水分離などにより膜前で除去される。Harasimowicz らは，二酸化炭素を 30％，メタンを 68％，硫化水素を 2％含むバイオガスの模擬ガスを 0.6 MPaG の供給圧力でポリイミド膜モジュールへ供給し，10～60℃の温度範囲で運転した結果を報告して

いる[34]。一般の実バイオガスよりかなり高い濃度の2%-硫化水素が同伴された場合であっても，ポリイミド膜モジュールが十分に機能することを報告している。なお，非透過ガスとして得られる濃縮メタンガスの濃度は90〜99%，メタン回収率は70〜99.5%が要求されることが多い。高メタン濃度かつ高メタン回収率が要求される場合は，膜モジュールとしては1段システム，2段システムに限らず，3段以上のシステムが用いられている場合もある。

1.1.4 おわりに

有機系高分子膜による二酸化炭素分離をはじめとしたガス分離および蒸気分離は実用化されて30年以上の実績を積み上げ，化学工学的単位操作として認知されるようになった。特に，BPDA系ポリイミド中空糸膜はその適用場面が広い。今後も新しい適用場面の開拓がなされていくことを期待する。

文　献

1) K. Okamoto et al., *J. Polym. Sci., Part B, Polym. Phys.*, **27**, 1221 (1989)
2) K. Okamoto et al., *J. Polym. Sci., Part B, Polym. Phys.*, **27**, 2621 (1989)
3) K. Tanaka et al., *Polym. J.*, **21**, 127 (1989)
4) K. Tanaka et al., *J. Membr. Sci.*, **47**, 203 (1989)
5) K. Okamoto et al., *Polymer*, **31**, 673 (1990)
6) K. Tanaka et al., *Polym. J.*, **22**, 381 (1990)
7) K. Okamoto et al., *J. Polym. Sci., Part B, Polym. Phys.*, **30**, 1223 (1992)
8) K. Okamoto et al., *J. Membr. Sci.*, **68**, 53 (1992)
9) Y. Hirayama et al., *J. Membr. Sci.*, **111**, 169 (1996)
10) Y. Hirayama et al., *J. Membr. Sci.*, **111**, 183 (1996)
11) 中村明日丸，高分子加工，**34**(3), 141 (1985)
12) 堀田実，化学装置，1985年11月，90 (1985)
13) 中村明日丸ほか，日化協月報，1987年10月，31 (1987)
14) 中村明日丸ほか，燃料協会誌，**67**(12), 1038 (1988)
15) 楠木喜博ほか，表面，**28b**, 913 (1990)
16) 中西俊介ほか，繊維と工業，**51**(2), 55 (1995)
17) 楠木喜博ほか，化学工学，**59**(6), 392 (1995)
18) 佐々木義和ほか，高分子，**44**(5), 338 (1995)
19) 谷原望ほか，科学と工業，**70**(4), 160 (1996)
20) 楠木喜博，膜 (Membrane), **21**(5), 276 (1996)
21) 中西俊介，金属，**69**(4), 305 (1999)
22) 谷原望ほか，膜 (Membrane), **35**(1), 37 (2010)

第1章 二酸化炭素分離膜の実用プロセス

23) 中村智英, 再生と利用, **38**(145), 68 (2014)
24) N. Tanihara *et al.*, *J. Jpn. Petrol. Inst.*, **59**(6), 276 (2016)
25) 中村明日丸ほか, 膜（Membrane）, **12**(5), 293 (1987)
26) 中村明日丸ほか, 化学工学, **51**(9), 695 (1987)
27) 中村明日丸ほか, 膜（Membrane）, **12**(5), 289 (1987)
28) 菊地政夫ほか, 膜（Membrane）, **26**(2), 104 (2001)
29) 楠木喜博, 膜（Membrane）, **19**(4), 277 (1994)
30) 楠木喜博, 配管技術, 1998年5月, 1 (1998)
31) R. Rautenbach *et al.*, *Desalination*, **90**, 193 (1993)
32) R. Rautenbach *et al.*, *J. Membr. Sci.*, **87**, 107 (1994)
33) Y. Iwakami, Proceedings of the International Congress on Membranes and Membrane Processes (ICOM), Heiderberg (1993)
34) M. Harasimowicz *et al.*, *J. Hazardous Materials*, **144**, 698 (2007)

1.2 エボニック製ガス分離膜「SEPURAN®」を用いた効率的なバイオガス精製技術および他の展開事例について

須川浩充*

1.2.1 バイオガスの分離

バイオガスは環境に優しいエネルギー資源で，発電や熱源，燃料として幅広い使い道があり，今日のエネルギー供給施策において，重要な役割を果たしつつある。現代社会において，環境への配慮に基づいた政策が多く打ち出されている。産業やビジネスにおいても，持続可能な社会実現に向けた"エコ"な製品提供が増えており，再生可能エネルギーへの注目も然りである。自然エネルギー世界白書2016によると，自然エネルギーが世界の最終エネルギー消費量の推定19.2％に達しており，また，再生可能エネルギー源と気候変動緩和に関する特別報告書（SRREN）によると，自然エネルギーは2050年までに半分以上を占めると予測されている。主要なエネルギー業者は，風力，水力，太陽光に注力しており，バイオガスは代替エネルギーとして幾分，影を潜めていた。しかしながら，バイオガスは間違いなく高効率な優良エネルギー資源で，分散かつ分断化されたサプライチェーン構造となっている地方郊外では重要資源となる。

エボニック社で開発された，新しく非常に高いガス分離性能を持つポリイミド膜は，バイオガスを簡単に効率よく高純度なバイオメタン（バイオガス由来のメタンガス）に精製することが可能で，メタンの高い回収率も実現している。

(1) 効率よいバイオガス精製

バイオガスは，バイオマスや植物，液肥，排水，スラッジ等から構成される有機廃棄物を発酵したガスである。しかし，メタン以外にCO_2や他の微量ガスを含んでいるために，そのままでは用途が限定され，分離精製する必要がある。

高圧吸水法，PSA（圧力スイング吸着）法やアミン吸収法等の従来の精製技術は，バイオガス精製においては無視できない欠点がある。これらは，高いエネルギー消費，補助剤や毒劇物となる化学薬品を用い，また精製後に排水や廃棄物の処理を必要とする。それゆえ，従来の精製技術では，スケールメリットを活かして採算性を取るために，500 Nm^3/h 以上のバイオガスプラントでしか導入できなかった。都市ガスの導管網がない，分散かつ分断化された地方の中小型バイオガスプラントは，その有効資源を効率よく供給できる構造ではない。エボニック インダストリーズ社はCO_2分離を効率よく低エネルギー消費で達成できる分離膜を開発した。非常に高いガス選択透過性を持つ高分子膜 SEPURAN® Green 膜である。

(2) 高いガス選択透過性を持つ高分子膜

SEPURAN®膜は，独自に開発された高機能ポリイミド樹脂を用い，特にCO_2とメタンの分離に適しており，原ガスから99％以上の精製が可能である。

---

* Hiromitsu Sugawa　ダイセル・エボニック㈱　スペシャリティ製品営業部　マネージャー

第1章 二酸化炭素分離膜の実用プロセス

膜によるガス精製はどのように行われるか？

　ガスは異なる分子サイズと高分子膜に対して異なる溶解性を持つ（図1）。バイオガスの場合，圧縮された原ガスを中空糸膜の一方から供給すると，CO_2と水分はメタンより分子サイズが小さく，ポリマーに対して溶解性も早いために，中空糸膜の内側から外側に，より早く透過されていく。一方，メタンは中空糸膜の内側に留まり精製され，反対側の出口から出ていく（図2）。精製されたバイオメタンは圧損もなく，加圧化された状態のままで取り出せるので，例えば導管注入する場合に追加で圧縮する必要もない。さらに，ガス精製する上で，他の分離技術（表1）で生じる排水や吸着剤といった副生材等の廃棄物や排出物がない。これらのプラス要素は長期間システム運用する上で，コスト削減に大きく寄与する。また，他の分離技術に比べて，スケールのサイズに関係なく，柔軟に適用できるメリットがある。

　しかし，従来のポリマー膜の欠点として，ガス選択透過性が低く，メタンの相当量が回収できないことがあった。それゆえ，時には原ガス以上の流量のガスを循環させ，膜モジュールも2段や3段に繋いで膜面積を大きくするプロセスで，メタンの高純度，高回収率を補ってきた。しか

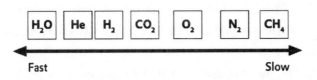

図1　ポリイミド膜における，各ガスの透過速度の違い

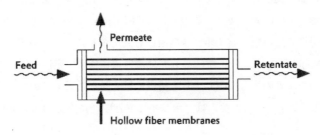

図2　ガス分離膜モジュールの分離プロセス構造

表1　各種分離技術の比較

分離技術	分離プロセス	用いる手段	分離するガス
PSA法	吸着	吸着剤	CO_2, H_2O
高圧水吸収法	物理的吸収	水	CO_2, H_2S
アミン洗浄	化学的吸収	アミン	CO_2, H_2S
膜分離	選択透過	分離膜	CO_2, H_2O
深冷式分離	精留	極低温	CO_2, H_2S

(modeled after: G. Dachs, C. Zach, Biogasaufbereitungssysteme zur Einspeisung in das Erdgasnetz—ein Praxisvergleich, SEV Bayern (2008))

し，今までのプロセスでは，投資金額とランニングコストを増大させてしまい，他の分離技術と競合することができなかった。

高いガス選択透過性を持つエボニックの分離膜でのバイオガス精製は，中小スケールから大型プラントまで適用可能で，低エネルギー消費および低メンテナンス費用のシステムが提供可能である。エボニックが特許権利化している3段システムは，たった1つの圧縮機で高純度のメタン精製と高い回収率の実現を可能にしている（特許第5858992号）。

エボニックのSEPURAN® Green膜は，バイオガスを精製する市場で革命的な変化をもたらした。過去数年間で瞬く間に全世界で110ヵ所以上の実績を上げることに成功している。現在，最大サイズとして，イタリアにある6,250 Nm³/hのバイオガスプラントに採択され，導管注入レベルまで高めたバイオメタン精製の運転を開始している。

1.2.2 稀有ガスの分離

バイオガスでの成功に続き，エボニックはSEPURAN®膜で新たな展開を行っている。

独リンデ社と提携し，2016年8月にカナダ・マンコタにて，ヘリウム精製プラントでSEPURAN®膜が採択・導入されている。このプラントでは今までに類を見ない，分離膜とPSA技術のハイブリッドプロセスを採用し，粗製ガス25万m³/日を純度99.999％の工業用品質のヘリウムに精製処理している。

バイオガス精製で数多くの実績があるSEPURAN® Green膜は，ヘリウム精製では完全に適合する訳ではない。天然ガス中のヘリウムは非常に低比率であるために，十分な精製ができず，よりガス選択透過性の高い膜が必要である。そこで，エボニックの専門家達は，膜ファイバーの紡糸工程を修正する形で性能改善を図り，この膜材をSEPURAN® Nobleと名付けた（図3）。

よりガス選択透過性の高い膜をバイオガス精製にも流用することは，必ずしも間違いではないが，SEPURAN® Noble膜ではメタンもCO₂も充分に透過されず生産性が低くなってしまう。

しかし，ヘリウムや水素の場合，CO₂よりも格段に早く膜を透過するので，致命的な問題とならない。SEPURAN®開発チームの強みは，ポリイミドと中空糸膜でのガス分離の特性を良く理

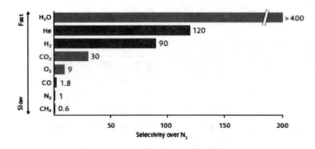

図3 SEPURAN® Noble膜は天然ガスからヘリウム分離する上で，高いガス選択透過性を持つと考えられる

第1章　二酸化炭素分離膜の実用プロセス

解し，各精製のニーズに応じたカスタマイズ化が可能な点である。

カナダ・マンコタでのヘリウム精製プラントではハイブリッドプロセスを採用し，SEPURAN® 膜は粗製ガスからヘリウム濃度を約50％まで粗濃縮し，その後にPSA技術で，工業品質の高純度ヘリウム精製に成功している。圧縮された混合ガスは吸着槽を通過する。他のガスは吸着槽に吸着・蓄積されていくのに対し，ヘリウムはほとんど吸着されない。吸着槽の吸着量が限度に達すると，減圧して再生される。2つの吸着槽が交互に吸着と再生を繰り返し，ヘリウムは継続して精製される。

PSAはヘリウム濃度が最低25％以上でないと上手く精製できず，よりヘリウム濃度が高いほど効率よく機能する。そのため，SEPURAN® 膜による前段での粗濃縮が必要で，このハイブリッドプロセスは，膜分離により加圧せずとも粗濃縮されたヘリウムガスをPSAに送り込むことができる故に，お互いを完全に補完し合っている。精製された高純度ヘリウムガスも圧縮された状態なので，その後の運搬コスト削減にも繋がる。

(1) 使用済みヘリウムの回収・精製

ヘリウムは稀有ガスでかつ高価なので，多くのユーザーが回収・再利用できれば有意義と考えている。主要ユーザーの中には，インターネットや通信に必要な光ファイバー製造業者も含まれている。特に光ファイバーの線引き工程時の冷却用ガスとして，生産効率を上げるためにもヘリウムは良く利用されている。冷却ガスとしてヘリウムを使用すると，単一ラインの場合，1分間で2kmの光ファイバーが製造可能である。ただ，高価なガスでもあるので，多くの光ファイバー製造所では，年間に数千万円の費用をヘリウムガス購入に充てている。

光ファイバー製造の大手プラントエンジニアリング会社である，フィンランドのネクストロム(Nextrom) 社は，SEPURAN® Noble 膜を用いて，光ファイバー製造用として，使用済みヘリウムの90％以上を回収・精製可能なシステム装置を新たに開発した。SEPURAN® Noble 膜が製品化されて，わずか2年で光ファイバー用途での成功は，精製されたヘリウムガスを超高純度化および液化する必要がなかったからと考えられる。今後，光ファイバー以外の用途への展開も進めていく。

(2) 水素への展開

水素はヘリウムと同様，格段に早く膜を透過する。水素は二原子分子で構成されているが，ヘリウムの単一原子に比べて，さほど大きくないことも起因している。

したがって，SEPURAN® Noble 膜は，COや他のガスからの水素の分離にも適用される。COと水素は合成ガス（syngas）の主要要素である。合成ガスは石炭の他に最近はバイオマスや廃棄物から作られるが，液体燃料やメタノールといったC1化学製品の原料として，多様に利用されている。合成ガスはその利用目的によって，COと水素の比率を調整する必要があり，その役割を分離膜が担っている。

また，SEPURAN® Noble 膜は，窒素・水素混合ガスから水素を回収・精製する目的にも適用される。これは，例えばアンモニア合成において非常に重要で，ハーバー・ボッシュ法で窒素と

169

二酸化炭素・水素分離膜の開発と応用

水素の反応は液化アンモニアを作る上で収率が決して良くない。未反応の混合ガスは膜分離で水素を回収・精製した後にプロセスに戻される。未反応ガスからの水素回収は以前から膜分離で行われてきたが，SEPURAN® Noble 膜は，より高いガス選択透過性によって，既存の膜材を置き換える潜在的可能性を持っている。

2 酢酸セルロース膜を用いるプロセス―CO₂原油強制回収施設における膜分離法によるCO₂分離技術

森里 敦[*]

2.1 はじめに

　天然ガスは可燃性の化石燃料ガスであり，メタンを主成分としてエタン・プロパン・ブタン・ペンタンなどの軽質炭化水素，ベンゼン・トルエン・キシレン（BTX）などの芳香族炭化水素，カーボン数が6以上（C6＋）の重質炭化水素，硫化水素などの硫黄化合物，そして不燃成分として二酸化炭素・水銀・窒素・水が含まれる，非常に複雑な気体混合物である。そのために，産出した天然ガスは多くの分離精製工程を経なければ，エネルギー源としての商品にはならない。

　既存の分離精製技術として，水分（湿気）除去ではグリコール脱水装置やゼオライトなどのモレキュラーシーブが利用され，水銀は活性炭吸着により除去される。硫化水素と二酸化炭素はアミン溶液や高温アルカリ溶液による吸収分離法の他，合成高分子膜による膜分離法によって除去が行われている。特に高分子膜による分離法は，従来のアミン溶液吸収法や高温アルカリ溶液吸収法に比べると，処理流量あたりの必要設備面積が小さく，将来にわたる拡張性および運用の自由度が高く，また運用コスト（OPEX）が低く，かつ環境に対する影響が非常に低い優れた技術である。

　本節においては，CO₂原油強制回収施設（CO₂ Enhanced Oil Recovery）での酢酸セルロース分離膜モジュールを用いた，天然ガスからの二酸化炭素分離膜技術を例として，そのプロセスおよび気体分離膜技術としての二酸化炭素分離の歴史と技術解説をする。

2.2 高分子膜による天然ガスCO₂分離の歴史

　1960年代 Loeb-Sourirajan により，主にRO用の分離膜ではあるが，工業利用に耐え得る欠陥がなく高流束な酢酸セルロース薄膜製造法[1]が確立されてから，それまでは実験室以外には極めて限定的であった膜分離技術に，工業的かつ商業的成功への可能性が拓かれた。この Loeb 膜による RO 分離膜技術の商業的成功は，膜分離による気体分子混合物の分離技術研究に対しても，大きな刺激となり，1970年代には数々の合成高分子について，その気体分子透過性が測定・研究されていった[2〜4]。

　1980年代に入り，気体分離膜技術は商業的に大きな成功と発展を遂げた。その発端となったのは，Monsanto 社による Prism® membrane 技術の水素分離である[5,6]。数年後には Dow Chemical 社により，現在の天然ガスからの二酸化炭素分離膜技術が開発され，当時世界で最初であり気体分離膜プラントとしては世界最大となる，天然ガスからの二酸化炭素分離プラントが建設さ

---

[*] Atsushi Morisato　Principal Scientist, Pittsburg Membrane R&D, Process System, Cameron, A Schlumberger Company

二酸化炭素・水素分離膜の開発と応用

れた[7,8]。この天然ガス分野における分離膜技術の開発成功[9]は，現在においてもプラント規模・膜面積・市場拡大の可能性のどれを取っても，他の気体分離アプリケーションよりも飛び抜けて大きな可能性を持っていると言えるであろう。

この時に分離膜素材として選ばれたのが，酢酸セルロースである。酢酸セルロースは安価な材料であり，当時すでに人工透析用膜として，湿潤な状態であるが中空糸膜として，大量に製造する技術が確立されていた。この湿潤な人工透析用酢酸セルロース中空糸分離膜を，気体分離としての膜構造を破壊することなく，工業的に乾燥させる技術の確立が図られた。さらには酢酸セルロースが，天然ガスに含まれる各種炭化水素成分に対して，化学的に安定であることも，現在でも天然ガスに対する CO_2 分離膜の主材料として用いられている，大きな理由である。

世界最初の合成高分子膜による，天然ガスからの二酸化炭素分離プラントが導入建設された米国テキサス州西部地域（The Permian Basin）は，1920年代から1950年代にかけて原油採掘が始まった，米国本土内としては最大級の原油産出地域である[10,11]。その中でもっとも東側に，1948年に比較的新しく開発された，通称SACROC（Scurry Area Canyon Reef Operators Committee）と呼ばれている地域がある。この地域に位置するSnyder市の原油産出施設に，1983年膜分離による世界最初の大規模二酸化炭素分離施設が建設・運転が開始された。

原油採掘の副産物として産出していた天然ガスは，水分や硫化水素や二酸化炭素等の不純物を多く含むため，経済的価値がほとんど見出されなかった。そして，当初その一部はプラント内のヒーターや発電機等の燃料として用いられていたが，ほとんどがフレアーとして焼却処分されていた。しかし，CO_2 ガスを利用した，原油強制回収（Enhanced Oil Recovery：EOR）の開始とともに，副産物として産出される低級天然ガスより二酸化炭素を分離し，回収された二酸化炭素は再びインジェクションで CO_2 EOR に利用するという，経済効率の価値が大きく見直されてきた。また，原油価格の低下とともに，原油に代わるエネルギー資源としての天然ガスの価値も見直されることになった。

この低級（天然）ガス分よりの二酸化炭素の分離は，当初は一般的な技術としてアミン溶液による吸収分離，あるいは高温のアルカリ溶液による吸収分離（UOP Benfield Process）などで行われていた。アミンによる吸収分離技術は，経済的アドバンテージにより，陸地での天然ガスからの二酸化炭素分離技術としては，現在でも主流を占めている。

しかし，度重なる CO_2 分離施設の増設拡張により，拡張性に対する経済的優位性が議論されることとなり，EOR施設における二酸化炭素分離回収設備の，新規設備や既存設備の拡張等の際には，必ず考慮され候補となる工業プロセス技術として，CO_2 分離膜技術は広く認知されていった。さらに，世界的にも海上でのEOR油田での二酸化炭素処理技術としては，ほぼ100％に近い導入実績をもつ分離精製工業プロセス技術の一つとなった。

なお，1983年に世界で初めて CO_2 分離膜を，CO_2 EOR施設で実用・商業化した Dow Chemical 社の CO_2 分離膜事業部門は，その後1996年に Dow Chemical 社より独立分離され，ベンチャーキャピタルのサポートを受けた独立ベンチャー起業 CYNARA 社を経て，1998年 NATCO

第1章　二酸化炭素分離膜の実用プロセス

社さらに2009年Cameron社との事業統合が行われ，2015年にSchlumberger社の傘下となり現在に至る。

2.3　天然ガス精製プラントにおけるCO₂膜分離プロセス
2.3.1　前処理（Pre-Treatment）

　先に述べたように未精製の天然ガスというものは，主成分がメタンであるものの，実際には多くの炭化水素化合物を含む複合ガスである。また，その成分割合はそれぞれの産出地によって，大きく違いが出てくる。例えばある地域のガスは，二酸化炭素とメタンの他に，それぞれ10～25％にもなるエタンやプロパンを含むことがあるが，別の場所ではそれぞれが5％にも満たないことも珍しくない。当然ながら，そこに含まれる二酸化炭素の量も，10～90％と大きく違いが出てくる。そのように産出地（あるいは顧客プラント）ごとに異なる成分の天然ガスを，一つの同じ分離膜プロセスデザインで設計処理することは，不可能なことである。そのため，通常ではプラントごとにそれぞれの特性にあったプロセスを，カスタムデザインしなければならない。そのことは，現在の商業的成功を収めた天然ガスからの二酸化炭素分離という応用分野を支える，非常に重要な部分であると言える。

　複雑に成分の違うガスを処理するプロセスデザインにおいて，一つの共通条件がある。それは供給ガス成分がどのようなものであっても，分離膜システムに供給する前に，前処理を施す必要があるということである。すなわち，分離膜システムの性能を妨げるような，水分・高次炭化水素・芳香族炭化水素等を，でき得る限り「前処理過程」で取り除かなければならない。この「前処理過程」には，冷却凝縮法やモレキュラーシーブ等の吸着法などが，組み合わされてデザインされる。そして，この「前処理装置」がプラント建設費用に占める割合は，かなり大きなものになってしまう。当然ながらコストという観点から言えば，前処理装置を使用しないで済めば良いのであるが，現在の分離膜素材および分離膜モジュールの技術では，ほぼ必ず前処理が必要であると言える。

　しかしながら，前処理を用いない場合や，前処理プロセスが最適にデザインされていない場合には，供給ガス中の高次炭化水素がモジュール中で凝縮を起こしてしまい，分離性能に悪影響を及ぼす場合がある。特にスパイラル平膜モジュールでは，膜表面で凝縮が起こるとそれを取り除くのが非常に困難なため，モジュール内で凝縮を起こさないように，供給ガスを過熱した状態で送り込むプロセスがデザインされる場合が多い。しかし，分離温度が高くなると透過性は上がるが分離性が下がるという，溶解拡散機構に基づく気体透過の相反する挙動（Trade Off）の影響を受けることになり，分離効率が悪くなってしまう。もちろん加熱する場合に必要となる熱交換設備等は，コストのかさむ設備・機器である。しかし，熱交換に必要な「熱媒体」は，インジェクション・コンプレッサーなどの高温の潤滑油が利用可能であるので，新たにエネルギー源を必要とせずに運用コストとしては低い扱いになる。

　このようにモジュール中におけるガス成分の凝縮は，多くの凝縮性ガス成分を含む複雑な組成

173

である天然ガスの分離膜プロセスでは大きな問題となる。分離性が下がると，得られる天然ガス（プロダクトガス）の量と純度が下がることになり，これを炭化水素ロス（Hydrocarbon Loss）と呼び，このロスをいかに最小限に抑えるかが，膜分離プロセスでの重要な課題である。膜を研究開発するものにとって分離性とは，膜を透過する気体分子，すなわちここではCO_2透過流束の量とCO_2純度をいかに上げるかに注目しがちであるが，顧客である原油ガス会社にとっては，膜で取り除かれて残った分離残渣分である炭化水素ガス分の純度と量が問題なのである。

2.3.2 SACROC EOR CO_2膜分離プラント

図1にSACROC EOR CO_2膜分離プラントの外観を示す。このプラントでは，当初40％あまりのCO_2を含む総供給ガス量50 MMSCFD（Million Standard Cubic Feet per Day）が，Benfield Processにより10％CO_2濃度に落とされ，さらに最終的にアミン吸収分離プロセスを通して，パイプライン・スペックである2％CO_2を含む天然ガスが生産されていた。しかし，CO_2 EORが進むとともに，産出する天然ガス分中の二酸化炭素分量が，40％から最大65％と増えていき，アミン吸収施設あるいは高温アルカリ吸収施設での，二酸化炭素分離能力容量が追いつかなくなり，施設の拡張が考えられ始めた。

このため，必要とされる分離回収容量拡張に対する経済性と，将来の施設拡張可能性への考慮から，高分子膜による二酸化炭素分離技術が導入されることになった。当初は既存のアミン吸収設備や高温アルカリ溶液吸収設備の施設容量補助（65％CO_2を膜分離で28％CO_2に落とし，Benfieldおよびアミン吸収プロセスに通す）という目的であったが，連続運転での信頼性・メインテナンスの簡便さ等により，次第に分離回収施設での基幹技術として認められていった[12〜14]。そのような状況下で，メインテナンスや運転の信頼性・安全性に困難を伴う，高温アルカリ溶液吸収設備であるBenfieldプロセスを通さずに，直接CO_2を粗取り（Bulk Separation）したガス

図1　SACROC CO_2 EOR facility, Snyder, TX.

第1章　二酸化炭素分離膜の実用プロセス

をアミン吸収設備へと回す拡張が行われた。現在では含 CO_2 量 90％の総供給量 750 MMSCFD におよぶガスを，CO_2 量 10％まで膜分離で粗取りし，最終的にアミン吸収設備により 2％ CO_2 の天然ガスを生産している（図2）。

この SACROC CO_2 EOR 分離膜プラントは，1983 年の操業開始時より 2016 年までの 33 年間の総稼働率は 99.4％になる。この数字は三度におよぶ施設拡張工事による，分離膜プラント稼働停止時間を加味した上での数字である。膜分離システムが，いかに信頼性の高い工業プロセスであるかが，よく表されている実例でもある。

SACROC CO_2 EOR 膜分離プラントにおける，現在のフロー・ダイアグラムの概略を図3に示す。これに示されるように，実際にはいくつかの産出圧力の異なるガス源からの供給ガス（CO_2

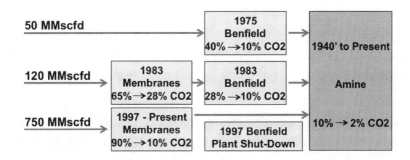

図2　Historical scheme for CO_2 separation technology in SACROC CO_2 EOR facility, Snyder, TX.

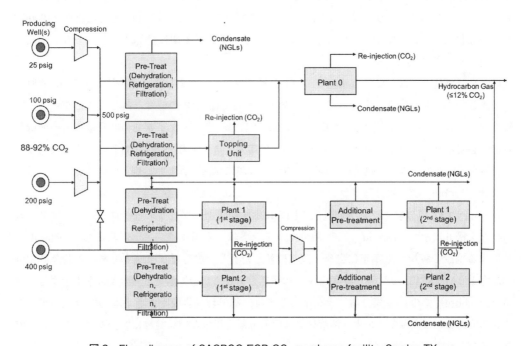

図3　Flow diagram of SACROC EOR CO_2 membrane facility, Snyder, TX.

175

二酸化炭素・水素分離膜の開発と応用

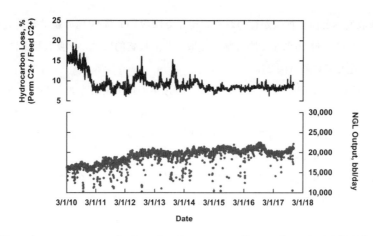

図4 Effect of permeate stream hydrocarbon loss on overall natural gas liquid (NGL) recovery.

含有量88〜92％）を，約500 psigで前処理設備に供給し，エタンやプロパンといった高次炭化水素ガスを液化天然ガス（NGL）として回収し，さらにいくつかの膜分離ステップを経ていることがわかる。

　膜分離技術での炭化水素ロスを抑えるプロセスとして，意図的に膜表面上での凝縮液化を利用するプロセスが注目を集めている。これは膜モジュール内の膜表面で，CO_2成分透過に伴う混合ガスの気液相平衡バランスが崩れることを意図的に利用するもので，分離膜の分離残渣側から直接凝縮した液体分を取り除くように構造設計のできる，中空糸モジュールでのみ可能な技術である。そのようなプロセスの一例を図4に示す。このプラント例においては，1日あたり22,000バレルの液化天然ガス（NGL）を膜分離施設で回収し，それは年間に換算すると4千万ドル以上の追加収入に値する。

　原油ガス価格が下落している状況で，CO_2分離膜プラントにおけるこのNGL回収による収入は，決して小さくない意味を持っている。分離されるCO_2ガスの純度を落とすことなく，分離膜モジュールからのNGL回収を最大限にするためには，リアルタイムでの膜分離性能の分析と対応が必要になる。そして刻々と変わっている供給ガス量・圧力・組成に対して，常に最適な分離条件を適時操作できる，膜分離技術の利点が最大限に発揮されている例といえる。

2.3.3　Denbury CO_2膜分離プラント

　Denbury CO_2膜分離プラントの外観を図5に示す。また，プロセス・フロー・ダイアグラムの概略を図6に示す。Denbury CO_2膜分離プラントは，米国ルイジアナ州北東部のDelhi市に位置する施設であり，2017年に完成・運転開始した新しい膜分離プラントである。設計最大処理能力160 MMSCFDで，CO_2濃度90＋％の供給ガスから，CO_2濃度8％のガスを生産する。陸地（on shore）でのCO_2膜分離プラントとしては，総処理量規模が大きいものではないが，アミン溶液あるいは高温のアルカリ溶液による吸収分離を用いない，純粋に膜分離プロセスのみでデザインされたプラントである。

第 1 章　二酸化炭素分離膜の実用プロセス

図 5　Aerial photo of Denbury CO$_2$ membrane separation facility in Delhi, LA.

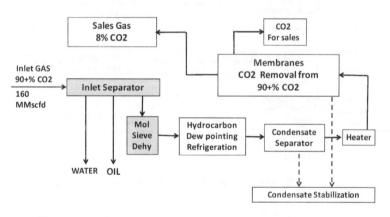

図 6　Flow diagram of Denbury CO$_2$ membrane facility, Delhi, LA.

2. 3. 4　浮体式生産貯蔵積出設備（Floating Production, Storage and Offloading：FPSO）におけるCO$_2$膜分離

　1940年代後半から開発の始まった海洋油田において，CO$_2$ EOR の応用がこの20年ほどの間に盛んに取り入れられるようになってきた。海洋油田は通常大陸棚にプラットフォームを築き，原油の採掘・処理が行われていたが，1970年代よりさらに遠洋（200～500 km 沖合）および深海（2,000 m）での開発が進み，浮体式生産貯蔵積出設備（Floating Production, Storage and Offloading：FPSO）が利用されるようになった。これらの海洋油田でも CO$_2$ EOR が始まり，天然ガス処理設備を備えた FPSO が建造（新造および改造）されている。この FPSO の天然ガス

177

二酸化炭素・水素分離膜の開発と応用

図7 CO$_2$ membrane system on the FPSO SBM Tupi 3 in offshore Brazil.

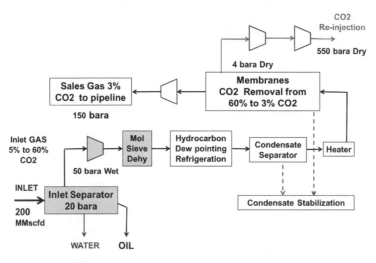

図8 Flow diagram of FPSO in offshore Brazil.

処理設備には，CO$_2$ 分離膜技術が実用されている。CYNARA® CO$_2$ membrane system を搭載した FPSO の例を図7に示す。画像中丸印で囲まれた部分が，CO$_2$ 膜分離システムである。

設計最大処理能力 200 MMSCFD（Million Standard Cubic Feet per Day）で，CO$_2$ 濃度 8～60％・圧力 750 psig の供給ガスから，CO$_2$ 濃度 3％のプロダクトガスを生産する能力がある（図8）。FPSO に搭載されている各種設備の中でも，膜分離システムがいかにコンパクトであるかが良くわかる。2017年現在，世界で 320 基あまりの浮体式生産設備（Floating Production Unit：FPU）が操業しており，これらの海洋油田 FPU でも CO$_2$ EOR の開始が期待される。特に近年の CCS（Carbon Capture and Sequestration）研究の一環として，CO$_2$ EOR での CO$_2$ インジェクション技術が有効な技術として認識されており，CCS と組み合わせた FPSO での CO$_2$ EOR の展開が期待される。

第 1 章　二酸化炭素分離膜の実用プロセス

文　　献

1) S. Loeb & S. Sourirajan, Sea Water Demineralization by Means of an Osmotic Membrane, In: Saline Water Conversion-II, American Chemical Society (1963)
2) R. E. Kesting & A. K. Fritzsche, Polymeric Gas Separation Membranes, John Wiley & Sons (1993)
3) D. R. Paul & Y. P. Yampol'skii, Polymeric Gas Separation Membranes, CRC Press (1994)
4) N. Toshima, Polymers for Gas Separation, WILEY-VCH (1992)
5) J. M. S. Henis & M. K. Tripodi, *Sep. Sci. Tech.*, **15**, 1059 (1980)
6) D. L. MacLean *et al.*, Gas Separation Design with Membranes, In: Recent Developments in Separation Science, CRC Press (1986)
7) D. Parro, CO_2 Hydrocarbon Membrane Separation System from Laboratory to Commercial Success, In: AIChE 1985 Spring National Meeting (1985)
8) R. J. Hamaker, CO_2 Hydrocarbon Gas Separations: Some History and Where Applicable, In: Gas Processors Association, Dallas, TX (1984)
9) R. J. Hamaker, Evolution of a Gas Separation Membrane 1983-1990, In: International Conference on Effective Industrial Membrane Processes Benefits and Opportunity, Edinburgh, Scotland (1991)
10) Carbon Dioxide Enhanced Oil Recovery, DOE/NETL (2010)
11) CO_2 EOR Technology-Technologies for Tomorrow's E&P Paradigms, DOE/NETL (2006)
12) D. Parro, *Oil Gas J.*, 85 (1984)
13) N. N. Li *et al.*, Membrane Separation Processes in the Petrochemical Industry, DOE (1987)
14) S. S. Kulkarni *et al.*, *AIChE Symp. Ser.*, **79** (229), 172 (1983)

3 CO_2 選択透過膜（促進輸送膜）の各種 CO_2 脱分離・回収プロセスへの応用

岡田　治[*]

3.1　水素製造プロセスへの応用
3.1.1　CO_2 選択透過膜（促進輸送膜）の原理と水素製造プロセスへの適用効果

　CO_2 の分離・回収技術は化学工業や石油精製分野の水素製造プロセス等で重要な役割を果たしているだけでなく，将来は地球温暖化対策技術としても重要になると考えられている。

　水素製造プロセスでは，水素製造の過程で副産する CO_2 を水素ガス中から分離・除去する必要があり，既存の大規模水素製造プロセスで用いられている化学吸収法は，CO_2 の分離に巨大な CO_2 吸収塔および CO_2 吸収液の再生塔を必要とし，CO_2 吸収液の再生（CO_2 を吸収させた液を再使用できるように熱をかけて吸収液から CO_2 を取り除く）に大量のスチーム（エネルギー）を消費している。

　一方，㈱ルネッサンス・エナジー・リサーチ（以下 RER と言う）が開発を進めている CO_2 選択透過膜による膜分離法では，外部からエネルギーを供給する必要がなく，CO_2 分離工程でのエネルギー消費を大幅に削減することが可能である。

　図1に当社が開発中の CO_2 選択透過膜（促進輸送膜）のモデルを示している。当社の膜（メンブレン）はゲル膜の中に CO_2 と選択的に反応するキャリアを含ませた構造になっている。高濃度な CO_2 に接触する原料側（図では膜の左側）で CO_2 はキャリアと反応し，メンブレンに溶解する。メンブレン内では，キャリアと結合した CO_2 が高速でメンブレン内を移動し，CO_2 分圧の低い透過側（図では右側）でキャリアと CO_2 は分解し，CO_2 を放出するとともにキャリアがメンブレン内を移動し，また原料側に戻ってゆく。このように本方式では，高々数十ミクロン程度の薄いメンブレンを介して CO_2 の吸収と放出を行わせるため，CO_2 の吸収時に発生するエネルギーが CO_2 放出のためのエネルギーに利用されるため，外部からエネルギーを供給する必要がなく本質的な省エネルギープロセスとなる。

　促進輸送膜を用いた CO_2 膜分離法は，省エネルギー効果が高いだけでなく，現時点で達成している CO_2 透過速度で設計しても非常にコンパクトな設備になり，量産を前提とすれば現状の化学吸収法やさらに高価な PSA（Pressure Swing Adsorption：圧力変化を利用してガスを吸着分離する方式）に比べて，はるかに低コストな CO_2 分離・回収プロセスが構成できる。通常の省エネ技術は，ランニングコスト（エネルギー消費）は下がるものの，逆に設備費は高くなるのが一般的であるので，大型 CO_2 分離設備が必須な石油精製分野，アンモニア，メタノール分野のような既存市場ばかりではなく，バイオリファイナリー分野や GTL（天然ガスからの液体燃料製造）分野，CTL（石炭からの液体燃料製造）分野のような次世代型のエネルギープロセスや，

---

[*]　Osamu Okada　㈱ルネッサンス・エナジー・リサーチ　代表取締役社長

第1章　二酸化炭素分離膜の実用プロセス

CO₂選択透過膜（促進輸送膜）とは

CO₂とキャリアとの選択的反応を利用する促進輸送膜の模式図

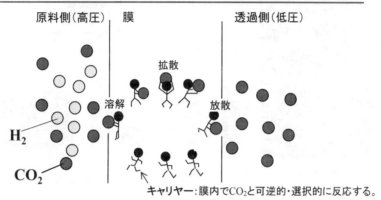

CO₂の放散に必要なエネルギーがキャリアーへのCO₂溶解の際発生するエネルギーでまかなえる

エネルギー消費しない

図1　CO₂選択透過膜（促進輸送膜）のガス透過モデル

既存のCO₂分離プロセスが適用できなかった小規模な化学プラントや設備にも適用できる可能性があり，容易にCO₂を分離・回収できるようになるため，社会の省エネルギー化，CO₂低減，低炭素化に大いに貢献できると期待している。

3.1.2　CO₂選択透過膜の開発

(1)　CO₂選択透過膜の作製・性能評価実験

メンブレンの性能評価装置および作製したCO₂選択透過膜の模式図を図2に示す。ここではCO₂キャリアを含んだゲル膜より成る促進輸送膜を多孔質の支持膜上に形成した平膜と，促進輸送膜を多孔質のセラミックスチューブ上に形成した円筒膜の例を示している。原料ガスはCO₂とH₂の混合ガスであり，それぞれをマスフローコントローラー（MFC）により流量を制御した。スイープガスにはArを用いた。

定量送液ポンプにより，原料ガスおよびスイープガス流路に水を供給して恒温槽内の加熱コイル内で蒸発させ，水分量を調節した。原料側，スイープ側の圧力は背圧調整器により所定の圧力に保った。透過セルは恒温槽内に設置し，所定温度に保った。透過セルから排出されるスイープガスをガスクロマトグラフにより分析し，ガス透過性能を測定した。

(2)　CO₂選択透過膜の性能

図3に開発したCO₂選択透過膜の性能を示す。当初は，水素ステーションの効率向上を目的

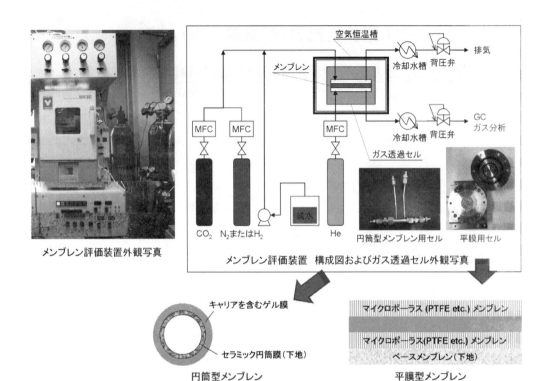

図2　CO_2選択透過膜性能評価手法

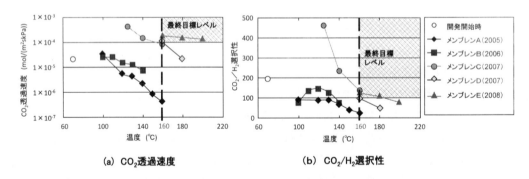

(a) CO_2透過速度　　(b) CO_2/H_2選択性

図3　開発したCO_2選択透過膜の性能

としたCO_2膜分離型のメンブレンリアクター（CO変性器）への適用を目指していたため，CO変性触媒の動作温度を考慮し160℃での性能を目標とした。開発開始時はCO_2透過速度，CO_2/H_2選択性ともに目標レベルよりもはるかに低いレベルであったが，添加物やキャリアの改良検討，成膜条件の最適化検討を進め，メンブレンCにおいて2007年度の目標である160℃における透過速度が$1\times10^{-4}\,mol/(m^2\,s\,kPa)$，選択性が100を達成することができた。

第1章　二酸化炭素分離膜の実用プロセス

(3) CO_2 選択透過膜の耐久性

開発した選択透過膜の経時的な性能変化を調べた例を図4，図5に示す。

図4は開発初期の結果であるが，初期性能が高いものほど，性能低下が早く，ある程度時間が経過すると性能向上の効果が大部分失われていた。そこで，耐久性の向上を目的としたキャリアや製膜方法の改良検討を行った。図5にその結果の例を示す。本試験は起動停止を含む断続運転結果であるが，運転開始直後の初期劣化の現象は認められるが，その後の性能は安定しており，その安定した後の性能レベルにおいても所定の目標値である $1 \times 10^{-4}\,mol/(m^2\,s\,kPa)$ 以上をクリアしている。

(4) CO_2 選択透過膜の工業化

前項まで，水素ステーション用の CO_2 選択透過膜の開発について述べてきたが，より大きな既存市場である大型水素製造プロセス向けに CO_2 選択透過膜を実用化するためには，大規模製膜技術・モジュール化技術の開発とともに高圧領域での性能向上を達成する必要があった。

図6に，高圧領域での性能改良結果を示す。一般に促進輸送膜は低 CO_2 分圧領域での性能は

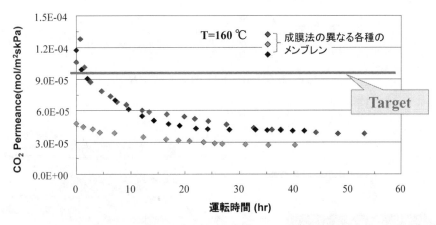

図4　CO_2 選択透過膜の性能経時変化（開発初期段階）

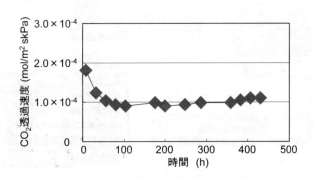

図5　CO_2 選択透過膜の長期安定性（160℃）

優れるものの,高 CO_2 分圧領域では性能が大幅に低下するため,高圧操業が要求される大型水素プラント等化学プラントでの実用化が妨げられていた。我々はキャリアや膜組成,成膜方法の改良を行い,高 CO_2 分圧領域においても優れた性能を有する膜開発に成功した。

大規模製膜技術やモジュール化技術,量産化技術等,当分野における CO_2 選択透過膜の工業化・事業化については,RER は住友化学工業㈱(以下住友化学と言う)と合弁会社(CO2 M-Tech㈱)を設立し,2 社で取り組んでいる(図 7 参照)。

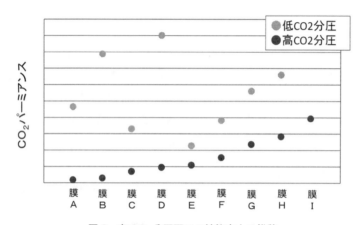

図 6 高 CO_2 分圧下での性能向上の推移

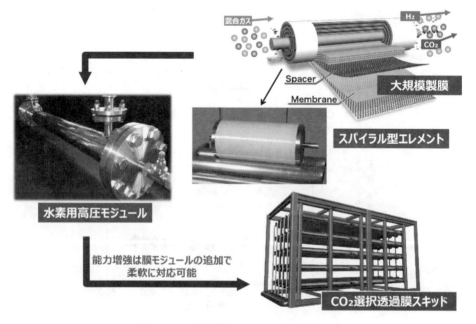

図 7 CO_2 膜分離モジュール開発の流れ

第1章　二酸化炭素分離膜の実用プロセス

　図8にはRERが保有する各種のメンブレン研究・開発ツールを，図9には住友化学の工場に2014年5月に設置された膜分離モジュールの高圧実証装置を示している。

　図10には4インチ試作モジュールの，図11には8インチ試作モジュールの実使用条件下での実証テスト結果を示している。我々の開発した膜分離モジュールは実使用条件下でも優れた性能を長時間安定して維持していることが分かる。

　実機用の8インチ商業モジュールも既に，客先である日本の化学会社のプラント実ガスを用いた性能実証に成功しており，平成29年度中には，本モジュールを用いた世界最初の促進輸送膜による商業 CO_2 膜分離装置が稼働する予定である。

図8　メンブレン開発ツール

二酸化炭素・水素分離膜の開発と応用

図9　CO₂膜分離モジュールの高圧実証プラント
（水素製造プラント実機よりサイドストリームで原料高圧ガス受入れ）

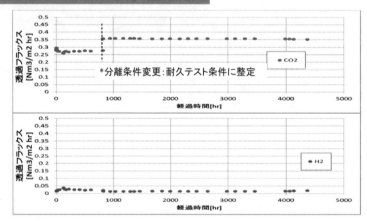

高圧の実使用条件下でCO2透過性能、対水素選択性ともに長期にわたり安定

図10　4インチ試作モジュールの長期耐久性

第1章 二酸化炭素分離膜の実用プロセス

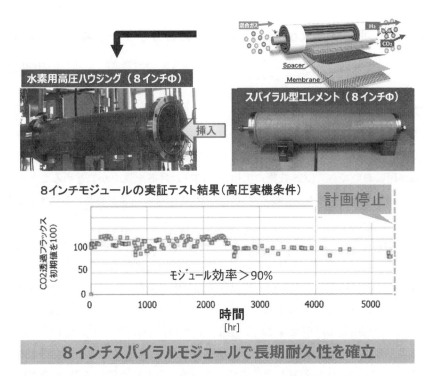

図11 8インチ試作モジュールの長期耐久性

3.2 おわりに

　以上述べてきたように，CO_2分離膜については大きな進展があり，従来，実用化は困難とされていた促進輸送膜の性能・耐久性が大幅に向上し，平成29年度内には，促進輸送膜を用いた世界初の商業CO_2膜分離装置が稼働する予定である。水素製造プロセス分野で膜分離装置が実用化され，脱炭酸工程の省エネルギー化が進むと，過去数十年以上大きな変革がなかった水素製造プロセスに画期的なイノベーションがもたらされる可能性がある。現在使用されている水素製造用の各種触媒は，より一層の高性能が要求されるようになり，高性能触媒の開発・実用化が加速されるのは確実である。それは水素製造プロセスの大幅なエネルギー効率の向上をもたらす。このことは，燃料電池自動車を始め，水素のエネルギー利用の拡大に大いに貢献する。また省エネ型のCO_2膜分離技術が，将来発電分野に適用されれば，CCSやCCUの普及拡大にもつながる。

　このような将来のエネルギー利用のあり方を変える革新的な技術開発にメンブレン技術が今後ますます貢献できるように，CO_2選択透過膜の高性能化，高度化，適用性の拡大等に注力してゆきたい。

4 CO₂分離・回収 (Pre-combustion) のための分子ゲート膜モジュールの開発

甲斐照彦*

4.1 はじめに

　二酸化炭素回収・貯留 (Carbon dioxide Capture and Storage : CCS) は，温室効果ガスの大気中への排出量削減効果が大きいこと等から，地球温暖化対策の重要な選択肢の一つと期待されている。我が国においても，CCS 技術の実用化に向けた対応を速やかに進めることが求められており，コストの大部分を占める分離・回収分野の技術開発の加速が必要とされているところである。

　CO_2 分離・回収技術の中で，膜分離法は，圧力差によって CO_2 を透過・分離するため，特に圧力を有するガス源からの CO_2 分離において，他の分離法に比べ低コストかつ省エネルギーでの分離が可能となる。圧力を有する CO_2 排出源を持つ火力発電としては，石炭ガス化複合発電 (Integrated coal Gasification Combined Cycle : IGCC) が挙げられ，IGCC への膜分離の適用 (燃焼前回収, Pre-combustion) が期待される (図1)。IGCC では，石炭ガス化および水性ガスシフト反応により高圧の CO_2/H_2 ガスが生じる。このガスから膜を用いて CO_2 を選択的に透過・分離することで，H_2 を高圧に保持したまま CO_2 を分離回収し，高濃度の H_2 を発電に使用することが可能となる。IGCC では，低品位炭の使用により発電のコストダウンがはかれるため，今後の新設火力発電所として期待されており，これに CCS をつけることで，より環境にやさしく効率の良い発電所 (IGCC-CCS) を実現できる。

　地球環境産業技術研究機構 (RITE) と民間会社により設立された次世代型膜モジュール技術

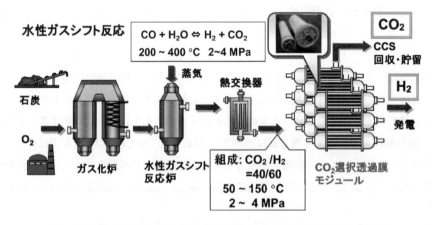

図1　分離膜を用いた石炭ガス化複合発電 (IGCC) からの CO_2 分離回収

＊　Teruhiko Kai　(公財)地球環境産業技術研究機構　化学研究グループ　主任研究員

第1章 二酸化炭素分離膜の実用プロセス

研究組合は，主にIGCCへの適用を目的として，低コスト，省エネルギーのCO_2分離膜モジュールの研究開発を進めている。本稿では，これまでに行われてきた分子ゲート膜および分子ゲート膜モジュールの研究開発について紹介する。

4.2 分子ゲート膜

RITEでは，高密度のアミノ基を有するデンドリマー（中心から規則的に分岐した構造を持つ樹状高分子）と高分子の複合膜である分子ゲート膜の研究開発を行ってきた。ポリアミドアミン（PAMAM）デンドリマーが高いCO_2/N_2分離性能を有することはSirkarらによって初めて報告されたが，これは液状物質であるPAMAMを多孔性支持膜中に担持した液膜であり，IGCCプロセスに適用できる耐圧性のある膜ではなかった[1]。一方，RITEでは，薄膜化可能な機械的強度を有し，耐久性，耐圧性の高い分離膜の開発を目的として，デンドリマーをポリビニルアルコール（PVA）などの架橋高分子マトリクス中に担持した複合膜の開発を行った（図2（右））[2~6]。その結果，加圧条件においても高い分離性能を示すデンドリマー複合膜の開発に成功した。さらに，従来の膜では高いCO_2選択透過性を得ることが困難であったCO_2/H_2分離において，開発した膜が高いCO_2選択透過性を示すことを見出した。

分子ゲート膜の透過機構の概念図を図2（左）に示す。CO_2透過機構としては，加湿条件において，膜中に取り込まれたCO_2が膜中のアミノ基とカルバメートや重炭酸イオンを形成し，CO_2は主に重炭酸イオンの形で膜中を拡散して透過し，一方，分子サイズの小さなH_2を含め，無機ガスの透過はカルバメートによる擬似架橋により阻害されると考えられる。この分離機構により，従来のCO_2分離膜では分離が難しかったCO_2とH_2を効率良く分離できると考えている。

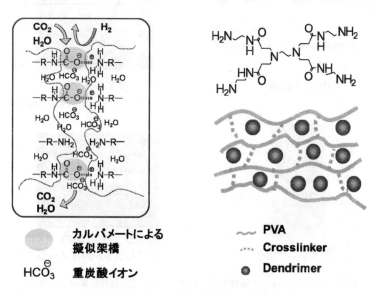

図2 分子ゲート膜の透過機構の概念図

二酸化炭素・水素分離膜の開発と応用

これまでの検討の結果，分子ゲート膜は加湿条件において高い分離性能を発現すること，水蒸気および CO_2 の透過性が高く，H_2, He, N_2 などの無機ガスの透過性が低いこと，供給側界面，透過側界面の CO_2 から重炭酸イオンへの反応，あるいはその逆反応が CO_2 の透過速度に影響すること等を見出している。

4.3 次世代型膜モジュール技術研究組合による分子ゲート膜モジュールの開発

上記の成果を元に，RITE と民間会社で次世代型膜モジュール技術研究組合を設立し，CO_2 分離膜および膜エレメント（図3）の開発，膜分離システムの開発を進めている[7,8]。

METI 委託事業「二酸化炭素回収技術高度化事業（二酸化炭素分離膜モジュール研究開発事業）」(2011～2014年度) においては，分離膜，膜エレメント，膜分離システムに関する基盤技術の開発を行った。膜材料の改良を進めた結果，平膜に関しては，2.4 MPa の高圧条件において，ラボレベルで目標性能を達成した（図4）。一方，膜モジュール（膜エレメント）については，大面積化，膜エレメント化が技術課題として残り，現在，目標性能達成を目指して改良検討を進めているところである。

また，膜のプロセス適合性の検討を進めている。検討の一例として，中圧条件（0.7 MPa）における連続分離性能試験の検討結果を図5に示す。少なくとも3,000時間長期的に安定な分離性能を示すことを確認した。

これらの検討から，分離膜，膜エレメント，膜システムに関する基盤技術を確立することがで

CO₂分離膜

膜エレメント
（左：2inch、右：4inch；長さ200mm）

膜モジュール

膜モジュール中の
膜エレメントのイメージ

図3　分離膜，膜エレメント（大面積の膜，支持体および流路材等の部材を一体化したもの）および膜モジュール（膜エレメントと収納容器（ハウジング）を組み合わせたもの）

第1章　二酸化炭素分離膜の実用プロセス

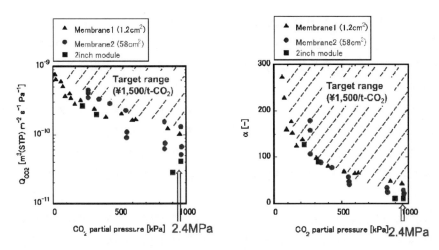

図4　分子ゲート膜の分離性能
Q_{CO_2}：CO_2透過速度，$α$：選択性。
操作条件：85℃，供給ガス組成：CO_2/He＝40/60～5/95 %，
供給ガス：0.7～2.4 MPaA；透過側：大気圧（Ar sweep gas）。
注：安全上の理由から，H_2の代替ガスとして He を使用している。

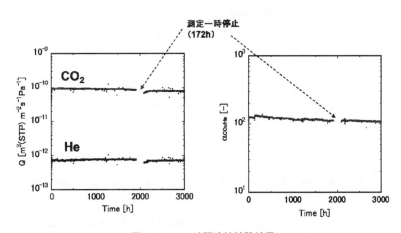

図5　3,000時間連続試験結果
操作条件：温度：85℃，供給側圧力：0.7 MPaA，供給ガス組成：CO_2/He＝80/20；
透過側圧力：大気圧（Ar sweep gas）。

きた。

　現在の METI 委託事業「CO_2分離回収技術の研究開発事業（二酸化炭素分離膜モジュール実用化研究開発事業）」(2015年度～) では，前事業の成果を基に，実機膜モジュールシステムの開発を進めており，模擬ガス試験および実ガス試験による分離膜，膜エレメントの分離性能，耐圧性，耐久性，対不純物性等に関する技術課題の抽出と解決を行っている。

　検討例として，IGCC の石炭ガス化ガス中に含まれる N_2 ガスの影響を調べるために，CO_2/He

の分離性能と CO_2/N_2 の分離性能を比較した結果を図6に示す。ガス組成（CO_2/He または CO_2/N_2）によらず，CO_2 透過速度は同程度の値を示した。また，分子サイズの大きな N_2 は He よりも透過速度が低く，結果として，CO_2/N_2 の選択性は CO_2/He の選択性よりも1桁高い値を示すことが明らかとなった。

　実用化に向け，工業的に膜エレメントを作製するためには，大面積塗布が可能で生産性も高い連続製膜での製膜技術の開発が必要である。そこで，開発した分離機能層の製膜処方を，枚葉製膜から連続製膜でも対応できる処方へと改良し，実際に連続製膜を実施した。また，連続製膜サンプルを用いた膜エレメントの試作を進めており，併行して工業的な課題の抽出を実施中である。

　連続製膜で作製した膜（単膜）の性能評価を実施し，連続製膜品が同膜厚の枚葉製膜品と同等の透過性能を示すことを確認した。また，連続製膜で作製した膜を用いて，直交流構造の膜エレメントを試作した。膜エレメント用単膜（連続製膜品）および膜エレメントの性能評価結果をそれぞれ表1に示す。膜エレメントの性能は，選択性に改善の余地があるものの，単膜とほぼ同等の分離性能が得られた。

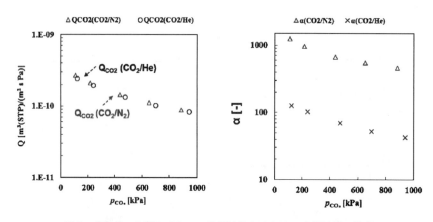

図6　分子ゲート膜の CO_2/N_2 分離性能と CO_2/He 分離性能の比較
Q_{CO_2}：CO_2 透過速度，α：選択性（（　）内は供給ガス組成を示す）。
操作条件：温度：85℃，供給ガス組成：CO_2/He or CO_2/N_2＝40/60〜5/95％，
湿度：60％RH，供給側全圧：2.4 MPa；透過側全圧：大気圧（Ar sweep gas）。

表1　連続製膜により作製した単膜および膜エレメントの分離性能

	Q_{CO_2} [m³(STP)/m²/s/Pa]	Q_{He} [m³(STP)/m²/s/Pa]	α
エレメント	1.83×10^{-11}	1.54×10^{-12}	11.9
単膜	1.94×10^{-11}	1.18×10^{-12}	16.5

測定条件：温度：85℃；供給側：全圧 2.4 MPa，混合ガス組成 CO_2/He＝40/60 vol./vol.，湿度 70％RH；透過側：大気圧。

第1章 二酸化炭素分離膜の実用プロセス

4.4 おわりに

　上述した通り，次世代型膜モジュール技術研究組合では，分子ゲート膜モジュールの開発を進めており，実用化に向け，連続製膜技術の開発および連続製膜した膜を用いて作製した膜エレメントの開発を行っているところである。また，今後，国内外で，石炭ガス化ガスを用いた実ガス試験を行い，分離膜および膜エレメントの分離性能およびプロセス適合性について検討する予定である。

　なお，本稿で紹介した分子ゲート膜モジュールの研究開発は，経済産業省から次世代型膜モジュール技術研究組合が受託した「二酸化炭素分離膜モジュール研究開発事業」および「二酸化炭素分離膜モジュール実用化研究開発事業」により実施された。関係各位に深く謝意を表す。

文　献

1) A. S. Kovvali *et al.*, *J. Am. Chem. Soc.*, **122**, 7594 (2000)
2) S. Duan *et al.*, *J. Membr. Sci.*, **283**, 2 (2006)
3) T. Kouketsu *et al.*, *J. Membr. Sci.*, **287**, 51 (2007)
4) T. Kai *et al.*, *Sep. Purif. Tech.*, **63**, 524 (2008)
5) I. Taniguchi *et al.*, *J. Membr. Sci.*, **322**, 277 (2008)
6) S. Duan *et al.*, *J. Membr. Sci.*, **423-424**, 107 (2012)
7) T. Kai *et al.*, *Energy Procedia*, **37**, 961 (2013)
8) T. Kai *et al.*, *Energy Procedia*, **114**, 613 (2017)

5 ゼオライト膜を用いるプロセス
5.1 ゼオライト膜による二酸化炭素分離

武脇隆彦*

　二酸化炭素分離技術は，地球温暖化対策として，化石燃料で排出される二酸化炭素を分離回収して地中深く隔離する Carbon Capture and Sequestration（CCS）や，いわゆるサワーガスとよばれる二酸化炭素含有量の多い天然ガスからの二酸化炭素の除去などにおいての重要な技術である。

　二酸化炭素の分離技術については，アミンなどの吸収剤による分離が一般的である。しかし，このプロセスは再生するのに多大なエネルギーが必要であるため，特に高濃度の二酸化炭素を分離する必要がある場合には問題がある。これに対して，膜による二酸化炭素の分離技術が，アミン吸収法に比べて，運転コストが低い，操作が簡単，廃棄物が少ないなど環境にやさしいなどの理由で注目されている。高分子膜による分離が一部実用化されているが，二酸化炭素濃度が高い場合には，プラスチック化の進行による劣化の促進などの問題がある。安定性の観点から，無機膜が注目されているが，実用化されるためには，性能が従来の高分子膜に比べてはるかに高く，熱安定性，化学的安定性にすぐれ，プラスチック化が起こらず，耐久性があり，低コストで，スケールアップが容易である必要がある。そのような無機膜の候補として，ゼオライト膜があり，その中の筆者らが開発した ZEBREX™ ZX1 と名付けた高シリカ CHA 型ゼオライト膜について示す。

5.1.1 高シリカ CHA 型ゼオライト膜の特徴と浸透気化特性

　ガス分離，浸透気化分離のどちらに用いる場合も，欠陥ができるだけ少ない緻密なゼオライト膜が必要である。筆者らは，まず，浸透気化分離用のゼオライト膜として緻密な高シリカアルミナ比を持つ CHA 型ゼオライト膜を開発した。バイオエタノールの脱水などのアルコールを濃縮する方法や半導体産業などの溶媒回収プロセスとして A 型ゼオライト膜は実用化されている。しかし，A 型膜は，特定の条件においては，透過流束や分離係数などにおいて非常に高い性能を示すが，酸性条件や熱水条件，高濃度含水条件においては不安定であるため，これらの条件における使用には問題がある。そこで，耐酸性，耐水性が高く，しかも分離係数，透過流束も大きなゼオライト膜を目標に開発を行い，高シリカの CHA 型ゼオライト膜の合成に成功した[1]。

　次に，この膜の開発経緯と，その特徴，種々の系における浸透気化分離特性について紹介する。実用性において重要な，高分離性能，高透過量，高耐酸性，高耐水性を実現するために，高シリカの CHA 型ゼオライトを緻密な膜にすることを目標とした。

　＊ Takahiko Takewaki　三菱ケミカル㈱　無機材料研　主席研究員

第1章　二酸化炭素分離膜の実用プロセス

　高分離性能については，ゼオライトの細孔の形状選択性を利用して分離を行うという考え方に基づいた。例えば，有機溶媒から脱水を行う場合，水のKinetic diameterは3Å以下であり，ほとんどの有機物が4Å以上であることから，細孔が酸素8員環で構成され，細孔径が約3.8ÅであるCHA型のゼオライトは好適である。一方，以前から検討されているMOR型ゼオライトの細孔は酸素12員環であり，その大きさは約7Åであるため，条件によっては，有機物も細孔内に侵入する場合が考えられる。

　次に，大きな透過流束を実現するという点においては，CHA型ゼオライトは，その細孔構造が3次元であり，また単位体積あたりに占める骨格元素の割合を示すフレームワーク密度も小さいため（簡単に言えば，細孔容量が大きいため），細孔内の分子が拡散しやすくなる。これに対して，前述のMOR型ゼオライトは細孔構造が1次元であり，フレームワーク密度も大きいため，拡散という点でも不利である。

　最後に耐酸性，耐水性を付与させる点においての重要なポイントは，シリカアルミナ比である。A型ゼオライトはシリカアルミナ比が2であるため，耐酸性，耐水性が不十分である。そのため，ある程度高いシリカアルミナ比が必須と考えられる。CHA型ゼオライトはテンプレートを使用しない場合には通常，シリカアルミナ比が6程度のゼオライトが得られるが，テンプレートを使用する場合，シリカアルミナ比が10以上のものが得られる。そこで，シリカアルミナ比が6と10以上のCHA型ゼオライトの粉末を用いて，90％の酢酸水溶液中に100℃で7日間浸漬させ，その前後で結晶構造の変化を調べた。その結果，シリカアルミナ比が6のCHA型ゼオライトは構造が壊れるのに対して，シリカアルミナ比を10以上にしたものは酢酸水溶液浸漬後も結晶構造が変化しないことがわかった。これより，シリカアルミナ比を10以上にした高シリカCHA型ゼオライトは耐酸性が高いことがわかる。

　アルミナ支持体に，トリメチルアダマンタンアンモニウムヒドロキシド（TMADA）をテンプレートとして合成したCHA型ゼオライトを種結晶として付着させ，シリカ原料，アルミナ原料，アルカリ金属原料と水，TMADAからなる水性混合物中にて水熱合成し，水洗，乾燥後，焼成により有機物を除去する合成方法を種々工夫することにより，緻密な高シリカCHA型ゼオライト膜を合成することができた。こうして合成した緻密な高シリカCHA型ゼオライト膜と種結晶として用いたCHA型ゼオライトのXRDパターンを図1に示した。これからこの高シリカCHA型膜は$2\theta=18$度のピーク強度が非常に大きいということがわかる。このピークは(1,1,1)面に相当し，特定面が配向していることが示唆される。緻密でない膜の場合には，このような特定面のピークが強くなるということが起こらず，特定面の配向成長がこの膜の構造の特徴であると考えられる。図2にこの膜の表面SEM写真を示した。なお，この膜のシリカアルミナ比はEDXの測定から17であった。

　この高シリカCHA型ゼオライト膜を用いて種々の浸透気化分離実験を行った結果を表1に示した。これからkinetic diameterが水よりも大きな有機物の脱水においては，高含水の系においても，高い透過係数，高い分離係数を示すことがわかる。またN-メチルピロリドン（NMP）や

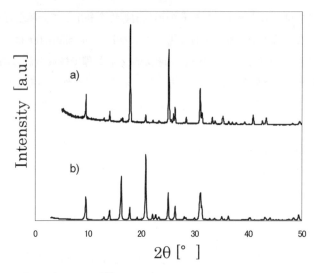

図1 a) ZEBREX™ ZX1, b) CHA powder の XRD パターン

図2 ZEBREX™ ZX1 の表面 SEM 写真

イソプロピルアルコール（IPA）の脱水において，有機酸や無機酸を加えて酸性にした場合についても，表1にあわせて示した。これから，酸を添加してもほとんど浸透気化性能は変化しないことがわかる。

この高シリカ CHA 型膜は ZEBREX™ として，溶媒脱水装置などで実用化されている。また日本酒の濃縮などの食品分野においては，KonKer™ という商標で用いられている。

5.1.2 高シリカ CHA 型ゼオライト膜の CO_2 分離特性

浸透気化特性の結果からこの CHA 型膜は欠陥の少ない緻密膜であることがわかる。そこで，ガス分離においても CHA 型特有の性能が得られることが期待される。CHA 型ゼオライトの細孔径の大きさは二酸化炭素や水素よりも大きく，メタンなどの炭化水素よりは小さいので，天然

第1章　二酸化炭素分離膜の実用プロセス

表1　ZEBREX™ ZX1 による種々の浸透気化分離結果

Separated materials from water	Acid	pH	Organic solvent in feed (wt%)	Temp.	Permeance Kw (mol/(m²·s·Pa))	α
AcOH	–	–	50 wt%	70℃	3.0×10^{-6}	1300
	–	–	50 wt%	80℃	2.5×10^{-6}	650
Acetone	–	–	50 wt%	40℃	3.8×10^{-6}	14600
IPA	–	–	70 wt%	70℃	3.3×10^{-6}	31000
THF	–	–	50 wt%	50℃	4.2×10^{-6}	3100
NMP	–	–	70 wt%	70℃	3.1×10^{-6}	23100
DMF	–	–	70 wt%	70℃	3.6×10^{-6}	4200
PhOH	–	–	90 wt%	75℃	2.9×10^{-6}	81400
NMP	–	6.2	70 wt%	70℃	3.1×10^{-6}	23100
	Oxalic acid 200 ppm	4.1	70 wt%	70℃	3.1×10^{-6}	23600
IPA	–	5.0	70 wt%	70℃	2.9×10^{-6}	23800
	HCl 800 ppm	1.9	70 wt%	70℃	2.9×10^{-6}	21600
IPA	–	5.0	70 wt%	70℃	3.3×10^{-6}	30200
	H_2SO_4 0.14 wt%	2.1	70 wt%	70℃	3.3×10^{-6}	28300

ガスからの二酸化炭素の分離や水素中の不純物炭化水素の除去などへの適用が期待される。

　高シリカCHA型ゼオライト膜と，CHA型の膜でテンプレートを用いずに合成したシリカアルミナ比が6の膜（Low silica CHA）について，種々のガスの透過性能を測定した。その結果を図3に示した。高シリカCHA型ゼオライト膜の二酸化炭素とメタンの理想分離係数（permeance比）は191であるのに対して，Low silica CHAの膜は1.4であった。同じCHA型の構造であるが，高シリカCHA膜が欠陥の少ない膜であるのに対して，Low silica CHAの膜は欠陥が多く，そのため大きな違いが生じたと考えられる。また，この高シリカCHA膜にCO_2/CH_4＝51/49の組成の混合ガスを透過させたところ，透過ガスの組成はCO_2/CH_4＝99.2/0.8となり，分離係数は119であった。混合ガスの状態での透過においても高い分離係数を示すことが確認された。さらに合成条件を調整することにより，高い分離係数を維持したまま，二酸化炭素のpermeanceでは2×10^{-6} mol m^{-2} s^{-1} Pa^{-1}以上の性能が得られている[2,3]。

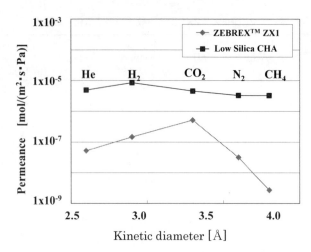

図3 ZEBREX™ ZX1 と Low silica CHA 膜のガス透過性能

今後は，実用化に向けて実際の条件下での実証テストを進めるとともに，大型化，モジュール化，低コスト化の検討も促進していく必要がある。また，CHA型以外の新規な高シリカ型のゼオライト膜の開発も進めていきたい。

文　　献

1) M. Sugita, T. Takewaki, K. Oshima, N. Fujita, US8376148
2) 藤田直子，武脇隆彦，大島一典，杉田美樹，宮城秀和，林幹夫，特許 5957828
3) 林幹夫，杉田美樹，武脇隆彦，特許 6107808

5.2 オールセラミック型膜エレメントによるゼオライト分離膜のガス分離応用

矢野和宏[*]

5.2.1 緒言

　地球温暖化防止のための取り組みは，これまで省エネルギーの促進による化石燃料使用量の削減や，さらに再生可能エネルギーを積極的に利用するエネルギー政策によって化石燃料由来のCO_2排出抑制が推進されてきた。世界の地球温暖化防止の枠組みにおいて課せられた日本の削減目標を達成するためには，これまでの延長線上に留まらず，積極的なCO_2排出抑制のための新たな制度設計や技術開発が強く求められている。最近のCO_2分離における分離膜の進歩は目覚ましく，大学・研究機関等による研究開発に加えて，企業による実際的な工業的に利用可能なものも製品化されている。当社では，分離膜の基材として全て無機材料から構成されたオールセラミック型膜エレメントを製品化し，これを適用した耐熱性・耐薬品性・耐圧性に優れたゼオライト膜の実用展開を進めており，本報ではガス分離プロセスに向けた応用例について述べる。

5.2.2 オールセラミック型膜エレメント

　ゼオライトは規則的な結晶細孔を有した化学物質であり，被分離物質の性状や共存物質などに対応して，最適な組成と結晶細孔のゼオライトを選択することによって用途に適した分離膜を構築することが可能である。ゼオライト膜は，基材として多孔質部位と緻密質部位からなる膜エレメントを用いており，多孔質部位の表面に分離機能を担うゼオライト層が成膜されている。当社で開発した膜エレメントの特徴は，多孔質部位と緻密質部位が全て無機材料から構成されたオールセラミックス型の構造にある。図1にオールセラミック型膜エレメントによるゼオライト膜の外観および構造を示す。すべて無機材料より構成することによって，物理的および化学的に優れた耐久性が得られ，高温・高圧等の環境下に対してもゼオライト膜が適用できるようになった。

5.2.3 ガス分離プロセスに向けた適用

　当社はオールセラミック型膜エレメントによるゼオライト分離膜を脱水分離プロセスで実用化を進めてきた。バイオエタノール精製プラントにおいて，国内最大規模（50 kL/day）の商用プラント（北海道十勝地区）に採用され，2009年の運転開始から2015年の6年間にわたって，燃料用無水エタノール規格（99.6 vol%）を十分に満足する99.8 vol%以上の高品質の無水エタノールを安定して連続的に製造した[1]。また，石油化学分野では，イソプロピルアルコール精製プラントの実ガスを用いた世界初となる膜脱水技術の実用化試験において，計画目標値を大きく上回る分離係数1,000以上を維持した連続運転を達成している[2]。このような実機プラントの運転を

---

[*] Kazuhiro Yano　日立造船㈱　機能性材料事業推進室　分離膜グループ　主管技師

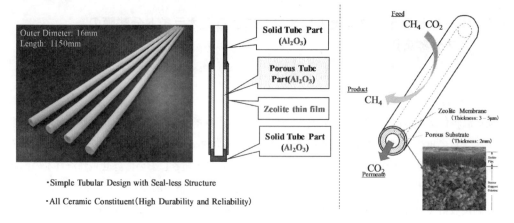

図1 Zeolite Membrane with all-in-one Design Ceramic Element

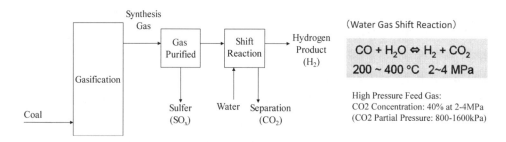

図2 Coal Gasification Hydrogen Production Process

通じて，当社ゼオライト膜の工業的な実用性が実証されている。現在では，このような実用環境における運転実績に基づいてガス分離系へ技術展開を行い，CO_2ガスを選択的に透過分離させるゼオライト膜を製品化している。

(1) 石炭ガス化水素製造プロセスにおける CO_2 ガス分離

　実システムに対するゼオライト膜の適用可能性については，例えばIGCCや水素製造などで使われるガス化（改質）プロセスからCO_2を分離回収する用途が期待されている。図2に示すように，石炭ガス化水素製造プロセスにおいて分離膜を使ってCO_2を分離するメリットは，高温・高圧状態で比較的に濃度の高いCO_2ガスが供給ガスとなるために，膜分離に要する駆動力として，供給ガスの高温・高圧エネルギーを容易に利用することができ，分離コストが大幅に低減できることにある。

　NaY型ゼオライト膜は，CO_2/H_2分離における利用が試行されており，CO_2の優先的な吸着作用を利用し，CO_2がゼオライト結晶細孔内を占有することによって，結果的にCO_2よりも分子径の小さなH_2がゼオライト細孔内へ進入することを抑制してCO_2の選択分離性を高めている[3]。図3に，NaY型ゼオライト膜によるCO_2/H_2分離特性を示す。ここでCO_2回収率は，供給CO_2

第1章　二酸化炭素分離膜の実用プロセス

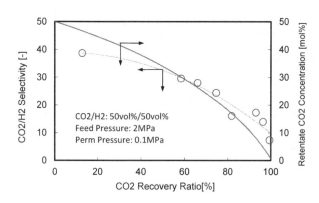

図3　Performance of NaY-type Zeolite Membrane

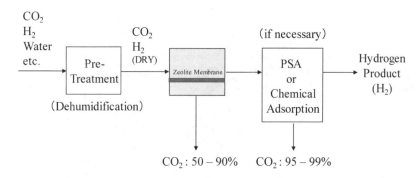

図4　Example of CO_2 Purification Process

に対して分離膜を透過した CO_2 の比率である。CO_2 回収率が高くなり CO_2 分離が進むほど，非透過側の CO_2 濃度は低くなる。この非透過側の CO_2 濃度低下はゼオライト膜に対する CO_2 の吸着作用の低下を導くため，CO_2 に対する分離選択性（CO_2/H_2 透過度比）を減じる要因となる。したがって，CO_2 濃度および CO_2 回収率による CO_2 分離性能の変化に基づいた図4に示すような運転条件や膜分離システムの最適化が必要である。

(2)　バイオガス精製システムにおける CO_2 ガス分離

当社は CO_2/CH_4 分離において高い透過性能と分離性能を発揮する CHA 型ゼオライト膜を製品化した。表1に，CHA 型ゼオライト膜による性能特性を示す[4]。CO_2/CH_4 分離における CHA 型ゼオライト膜の性能は，図5に示すように透過性能，分離性能ともに既存技術である高分子膜の性能限界を大きく上回るものとなっており，膜分離装置として今までとは異なる付加価値を膜ユーザーに提供できる可能性がある。高い透過性能と高い分離性能を実現する CHA 型ゼオライト膜を用いることにより，バイオガスより CO_2 を分離して CH_4 を濃縮する際に，図6のように小規模な膜分離装置を用いても十分に高い CH_4 回収率と CH_4 精製濃度が両立できるようになった。

さらに，CHA 型ゼオライト膜は，耐酸性を要求される酸性有機溶媒の脱水分離においても安定した膜性能を示しており，酸性雰囲気の供給条件に対して高い耐久性を発揮することが期待で

表1 Performance of CHA-type Zeolite Membrane

CO_2/CH_4 mixture (CH_4: vol%)	Si/Al Ratio	CO_2 Permeance $mol\,m^{-2}\,s^{-1}\,Pa^{-1}$	Selectivity –
CO_2 (50)	10	4.4×10^{-7}	170
CO_2 (50)	25	1.2×10^{-6}	180
organic/water mixture (water: wt%)	Si/Al Ratio	Flux $kg\,m^{-2}\,h^{-1}$	Separation Factor –
Acetic Acid (30)	25	5.8	383
Acetic Acid (30)	50	9.9	155

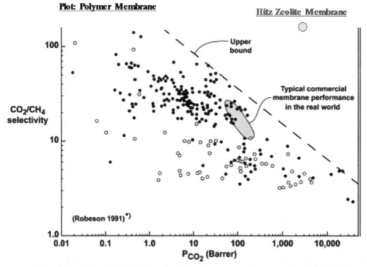

図5 Comparison of Zeolite Membrane and Polymer Membrane

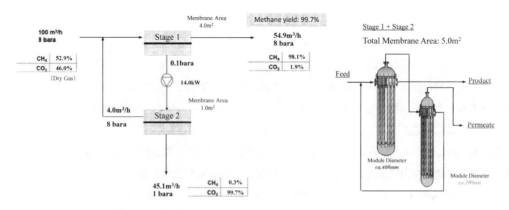

図6 Zeolite Membrane Unit for Biogas Purification System

第1章　二酸化炭素分離膜の実用プロセス

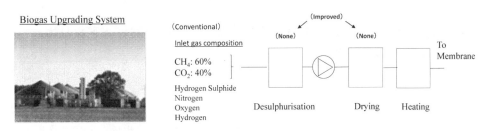

図7　Pre-Treatment Unit for Biogas Purification System

きる[5]。バイオガス精製システムにおいて，既存プロセスは図7のようにCO_2分離の前処理段階として，H_2S除去設備および除湿設備を必要としている。CHA型ゼオライト膜は，耐酸性の高さに加えてH_2O成分に対するCO_2透過性への影響が小さい特徴を有しており，既存技術に比較してバイオガス精製システムの前処理条件を大幅に軽減することが期待されている。CHA型ゼオライト膜の適用は，バイオガス精製システムにおける経済性の向上（設備費および運転費の低減）につながるものと考えられる。

5.2.4　結言

近年では，経済・産業活動における様々な過程から排出されるCO_2を能動的に分離し，そのCO_2を貯留・固定することにより大気への放出を防止する，あるいは化学工学的なプロセスで原材料や燃料に変換することによりCO_2を有効利用し，化石燃料由来のCO_2発生を抑制するという，新たな取り組みが求められるようになってきた[6]。この際に必須となるのがCO_2分離に対する経済性評価であり，処理プロセスの効率化は必須の課題である。特に，膜分離法は大幅な省エネルギーを達成可能な有力な技術であり，この中でもゼオライト膜は無機材質の特徴を活用して今後幅広い分野で利用されることが期待される。当社では，CO_2ガス分離を中心にゼオライト膜の有効性を最大限に利用して，燃料精製プロセスや基礎化学製品プロセスなどへの応用展開を進めていく所存である。

文　献

1) 相澤正信ほか，日立造船技報，**72**(1)，39 (2011)
2) NEDOニュースリリース (2013.6.24)
3) 藤田優ほか，日立造船技報，**74**(2)，12 (2013)
4) 今坂怜史ほか，化学工学第80年会要旨集 (2015)
5) Y. Hasegawa *et al.*, *J. Membrane Sci.*, **415-416**, 368-374 (2012)
6) 松方正彦，化学工学会第49回秋季大会要旨集 (2017)

5.3 CO$_2$分離回収コストの大幅低減を実現可能な革新的ピュアシリカゼオライト膜の開発

余語克則[*]

5.3.1 はじめに

わが国ではパリ協定において 2030 年度に国内の温室効果ガスの排出量を 2013 年度比 26 ％削減という数値目標をかかげているが，これを達成するためには化石燃料の転換や省エネルギーのみならず，化石燃料使用時に排出される CO$_2$ の分離回収・貯留（Carbon Dioxide Capture and Storage：CCS）が不可欠である。しかし現行技術では分離回収に多大のエネルギーを消費するため，消費エネルギーが小さく低コストの革新的な CO$_2$ 分離回収技術の開発が必要である。

近年，天然ガスやバイオガス等のエネルギー資源から不純物である CO$_2$ を除去する手法として，膜分離法が注目されている。天然ガスやバイオガス等からの CO$_2$ 膜分離においては，飽和量の水分および硫化水素等の不純物成分が含まれていることから，そのような環境下でも分離性能を発揮する（耐環境性に優れる）分離膜が求められる。しかしながら，ポリイミド等の高分子膜では，吸水による膨潤や CO$_2$・H$_2$S による可塑化が生じ，分離性能が低下することが問題となっている。また，促進輸送膜では，水蒸気共存下でも分離性能を発揮できるものの，加湿装置によって一定湿度を保つ必要があることから，エネルギー消費量の増加と装置の大型化が問題となる。

一方，高分子膜よりも高い CO$_2$ 透過速度と耐久性を発揮する膜素材として，無機のゼオライト膜の利用が注目されている。すでに，エンジニアリング各社が，ゼオライト膜を用いた CO$_2$ 分離の実用化検討に着手している。しかしながら，従来型のゼオライト膜は，CO$_2$ 透過速度が小さい，もしくは水蒸気の吸着によって細孔が閉塞するため，除湿装置との組み合わせが必要になり，エネルギー消費量の増加と装置の大型化が問題となる。したがって，耐水蒸気性と CO$_2$ 高速透過を両立できるゼオライト膜を開発することができれば，除湿装置が不要となるとともに装置の小型化・運転コストの低減が実現できるため，CO$_2$ 分離回収コストの大幅低減が期待できる。

これらの課題を解決する方法として，筆者らはゼオライト骨格のピュアシリカ化を検討してきた。ピュアシリカゼオライト膜は疎水性とガス分子の拡散性に優れ，水蒸気共存下においても目的成分の吸着および細孔内拡散を実現できると期待できる。本稿では新規なピュアシリカゼオライト膜開発と CO$_2$ 分離への取り組みについて紹介する。

---

[*] Katsunori Yogo （公財）地球環境産業技術研究機構
化学研究グループ／無機膜研究センター　副主席研究員；
奈良先端科学技術大学院大学　客員教授

5.3.2 CO₂分離材料としてのピュアシリカゼオライト

骨格中に Al を全く含まないピュアシリカのゼオライトは高い疎水性を有し，耐熱・耐酸性に優れている。また，細孔内に電荷のバランスを補うための交換カチオンが存在しないため，Al を含む同型のゼオライトより吸着力は低下するものの，細孔容積が大きくなり，ガスの拡散性や吸着量という観点では有利である（図1）。そのため，CO_2 濃度が高いガスに適用すれば脱水操作を必要とせず低コスト・低消費エネルギーでの CO_2 分離が可能であると考えられる。

ピュアシリカゼオライトとして 0.51×0.55 nm および 0.53×0.56 nm の細孔を有するシリカライト（MFI）および 0.36×0.44 nm の細孔を有する Si-DDR が知られているが，混合ガスから CO_2 を選択的に分離するためには，CO_2 の分子サイズ（0.33 nm）に近い細孔径を持つ酸素8員環を有するゼオライトが有効であると考えられる。Si-DDR 型ゼオライト膜を用いた混合ガス透過試験では CO_2/CH_4 分離選択性が 100〜3,000 と非常に高い分離係数が報告されており[1,2]，バイオガスや天然ガスなどからの CO_2 分離に適用できる可能性がある。しかし，Si-DDR の結晶構造は2次元細孔で細孔容積が小さく，ガス透過速度という観点では不利である。

一方，LTA 型ゼオライトや CHA 型ゼオライトはケージのある3次元細孔構造で，それぞれ，0.41×0.41 nm，0.38×0.38 nm の細孔を有し，骨格密度が小さいため，比表面積と細孔容積が大きく，高い CO_2 吸着容量を持つことが知られている[3,4]。CHA 型ゼオライトは天然に存在する Chabazite をはじめハイシリカの SSZ-13，AlPO-34，SAPO-34，GAPO-34 および Si-CHA など様々な研究が行われている。中でもリン酸塩系の SAPO-34 に関しては多くの報告例があり，Noble らは SAPO-34 膜に関して，253 K で CO_2/H_2 の選択率が 100 以上，CO_2 透過度 3.0×10^{-8} mol m^{-2} s^{-1} Pa^{-1}，297 K で CO_2/CH_4 の選択率が 67，透過度 1.6×10^{-7} mol m^{-2} s^{-1} Pa^{-1} の高い性能を報告している[5,6]。Si-CHA（ピュアシリカ CHA 型ゼオライト）は 1998 年に Camblor らによって合成された[7]。しかし，その合成法は他のゼオライトと比較して水分量が少ないことが特

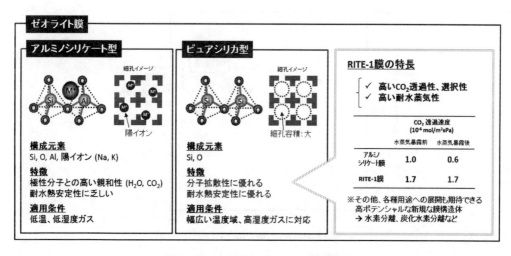

図1 ピュアシリカゼオライト膜の特長

徴であるため，ほぼ粉末の原料組成を均一に保つことは容易ではなく再現良い合成が困難である。また，同じ構造規定剤で，わずかに異なる組成からSi-STT（ピュアシリカSTT型ゼオライト）が生成する[8]。これらのゼオライトに関してはこれまで膜化を含め応用検討例がほとんどなかった。筆者らは，これまでにSi-CHAおよびSi-STT型ピュアシリカゼオライトの合成および薄膜化を検討し，簡便かつ再現性の良い合成手法，薄膜化技術の確立に成功している[9,10]。

5.3.3 ピュアシリカCHA型ゼオライト膜の開発とCO₂分離性能

アルミノシリケートのゼオライト膜はこれまでに30種類以上の構造体が報告されているものの，ピュアシリカゼオライト膜についてはMFI，DDRに加えて最近LTAの膜化が報告されている程度である。我々は，これまでに報告例のなかった2種のピュアシリカゼオライトの分離膜化に成功している（Si-CHA膜（RITE-1膜）およびSi-STT膜（RITE-2膜），特許出願中）。これまでに検討を重ねた結果，①3次元構造，②高い細孔容積，③酸素8員環細孔，を有するSi-CHAゼオライト膜は，耐水蒸気性とCO₂高速透過を両立できることを見出した。

図2に示すように，特にSi-CHA膜におけるCO₂/CH₄分離性能は，CO₂透過速度：4.0×10^{-6} mol/m²s Pa以上かつCO₂/CH₄透過速度比：100を上回り，先行の各種ゼオライト膜よりも優れた分離性能を示している[11,12]。また，水蒸気に曝露しても透過性能に変化はなく，耐水蒸気性を有することから，より実用に適した膜構造であると考えられる（図1）。CO₂分離以外にも，水素分離膜としての有用性も確認している。最近の検討では，軽質炭化水素の分離にも有効であることがわかってきた。Si-CHAにおけるC₃H₆とC₃H₈の拡散係数比は約5,000倍であり，これらの分離が可能であることを見出している[13]。以上，筆者らが新規開発したSi-CHA膜は，CO₂分離用途以外にも，様々な分離用途に対して高い潜在能力を有する。

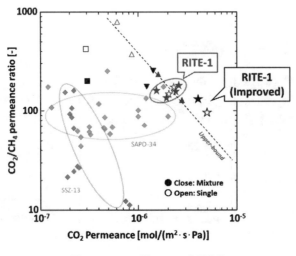

図2　Si-CHA膜のCO₂分離性能

第1章　二酸化炭素分離膜の実用プロセス

5.3.4　実用化のイメージ・インパクト

現在，実用化を見据えた長尺化・モジュール化ならびにそれらの膜を用いた分離プロセスを検討しているが，今後，実用化技術開発，実証検討を通じた実用化を目指している。膜分離は分離技術の中でも省エネルギー・低コストと言われているものの，除湿装置等との組み合わせが必要になり，結局，動力および運転コストが追加される場合がある。特に，CO_2 分離用途においては水分が共存するケースが多く，一般的なアルミノシリケートゼオライト膜では除湿装置が必須となり，多大な運転コストが必要になる。耐水蒸気性と CO_2 高速透過を両立したピュアシリカゼオライト膜では，除湿装置を必要とせずに CO_2 分離が可能になり，装置サイズや運転コストも削減できることから，天然ガスの精製において，低コスト CO_2 分離回収を実現できると考えている（図3(a)）。

また現在，バイオガスから CO_2 を除去する手法として，主に吸着分離方式あるいは吸収分離方式が用いられているが，消費エネルギー削減の観点から，膜分離方式に注目が集まっており，

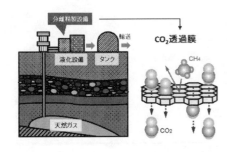

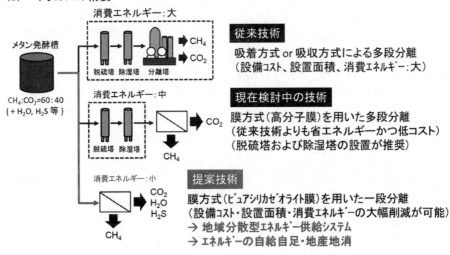

図3　ピュアシリカゼオライト膜の適用例

その導入件数は増加傾向にある。国際エネルギー機関（IEA）に属する国際組織「IEA Bioenergy」がまとめた報告書（TASK37 Country Report Summary 2015）では，普及しているバイオガス精製装置のうち，膜分離方式は全体の約20％（2005年時点では5％未満）を占めると記載されており，近年急速に普及しつつある。膜分離方式においては，適用する分離膜の構造を最適化することによって，さらに消費エネルギーを削減できる見込みがある。また，装置サイズ低減および低コスト化が可能になれば，都市圏・臨海工業地域のみならず，地方都市での装置普及に繋がる。特に，バイオガス分離用途においては，エネルギーの自給自足・地消地産が実現でき，地域分散型のエネルギー供給システムを構築できる（図3(b)）。ここで，国内のバイオガス発生量は合計で485,410万 Nm^3 と試算されている。これをメタン発酵・コジェネレーションを利用した場合，CO_2削減ポテンシャルは554～839万 t-$_{CO2}$ となる。さらに，回収した CO_2 の有効利用が可能な場合，380万 t-$_{CO2}$ の削減効果が期待できる。

文　　献

1) J. van den Bergh et al., *J. Membr. Sci.*, **316**, 35 (2008)
2) T. Tomita et al., *Micropor. Mesopor. Mater.*, **68**, 71 (2004)
3) M. A. Camblor et al., *Topics Catal.*, **9**, 59 (1999)
4) A. Corma et al., *Nature*, **431**, 287 (2004)
5) M. Hong et al., *J. Membr. Sci.*, **307**, 277 (2008)
6) S. Li et al., *J. Membr. Sci.*, **241**, 121 (2004)
7) M. J. Diaz-Cabanas et al., *Chem. Commun.*, 1881 (1998)
8) M. A. Camblor et al., *Angew. Chem. Int. Ed.*, **37**, 2122 (1998)
9) M. Miyamoto et al., *Micropor. Mesopor. Mater.*, **206**, 67 (2015)
10) M. Miyamoto et al., *J. Mater. Chem.*, **22**, 20186 (2012)
11) K. Kida et al., *J. Membr. Sci.*, **522**, 363 (2017)
12) K. Kida et al., *Chem. Lett.*, **46**, 1724 (2017)
13) 化学工学会 第49回秋季大会

5.4 DDR型ゼオライト膜を用いた天然ガス精製プロセス

藤村　靖*

5.4.1 DDR型ゼオライト膜の構造と特徴

近年，ゼオライト膜の分子ふるい機能に着目したガス分離プロセスへの適用が注目されている。DDR, CHA, LTA, AEIなどの8員環ゼオライトは，水素やヘリウム，CO_2, O_2, N_2および軽質炭化水素など，工業的に重要なガス分子の動的分子径に近い0.3〜0.5 nm程度の細孔を有することから，これらのガスの分離材料として有望視されている。その中でも，図1に示すDDR型ゼオライトの0.36 nm×0.44 nmの楕円型細孔は，メタンに代表される天然ガスからCO_2を選択的に分離するには理想的な大きさを有している。

図2に示すように，DDR型ゼオライト膜のCO_2透過速度はその他のガス分子に比べて著しく高く，優れたCO_2分離特性を有している[1]。DDR型ゼオライト膜のCO_2透過係数が水素やヘリウムと比較して高いのは，CO_2がDDR型ゼオライト膜に対して強く吸着するためであると理解されている。さらに，DDR型ゼオライトは，アルミニウムを含まないオールシリカ素材にできるため，水熱環境下でも安定である。これらの優れた特徴から，DDR型ゼオライト膜は天然ガスを始めとするCO_2含有ガス資源の精製プロセスへの適用が期待されている。

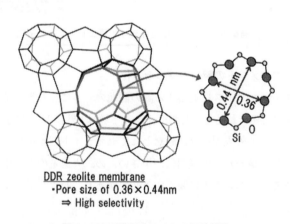

図1　DDR型ゼオライトの細孔構造

---

*　Yasushi Fujimura　日揮㈱　インフラ統括本部　技術イノベーションセンター　技術研究所　所長

二酸化炭素・水素分離膜の開発と応用

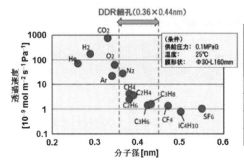

図2　DDR型ゼオライト膜のガス透過係数とガス分離特性[1]

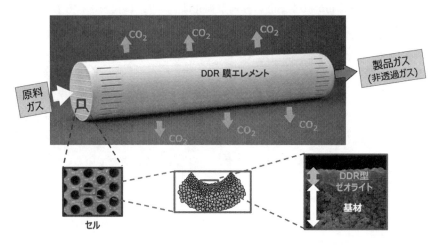

図3　商業規模のDDR型ゼオライト膜エレメントの外観

5.4.2　大面積分離膜エレメントの製造とプロセス化

　ゼオライト膜をガス分離プロセスに適用する際の課題の一つに，ゼオライト膜の大面積化が挙げられる。これまで脱水用途で製品化されたゼオライト膜は，外径10〜20 mmの管状のセラミック多孔体を支持体とし，その外表面に機能膜層としてゼオライト薄膜を形成している。しかし，このような管状膜は単位体積当たりの膜面積が小さいため，大流量のガス処理を行うには，多数本の分離膜エレメントをハウジング内に装着する必要があり，ハウジングサイズの増大と構造の複雑化が課題となる。

　これに対して，日本ガイシ㈱は，水処理用のろ過膜として円柱状のモノリス型多孔質アルミナを商業化した実績があり，このろ過膜製造技術をベースに大面積ガス分離膜の基材を開発した。さらにその基材の内表面にDDR型ゼオライト薄膜を均一に塗布する技術を確立し，図3に示す外径180 mm×長さ1,000 mmの商業サイズの大型膜へのスケールアップに成功した。この大型DDR型ゼオライト膜の表面積は12 m²にも達し，現在のところガス処理向けのゼオライト膜エレメントとしては世界最大の膜面積を有している。また，天然ガス処理で求められるような，高

第1章　二酸化炭素分離膜の実用プロセス

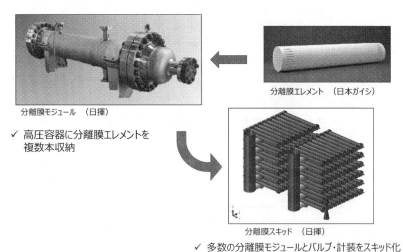

図4　商業規模のDDR型ゼオライト膜モジュールと膜スキッド

差圧での使用にも耐えられる強度を有している。

　分離膜エレメントは，セルと呼ばれる内径2mm程度の多数の穴が長手方向に貫通した構造となっており，その内表面にDDR型ゼオライトが成膜されている。原料ガスは分離膜エレメントの端面から供給され，セルを通過する過程で透過したCO_2は，多孔質の基材を通じて円筒状のエレメント外表面から放出される。基材の内部構造にはCO_2の移動の抵抗を減らすための工夫が施されている。CO_2が分離された製品ガスは，エレメントの反対側の端面から排出される。

　現在，日揮㈱は日本ガイシ㈱とともに，DDR型ゼオライト膜の商業適用に向けた共同開発を遂行中である。日本ガイシはDDR型ゼオライト膜のさらなる性能改善と生産技術の確立を目指し，日揮はエンジニアリング企業として大型ゼオライト膜エレメントを用いたモジュール化とこれを組み込んだ商業プロセスの構築を担当している。図4に示すように，商業装置では1つの分離膜モジュールに複数の分離膜エレメントを装着し，複数の分離膜モジュールをスキッド化することで，製作のコストダウンや現地工事の削減を図っている。

5.4.3　DDR型ゼオライト膜の天然ガス精製プロセスへの適用

　天然ガス精製におけるCO_2分離は，液化天然ガス（LNG）の製造工程やパイプラインガスに求められる製品純度を満たすために不可欠なプロセスである。LNGではCO_2を50ppm以下，パイプラインガスでは2～3％以下まで除去する必要があり，一般的にそれらの精製工程にはアミン溶剤を用いた化学吸収法が採用されている。ところが，天然ガス中のCO_2濃度が15～20％を超える場合には，化学吸収法ではアミン溶剤の再生に要するエネルギーが大きく経済性が低下するため，より省エネルギーな膜分離法の導入が進んでいる。要求される製品純度に応じて，膜分離法単独，あるいは膜分離法と化学吸収法との複合プロセス（図5）が採用されている。ただ

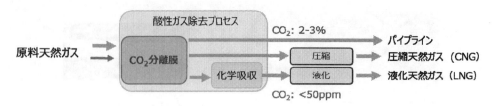

図5 CO$_2$分離膜を活用する天然ガス精製プロセス

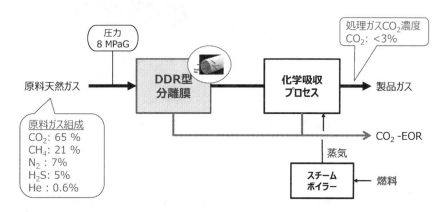

図6 DDR型ゼオライト膜を用いた天然ガス精製プロセスの例

し，現在実用化されている高分子膜は，高濃度CO$_2$環境下では高分子が可塑化し，膜分離性能が不可逆的に低下する懸念がある。また，CO$_2$とメタンの分離係数 α（CO$_2$/CH$_4$）も20程度と低く，CO$_2$除去の過程でメタンも少なからず透過するため，製品であるメタンのロスが大きくなり経済性が低下する点も課題である。

これに対して，DDR型ゼオライト膜はCO$_2$による分離性能劣化の恐れがないことから，高濃度CO$_2$環境下でも安定に使用することができる。さらに，優れたCO$_2$/CH$_4$分離係数を有するため，メタンロスも大幅に低減することが可能である。

5.4.4 DDR型ゼオライト膜の天然ガス精製プロセスへの適用検討例[2]

DDR型ゼオライト膜を用いた天然ガス精製プロセスの検討例として，CO$_2$濃度65%の高濃度CO$_2$天然ガスからパイプライン仕様の製品ガスの製造を想定し，DDR型ゼオライト膜と化学吸収プロセスを組み合わせた処理プロセス（図6）と，化学吸収プロセス単独の比較例を述べる。

DDR型ゼオライト膜はCO$_2$/CH$_4$の選択性が高いことから，分離膜1段のシステムで処理ガス中のCO$_2$濃度を15%程度まで低減すると同時に，透過ガスのCO$_2$濃度を99%以上と高く維持できる点に特徴がある。これにより，透過したCO$_2$とともにロスするCH$_4$量を2.8%と非常に低く抑えることが可能となる（表1）。高分子膜で同程度の処理ガスCO$_2$濃度とCH$_4$ロスを達成するためには，リサイクルを含む分離膜2段の複雑なシステムとする必要があり，DDR型ゼオラ

第1章　二酸化炭素分離膜の実用プロセス

表1　DDR型ゼオライト膜を用いた天然ガス精製プロセスの消費エネルギー比較

ケース		化学吸収単独ケース	DDR分離膜＋化学吸収ケース
DDR型分離膜	透過ガス中のCO_2濃度	−	99％
	透過による炭化水素ロス	−	2.8％
化学吸収	熱源としての消費される炭化水素の割合	＞100％	約10％

イト膜を用いることでプロセスの簡素化が可能となる。

　また，表1に，化学吸収単独のケースと，DDR型ゼオライト分離膜＋化学吸収の組み合わせプロセスにおける消費エネルギーの比較を示す。化学吸収単独のケースでは，CO_2の吸収・放散で必要なエネルギーが生産される天然ガスの持つエネルギーよりも大きくなり，成立しない。一方で，DDR型ゼオライト分離膜を組み合わせたケースでは，化学吸収プロセスで必要なエネルギーは，生産される天然ガスの持つエネルギーの約10％まで低減することができ，実用可能なプロセス構成となる。このように，高濃度CO_2を含む天然ガス処理において，DDR型ゼオライト膜プロセスを適用する効果は非常に大きい。

5.4.5　DDR型ゼオライト膜分離プロセスの開発状況

　商業向けの大面積DDR型ゼオライト膜エレメントは，現在，量産試作の段階にある。日揮と日本ガイシでは，天然ガス処理プラントへの早期の商業適用に向けて，実際の天然ガスを用いた小型分離膜による試験評価を進めるとともに，商業サイズの大型膜を用いた実証試験に向けて各種検討を進めている。

文　　献

1) 谷島健二ほか，ゼオライト，**31**(4), 125 (2014)
2) H. Hasegawa *et al.*, Process design of natural gas treatment using DDR-type zeolite membrane, Presentation at the 2016 North American Membrane Society Meeting, Bellevue, WA, USA., May 21-25, 2016

第2章　水素分離膜の実用プロセス

1　水素分離プロセスにおけるパラジウム基水素分離膜

甲斐慎二*

1.1　はじめに

　パラジウムおよびパラジウム合金は，水素に対して非常に高い反応性や選択透過性を持つことが古くから知られている[1]。パラジウムの水素透過が発見されて以降，長年にわたってその特性を生かした水素の分離・精製に関する技術開発が進められてきた。

　本稿では，これまでに実用的に使用されてきた自立型のパラジウム基水素分離膜について紹介する。

1.2　パラジウム基水素分離膜を用いた水素高純度化技術

　パラジウム基水素分離膜を利用した水素ガス透過過程の模式図を図1に示す。金属膜による膜分離法で得られる水素透過の流束は，金属膜中の水素溶解度がSieverts則に従う仮定の下で，次式で示される。

$$J = \frac{\phi}{l}\left(\sqrt{P_f} - \sqrt{P_p}\right)$$

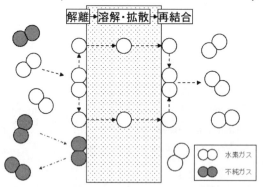

図1　パラジウム基水素分離膜における水素ガス透過過程の模式図

＊　Shinji Kai　田中貴金属工業㈱　新事業カンパニー　技術開発統括部　金属材料開発部　主任技術員

第2章 水素分離膜の実用プロセス

ここで J は水素透過流束，ϕ は材質固有で温度に依存する水素透過係数，l は膜厚，P_f と P_p はそれぞれ原料ガス側と精製ガス側の水素分圧である。

原料ガス側において，パラジウム基水素分離膜表面に吸着した水素分子がパラジウムの触媒作用により水素原子に解離し，膜内部へ溶解する。溶解した水素原子は，結晶格子間を拡散し精製側の膜表面で再結合し水素分子となる。したがって，適当な温度と水素分圧差を与えれば，継続的に水素ガスを得ることができる。原料ガス中の水素分子以外の成分はこのような反応を示さないため，膜および精製装置に欠陥がなければ，水素の高純度化を容易に行うことができる。

1.3 水素分離膜に使用されるパラジウム基合金

パラジウムは，水素の溶解・放出を繰り返した時に体積変化による変形[1]が生じてしまうことが知られている。パラジウム単金属をプロセスへ適応した場合，体積変化による膜破壊が容易に生じてしまうため，実際に使用されることは非常に少ない。この水素溶解と放出による変形を緩和するために様々な合金が開発されている。その一例を図2に示す。図2に示したパラジウム基合金種の中で実用プロセスに使用されている主な合金種は，パラジウム-銀合金およびパラジウム-銅合金である。

パラジウム-銀合金は，パラジウムよりも高い水素透過係数を有しており，主として Pd-23 wt.%Ag や Pd-25 wt.%Ag が使用されている。パラジウムほどではないが，パラジウム-銀合金も比較的高い水素溶解度を持つことが知られている[1]。図3に冷却時におけるパラジウム-銀合金の線膨張係数変化を示す。水素雰囲気下では，低温になるにつれて線膨張係数が増加するこ

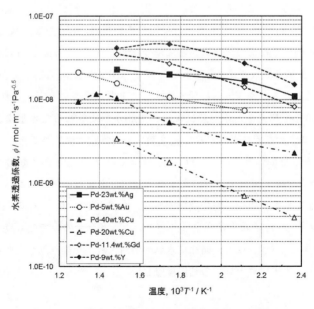

図2 パラジウム基合金の水素透過係数と温度の関係

二酸化炭素・水素分離膜の開発と応用

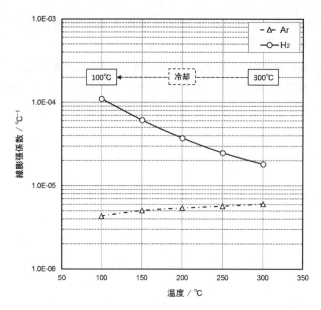

図3　冷却時におけるパラジウム-銀合金の線膨張係数変化（大気圧下）

とが分かる。この増加は，水素溶解に伴う膨張と考えられる。プロセスの運転条件によっては，水素の溶解・放出による膜の破壊が生じる可能性があるため，装置設計の際に注意が必要である。

　パラジウム-銅合金は，他の合金種より水素透過係数は劣るが，他のパラジウム合金と比較して材料強度が高い。パラジウム-銅合金の中で水素透過係数が高いPd-40 wt.%Cuが，主に使用されている。Pd-40 wt.%Cuは，水素拡散係数の高い規則化合金状態（B2構造）を利用するため，水素溶解度が低く，水素の溶解による体積変化が非常に小さい。図4に冷却時におけるパラジウム-銅合金の線膨張係数変化を示す。アルゴン雰囲気と水素雰囲気の値を比較すると，ほぼ同等の値であることから，水素溶解に伴う膨張は，非常に小さいと考えられる。ただし，図2に示したように450℃を超えると相変態により高温相が形成されるため水素透過係数が減少する。実用上，450℃以上の高温に曝されない温度制御や装置設計が必要である。

　上記のパラジウム基合金以外にパラジウム-金合金やパラジウム-希土類合金も開発されている。パラジウム-金合金は，硫黄化合物のような腐食成分を含む原料ガスから水素を分離する用途で開発された合金である。現在，開発段階であり，今後実用プロセスへの利用が期待される合金である。また，パラジウム-希土類合金は，パラジウム基合金の中で最も高い水素透過係数を有する。しかしながら，パラジウムと同様に水素の溶解・放出を繰り返した時に体積変化による変形が生じてしまい，実用プロセスへの利用は難しい。

第2章 水素分離膜の実用プロセス

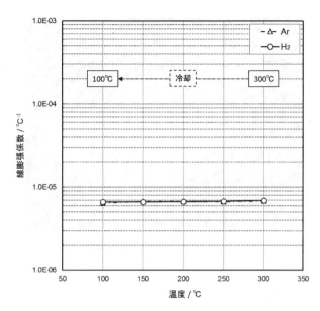

図4 冷却時におけるパラジウム-銅合金の線膨張係数の変化（大気圧下）

1.4 実用プロセスへの応用

　前述した合金種は，様々な形状に加工され，水素分離装置等へ組み込まれる。実際に使用される形状は，管および箔である。管形状は，主に半導体工業等の超高純度水素ガス精製装置に使用されており，箔形状は，主にメタノール水型非常用バックアップ電源システム等に使用されている[2]。いずれの形状においても膜厚を薄くすることが，精製ガス流量の向上になり，分離装置の小型化に繋がる。特に貴金属を含有する水素分離膜の場合，薄膜化により使用する貴金属量が低減できるため，貴金属のデメリットであるイニシャルコストが低減できる。

　薄膜を形成する方法として，スパッタリング法やめっき法，圧延法などがある。スパッタリング法やめっき法は，薄膜の形成方法として非常に有効な手段であり，様々な機関で研究開発が行われている。基板と一体で使用する場合は，基板と膜との反応や基板のガス透過性の検討が必要となる。

　圧延法は，溶解法によりインゴットから作製するため，他の成膜方法と比較して合金成分の制御が容易である。また，塑性加工により引き延ばして箔を形成するため，自立した緻密膜を形成し易い。現在，実用的に使用されている膜の厚さは，15〜20 μm である。当社では，主に図5に示した箔形状の水素分離膜に注力しており，薄膜化手法として圧延法を用いた開発を行っている[3]。これまでの開発の結果，15 μm を下回る薄膜化を行うと極端にピンホールが増加することが判明している。このピンホールの主な原因は，図6に示す酸化物パーティクルである。15 μm 以下の水素分離膜を安定的に製造するためには，パーティクルの制御や管理が必要となる。また，

図5 パラジウム基合金圧延箔

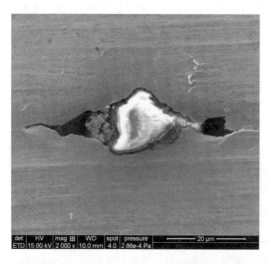

図6 パラジウム基合金圧延箔のピンホール主原因（酸化物パーティクル）

10 μm 以下の板厚に圧延加工した場合，ハンドリングが極端に難しくなるため，圧延加工以外の技術開発も必要である。

第2章　水素分離膜の実用プロセス

1.5　まとめ

　本稿では，水素分離膜として実用プロセスに使用されるパラジウム基合金について紹介した。今後，パラジウム基合金が実用プロセスでより多く使用されるためには，イニシャルコスト低減や信頼性向上が求められる。貴金属材料の素材メーカーとして，パラジウム基合金水素分離膜の開発を継続し，水素利用分野へ貢献していきたい。

文　　　献

1)　本郷成人ほか，貴金属の科学　応用編　改訂版，p.308，田中貴金属工業 (2001)
2)　D. Edlund, Methanol Fuel Cell Systems, p.83, Pan Stanford Publishing (2011)
3)　嶋邦弘，燃料電池，1(4), 90 (2010)

2 ゼオライト膜を用いるプロセス

余語克則*

2.1 はじめに

 エネルギー資源の乏しい日本にとっては，低炭素社会を創り安定したエネルギー供給を推進することが重要である。メチルシクロヘキサン（MCH）などのケミカルハイドライドは水素エネルギーキャリアとして期待されている。海外にて太陽光や風力などの再生可能エネルギーを使用してトルエンを水素化して製造したMCHを輸送して国内で接触脱水素反応により以下のように水素精製することが検討されている。

$$\text{メチルシクロヘキサン} \rightarrow \text{トルエン} + 3H_2 \quad (\Delta H = 205 \text{ kJ/mol})$$

 この水素化-脱水素反応が高い水素密度および可逆性を示すため，提案された水素供給チェーンが大きな関心を集めている。しかしながら，このシステムの構築にはいくつかの技術的課題があり，特に脱水素工程での効率的な水素精製技術の開発が重要である。これらの水素精製プロセスには水素選択透過膜を適用することができる。膜技術を用いた連続分離は他の分離プロセスと比較してエネルギーの低減が可能であり，本方法に対して良好な性能を有するいくつかの膜が報告されている[1,2]が，本稿ではゼオライト膜の適用可能性について述べる。

2.2 水素精製システムへのゼオライト膜の適用

 水素分離膜を用いた精製プロセスとして2つの方法が考えられる（図1）。第1の方法は，水素透過とメチルシクロヘキサン脱水素反応が同時に起こる膜反応器による一段分離精製である。このシステムは，反応速度が支配的になるまで平衡がシフトし，転化率が増加するため，より低い反応温度で高い水素生成効率を可能にする。この反応の温度範囲では，シリカまたは有機シリカ膜が検討されており，これまでにH_2/トルエンの選択率が1,000以上で，H_2透過度が1×10^{-6} (mol/m^2 s Pa) を超える分離性能が報告されている[3,4]。

 もう1つの方法として，メチルシクロヘキサン脱水素反応後に冷却してガスと液体を粗分離し，飽和トルエン蒸気を含む水素ガスから水素を分離する2段階精製が考えられる。このシステムでは一段分離ほど分離膜の性能が高くなくても良いため，分離膜の選択肢が増える。αH_2/Tol＝750の膜2本の二段カスケードであれば，水素純度99.99％以上で回収率90％以上とすることが可能である。これまでにMFI型ゼオライト膜等が検討されている[5]。我々はこれまでに

---

 * Katsunori Yogo （公財）地球環境産業技術研究機構
     　　　　　　　　　化学研究グループ／無機膜研究センター　副主席研究員；
     　　　　　　　　　奈良先端科学技術大学院大学　客員教授

第2章 水素分離膜の実用プロセス

ピュアシリカのCHA型およびSTT型ピュアシリカゼオライト（Si-CHAおよびSi-STT）膜の開発に成功してきた[6,7]。ピュアシリカゼオライトは，フレームワーク中にSi-O-Si結合のみを有し，アルミニウム原子が存在しない。したがって，細孔内に交換カチオンが存在しないことから細孔容積が大きく，ゲスト種がその細孔に拡散する能力が最大化される。またフレームワーク中にアルミニウムを含むCHA膜（SSZ-13膜など）よりも耐水蒸気性や耐熱性に優れている。Si-CHAは，酸素8員環（0.38×0.38 nm^2）の3次元細孔を有し[8]，Si-STTは，酸素7員環および9員環（それぞれ，0.24×0.35 および 0.37×0.53 nm^2）の2次元細孔を有する[9]。

各種ピュアシリカゼオライト粉末の298Kでのトルエン蒸気吸着特性を図2に示す。図中の破線は，トルエン分子が各ゼオライト中の全ての細孔を充填するときの最大トルエン吸着量を示

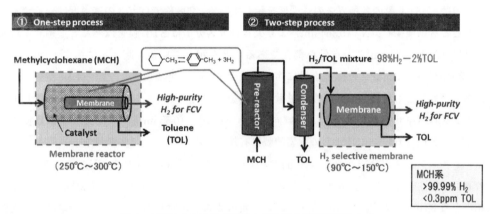

図1　MCHからの脱水素における膜分離精製プロセス

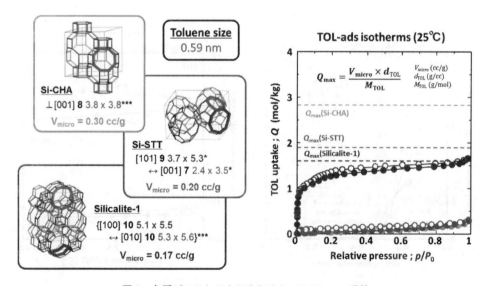

図2　各種ピュアシリカゼオライトへのトルエン吸着

す。Si-CHA, Si-STT, およびシリカライト-1 の細孔容積は, それぞれ 0.31, 0.21 および 0.17 cc/g であり, トルエンの kinetic diameter (0.59 nm) がシリカライト-1 の細孔径 (0.51×0.55 および 0.53×0.56 nm^2) よりわずかに大きいにもかかわらず, シリカライト-1 は計算した最大量までトルエンを吸着してしまう。一方, Si-CHA および Si-STT は高い相対圧力で吸着量がわずかに増加するものの, これはゼオライト結晶間の粒界における毛管凝縮に起因するものであり, ほとんどトルエンを吸着しない。これらのことから Si-CHA および Si-STT は, トルエン吸着により H_2 透過が阻止されない最適な細孔サイズを有すると言える。また, 9員環未満のゼオライトはトルエンを吸着せず, 水素／トルエン分離に有効であり得る。

2.3 ピュアシリカゼオライト膜による水素精製

図3(a)は Si-STT 膜の各種ガスの透過度を示している。298 K ではガスの透過度は分子サイズの増加とともに減少し, N_2 (0.364 nm) より大きいガス分子は STT 膜をほとんど通過せず, 酸素7員環 (0.24×0.35 nm^2) が有効な細孔であることを示している。図3(b)に示すように, Si-CHA 膜の H_2 パーミアンスは温度上昇に伴って減少するが, 逆に Si-STT 膜では H_2 パーミアンスは温度上昇とともに増加し, 活性化拡散の挙動を示した。また, トルエン (0.59 nm) およびメチルシクロヘキサン (0.60 nm) とほぼ同じ大きさの SF_6 (0.55 nm) のパーミアンスは極めて小さく, Si-STT 膜は, MCH からの水素精製に有効である。

H_2／トルエンガス混合物からの二段分離プロセスによる H_2 精製への Si-CHA および Si-STT 膜の適用可能性を評価した。メチルシクロヘキサン脱水素化後のトルエン凝縮除去後の気相組成に相当する 98 mol% の H_2 と 2 mol% のトルエン混合ガスを供給し H_2／トルエン分離試験を実施した結果, 90～150℃の温度で良好な H_2 パーミアンスと H_2 純度が達成されている (図4)。ま

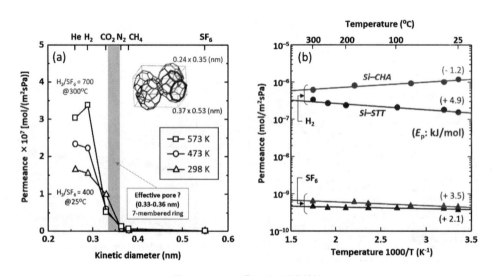

図3　Si-STT 膜のガス透過特性

第2章 水素分離膜の実用プロセス

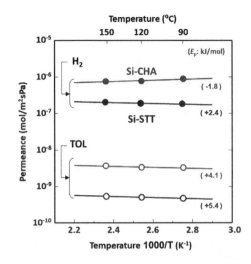

図4 H$_2$／トルエン分離性能温度依存性（2 step process）

た90℃の低温域でのH$_2$／トルエン分離試験においても，混合ガスを供給してから30分以内に定常状態に達するため，トルエンの大部分が膜欠陥を通って拡散することが示された。また，前述の単一ガス透過の結果と同様に，Si-CHA膜のH$_2$パーミアンスは温度の上昇とともに減少したが，Si-STT膜のH$_2$パーミアンスは温度の上昇とともに増加した。水素透過の活性化エネルギーはSi-CHA膜では－1.8 kJ/molの負の活性化エネルギーが得られたが，Si-STT膜では＋2.4 kJ/molの正の活性化エネルギーが得られた。

一般に，ガス透過の活性化エネルギーは，膜の細孔径が小さくなると増加する。Hacarlioglu のグループは，8員環以下の環を有するシリカネットワークは，潜在的に正の活性化エネルギーを有する可能性があることを報告している[10]。しかしながらゼオライト膜の場合，ある程度の粒界が存在するため，これまでH$_2$拡散の正の活性化エネルギーを有するゼオライト膜はほとんどない。我々が合成したSi-STT膜は緻密な構造を形成し，その7員環細孔は水素の活性化拡散に寄与するものと思われる。

水素透過の正の活性化エネルギーは，高温域での高い分離性能を意味する。したがって，STT 膜は潜在的に前述の一段分離の膜反応器システムに適用できる可能性がある。200～300℃においてSi-STTゼオライト膜を用いたH$_2$／トルエン分離試験の結果を図5に示す。膜反応器による一段分離を想定したメチルシクロヘキサンの脱水素後の気相組成に対応する75 mol％のH$_2$と25 mol％のトルエン混合ガスの分離試験の結果，広い温度範囲において良好なH$_2$パーミアンスとH$_2$純度が得られている。7員環細孔を有するSi-STTゼオライト膜は，トルエンによる水素の透過を妨げない最適な細孔径を有し，高い温度域においても水素分離に有効である。

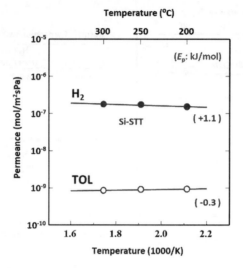

図5 Si-STT 膜による H_2／トルエン分離（1 step process）
H_2 75％，ガス流量 1 L/min，圧力（Feed/Permeate：0.3 MPaA/0.1 MPaA）

2.4 まとめと今後の展望

　H_2／トルエンガス混合物からの H_2 精製プロセスへの Si-CHA および Si-STT 膜の適用可能性について検討した。Si-CHA および Si-STT はトルエンを吸着せず，水素／トルエン分離に有効であった。Si-CHA 膜の H_2 透過特性は温度の上昇に伴って減少するが，Si-STT 膜の H_2 透過特性は温度上昇に伴って増加するため，メチルシクロヘキサン系からの水素精製に対して，高温で良好な H_2 分離性能を有する Si-STT 膜は，膜反応器を含む一段階精製に適している。逆に，低温で多量の粗製水素を処理することができる Si-CHA 膜は，二段階精製に適している可能性がある。

　ピュアシリカゼオライト膜は化学的安定性および取扱いにおいて利点を有する。また MCH の脱水素反応は，通常 573 K 以上の温度と多少の加圧条件において白金触媒の存在下で進行するが，芳香族化合物の分解などの副反応を抑制するために，他のゼオライトと比較して触媒活性を示さないピュアシリカの骨格は適しているであろう。今後さらに合成条件等を検討し，H_2 パーミアンスおよび H_2／トルエン選択性に対するさらなる改善努力を進めていく予定である。

文　　献

1) X.-L. Zhang et al., *Ind. Eng. Chem. Res.*, **55**, 5395 (2016)
2) L. Meng & T. Tsuru, *Catalysis Today*, **268**, 3 (2016)

第 2 章 水素分離膜の実用プロセス

3) K. Akamatsu et al., *Ind. Eng. Che. Res.*, **47**, 9842 (2008)
4) T. Niimi et al., *J. Membr. Sci.*, **455**, 375 (2014)
5) I. Kumakiri et al., *J. Chem. Eng. Jpn.*, **49**, 753 (2016)
6) K. Kida et al., *J. Membr. Sci.*, **522**, 363 (2017)
7) K. Kida et al., *Mater. Lett.*, **209**, 36 (2017)
8) M.-J. Diaz-Cabañas et al., *Chem. Commun.*, 1881 (1998)
9) M. A. Camblor et al., *Angew. Chem. Int. Ed.*, **37**, 2122 (1998)
10) P. Hacarlioglu et al., *J. Membr. Sci.*, **313**, 277 (2008)

3 水素精製用カーボン膜モジュールとその応用プロセス

吉宗美紀[*1], 原谷賢治[*2], 山本浩和[*3]

3.1 はじめに

カーボン膜は，分離活性層がアモルファス炭素で形成される耐ケミカル性に優れた高選択透過性を示す分離膜である。産業技術総合研究所（産総研）とNOK㈱は，中空糸カーボン膜の実用化を目指して共同研究を進めてきており，その応用先として有望な候補の一つが，有機ハイドライド脱水素反応系からの水素分離である。これは，現在，内閣府が推進する戦略的イノベーション創造プログラム（SIP）のエネルギーキャリアの課題として取りあげられ，JXTGエネルギー㈱が責任者となり3者で研究開発に取り組んでいる。本稿ではその開発概要と成果の一端を紹介する。

3.2 有機ハイドライド型水素ステーション構想

水素エネルギー社会の実現に向けて，水素の製造から輸送および利用に関する技術開発が盛んに行われている。その中で注目される技術の一つに，水素の輸送媒体に有機ハイドライドのメチルシクロヘキサン（MCH）を用いる方法がある。MCHは常温・常圧の液体であり，高圧水素や液化水素に比較して輸送や貯蔵での安全性が高く，既存の設備の多くはそのまま利用することが可能であるのでインフラ整備上の問題も少ない。このMCHでの輸送を，燃料電池自動車（FCV）用水素ステーションに応用する構想[1]が図1である。

製油所で副生成した水素をMCHの形で貯蔵・運搬し，水素ステーションにおいて脱水素反応により回収してFCVに供給し，生成したトルエンはタンクローリーで製油所に戻され，再び水素化され繰り返し利用される。このシステムを実現させるためには，MCHの脱水素反応で生成した水素とトルエンから高純度水素を回収し，FCVに供給する技術の確立が必須である。スペースや熱源が限られた水素ステーションでは，コンパクトかつ省エネルギー性に優れた技術であることが必然である。また，FCV用の水素規格では，水素中の全炭化水素が2 ppm未満（トルエン換算0.28 ppm未満）と定められており[2]，水素とトルエンの混合ガスから高純度水素を高効率に分離する技術が求められる。

[*1] Miki Yoshimune （国研）産業技術総合研究所　化学プロセス研究部門
　　　　　　　　　　　膜分離プロセスグループ　主任研究員
[*2] Kenji Haraya （国研）産業技術総合研究所　化学プロセス研究部門
　　　　　　　　　　　膜分離プロセスグループ　元研究副部門長
[*3] Hirokazu Yamamoto　NOK㈱　技術本部　機能膜開発部　主事

第 2 章　水素分離膜の実用プロセス

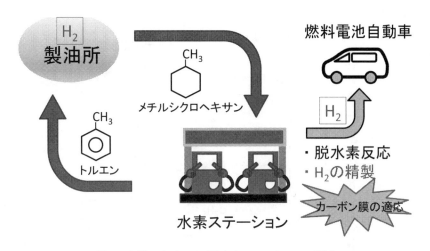

図1　有機ハイドライド型水素ステーションの概要

図2　柔軟性を付与した中空糸カーボン膜（外径約 200 μm）

3.3　中空糸カーボン膜の開発

　産総研は，ポリフェニレンオキシドのスルホン化体から湿式法で中空糸膜を紡糸し，これを前駆体として，不融化とそれに続く焼成処理を施して中空糸状のカーボン膜を作製する技術を開発した。このカーボン膜は図2に示すように柔軟性を有し，「脆くて折れやすい」というカーボン膜の欠点を克服することに成功した。また，ガス分子サイズと同程度のマイクロ孔（0.3～0.5 nm）を有することから，気体透過特性は，図3に表すように透過分子のサイズが大きいほど透過速度が小さい，いわゆる「分子ふるい」による高い選択透過性を発現する。自立膜構造を有するこの中空糸カーボン膜は，多孔質アルミナなどの支持体を用いる金属膜やセラミックス膜と比較して安価で軽量であり，かつ，一定容積あたりに充填する膜面積を大きくできるため，水素ステーションに求められるコンパクトな分離装置の実現が可能である。

　カーボン膜の製造条件を水素／トルエン分離に対して最適化する検討の一環として，温度

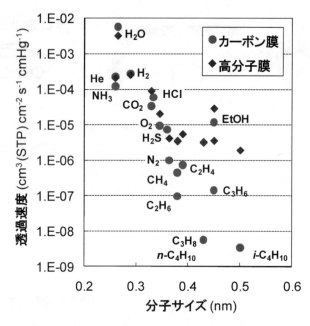

図3　中空糸カーボン膜の気体透過特性

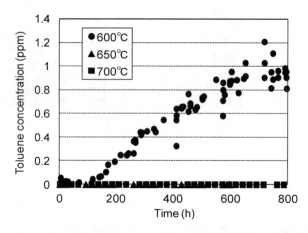

図4　水素／トルエン混合ガス分離試験における透過側トルエン濃度の経時変化

600℃，650℃，700℃で1時間焼成して3種類のカーボン膜を得た。焼成温度が高くなるにつれて，水素透過速度は低下するが水素選択性は向上し，細孔径分布はシャープになっていくことが確認された。この3種のカーボン膜を用いて，90℃でトルエン濃度0.5 mol％，圧力0.3 MPaにおける水素／トルエン混合ガス分離性能を評価した[3]。図4はその結果であり，透過ガス中のトルエン濃度の経時変化を示す。600℃焼成膜は試験開始後から徐々にトルエン濃度が増加し，トルエン許容濃度の0.28 ppmを280時間で超えてしまう結果となった。最終的にトルエン濃度は

1 ppm程度まで増加し，このときの水素／トルエン選択性は約10,000であった。また，水素の透過速度も時間と共に徐々に低下した。この原因としてはカーボン膜へのトルエンの吸着による水素透過の阻害が考えられる。一方，650℃焼成膜と700℃焼成膜では，500時間を超えてもトルエン濃度は検出限界以下であった。このときの水素／トルエン選択性は300,000以上である。特に，700℃焼成膜は水素の透過速度も経時的に安定しており，細孔構造が水素／トルエン分離性能に与える影響は非常に大きい。

3.4 カーボン膜モジュールの製造検討概要

NOKは産総研が開発した中空糸カーボン膜の製造技術に基づき，NOKの膜技術を応用した製造プロセスを構築した[4]。中空糸カーボン膜は，NOKが製造・販売を手がける水処理用中空糸膜のモジュールと同じく，図5に示すような膜を接着剤で固定したシンプルなモジュール構造が可能である。このためNOKの膜モジュール製造技術が応用でき，カーボン膜モジュール製造にあたり表1に示す開発課題を設定し検討実施した。

モジュールを構成するケース材，接着剤はトルエンに耐性を有することが要求されるので，これら部材の確保のため暴露試験を実施した。試験は，候補材料の試験片を100℃のトルエン飽和

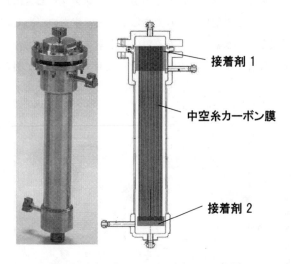

図5　カーボン膜モジュールの外観と内部構造

表1　モジュール製造における課題

課題	検討概要	検討の詳細	
トルエン耐性部材の確保	候補部材のトルエン暴露試験	候補部材の重量，寸法，接着性の耐性確認	
ポッティング条件の確保	中空糸とケース材間のシール性を確保する	接着剤	充填方法 硬化条件（温度，時間）
		その他	中空糸カーボン膜への外力低減 製造治具の改良など

蒸気雰囲気下に設置し，試験片の重量，寸法変化，割れ発生およびケース材／接着剤間の接着性について調べた。その結果，100℃，2,000時間のトルエン暴露で重量および寸法変化が少ない（1％以下）ケース材，接着剤および両者間の接着性を確保できた。

続いて，ポッティング，すなわち中空糸とケース材との間に接着剤を充填して中空糸のシール性を確保するプロセスについて検討した。このプロセスはNOKモジュール製造では確立されたプロセスとなっている。しかしながら，中空糸カーボン膜の力学的性状が，水処理用中空糸に用いる有機ポリマー材質のものとは大きく異なるため，中空糸カーボン膜に適した処理条件を決定する必要があった。表1に示される製造課題について検討した結果，水素精製のシステム評価に供するモジュールを製造することができた。

3.5 モジュール性能評価

JXTGエネルギーで実施した水素／トルエン混合ガス分離試験の結果[4]を図6に示す。トルエン蒸気（0.2 mol％）を含む水素ガス，続いて純水素を供給し，透過した水素ガスの量とその組成について調べたものである。透過した水素ガス中のトルエン濃度は検出限界（0.02 ppm）以下，すなわち，99.999998％以上の水素純度が得られていることを示しており，FCV用水素燃料規格を満足している。この結果は，モジュール製造のポッティングプロセスにおけるシール性（中空糸／接着剤およびケース材／接着剤）が良好であることを示すものである。また，透過した水素ガス量は，トルエン蒸気を含む水素ガス，あるいは純水素を供給した場合のいずれでも大きな変化はみられず，トルエン吸着による水素ガス透過量の低下はないことが明らかになった。

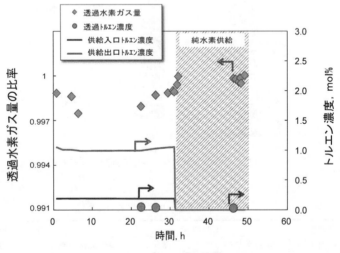

図6 モジュール評価試験
（JXTGエネルギーでの試験結果）

第2章 水素分離膜の実用プロセス

3.6 プロセス設計検討

　MCHを輸送媒体とする水素ステーションでは，MCHの脱水素反応を行い水素を回収する必要がある。ここへパラジウム膜やシリカ膜による膜反応器を適用する研究も行われているが，我々は図7に示すように脱水素反応の後工程として，カーボン膜による水素回収を検討している。反応温度は300℃以上であるので，膜反応器では比較的高濃度のトルエン共存下での高温水素分離が必要となる。しかし，反応と分離を別に行う場合は，トルエンを気液分離で液化して回収することが可能となるため，膜への負荷が小さく運転面においての安全性が高いことも特徴となる。

　このプロセスのフィージビリティーを検証するために，下記の仮定を置いて膜プロセスの設計検討を行った[5]。膜分離への供給ガスは，反応圧力0.3 MPaを維持しながら水冷で35℃にし，トルエン（TOL）を液化して除いた後の混合ガス（98 % H_2-2 % TOL）とした。これを90℃に昇温してから膜モジュールに導き，圧力0.1 MPaで透過してくる水素を回収し，それを0.7 MPaまで昇圧して一時的に貯蔵する。

　この条件で，残留TOL濃度0.28 ppm未満の高純度水素として回収率90 %を達成することができる膜の理想分離係数 α^*（H_2/TOL透過率の比）と所要動力原単位（Specific power requirement：SPW）を，3形態の膜プロセスについて図8にプロットした。一段法は膜分離での動力消費がないのでSPWは最も小さく 0.12 kWh Nm^{-3}-H_2 であった。ただし，最も大きな $\alpha^* \geq$ 280,000 の理想分離係数が必要である。しかし，中空糸カーボン膜の α^* は 300,000 以上であるので一段法でのプロセス化が可能である。

　圧力スイング吸着法（PSA）での H_2/TOL分離における実施報告が見当たらないので直接比較は難しいが，天然ガスの水蒸気改質ガスから水素を分離するPSAの実績データと比較した場合，上記した膜一段プロセスのSPWは50 %未満である。したがって，中空糸カーボン膜の適

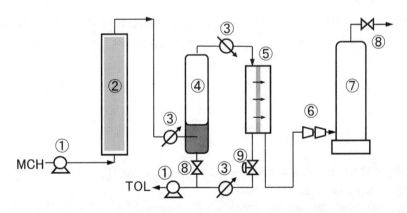

①送液ポンプ　②脱水素反応器　③熱交換器　④気液分離器　⑤膜分離装置
⑥コンプレッサー　⑦水素貯蔵タンク　⑧バルブ　⑨圧力調整弁

図7　MCH脱水素反応生成物からの高純度水素回収・貯蔵プロセス

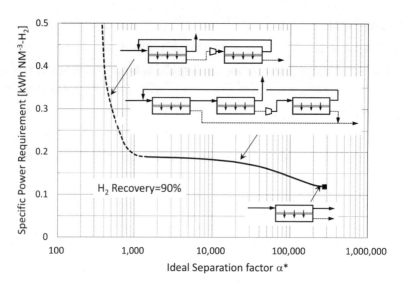

図8 3種の膜プロセスにおける必要膜選択性と所要動力の関係

用によって省エネルギー性が高く運転コストが低い水素ステーションが建設できると期待される。

3.7 おわりに

中空糸カーボン膜を有機ハイドライド型水素ステーションでの高純度水素精製に適用する実用化検討を行っている。開発した中空糸カーボン膜およびモジュールは，膜一段プロセスでFCV規格水素を精製できる十分な分離性能を保持しており，省エネルギー性に優れた水素ステーションの建設が可能である。

なお，本稿は，総合科学技術・イノベーション会議のSIP（戦略的イノベーション創造プログラム）「エネルギーキャリア」（管理法人：JST）の助成を受けて実施したものである。

文　　献

1) 瀬川敦司, 壱岐英ほか, 水素エネルギーシステム, **36**, 16 (2011)
2) 富岡秀徳, *JARI Res. J.*, **8**, 1 (2013)
3) 吉宗美紀, 原谷賢治, 膜, **41**, 96 (2016)
4) 山本浩和, *NOK TECNICAL REPORT*, **29**, 17 (2017)
5) 原谷賢治, 吉宗美紀, *J. Jpn. Petrol. Inst.*, **59**, 299 (2016)

第Ⅲ編
二酸化炭素・水素分離膜を用いる膜反応器

第1章　膜反応器総論

都留稔了*

1　はじめに

　膜分離と反応と組み合わせた膜反応器あるいは膜型反応器（Membrane reactor）は，膜分離法が開発された1960年代に既に提案されており，現在では生物処理と分離膜を組み合わせたメンブレンバイオリアクターが実用化されている。近年の金属膜やゼオライト膜を初めとする無機膜の開発の進展に伴い，高温での膜分離が可能となったことから，化学プロセスへの応用が期待されている[1~3]。化学プロセスのコアである反応と分離を同時に行うことが可能となるため，装置構成が極めてシンプルになるだけでなく，膜との組み合わせにより反応率の向上・中間生成物の選択性向上などが期待できる。

2　膜反応器の機能による分類

　膜反応器は，機能，および形態（触媒と膜）に従って分類することができる。まず，膜反応器の機能の面からは，図1および表1に示すように，Extractor（生成物の引き抜き），Distributor（原料の分散供給），Active Contactor（触媒との接触装置としての利用）に分類可能である[1,4]。図中には典型的な応用プロセスもあわせ示した。膜反応器が最も多く検討されているプロセス

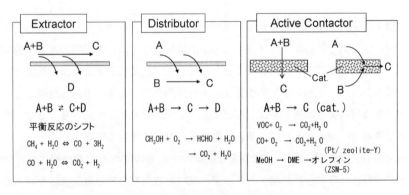

図1　膜反応器の機能による分類

---

　*　Toshinori Tsuru　広島大学　大学院工学研究科　化学工学専攻　教授

二酸化炭素・水素分離膜の開発と応用

表1 膜反応器の機能による分類

タイプ	内容	反応例
Extractor	生成物の引抜による反応性の向上 (脱水素反応，脱水反応での熱力学平衡シフト)	メタンなどの水蒸気改質による水素製造 (脱水素反応)
Distributor	反応原料を制御しながら供給	部分酸化反応
Active Contactor	強制対流による触媒有効係数の増大 逐次反応における滞留時間の制御	VOCの完全酸化 メタノールのオレフィン化

表2 膜反応器に用いられた反応系の例

脱水素反応	水蒸気改質反応 ($CH_4+H_2O \rightleftarrows CO+3H_2$)，シフト反応 ($CO+H_2O \rightleftarrows CO_2+H_2$)，シクロヘキサン-ベンゼン反応 ($C_6H_{12} \rightleftarrows C_6H_6+3H_2$)，メチルシクロヘキサン-トルエン反応 ($C_6H_{12} \rightleftarrows C_6H_6CH_3+3H_2$)，アルカン脱水素反応 ($C_4H_{10} \rightleftarrows C_4H_8+H_2$, $C_3H_8 \rightleftarrows C_3H_6+H_2$, $C_2H_6 \rightleftarrows C_2H_4+H_2$)，アンモニア分解 ($NH_3 \rightleftarrows 0.5N_2+1.5H_2$)，硫黄熱分解反応 ($H_2S \rightleftarrows H_2+0.5S$)，エチルベンゼン-スチレン反応 ($C_6H_5C_2H_5 \rightleftarrows C_6H_5C_2H_3+H_2$)，ブタジエン反応 ($C_4H_8 \rightleftarrows C_4H_6+H_2$)
水素化反応	シクロヘキサン製造 ($C_6H_6+3H_2 \rightleftarrows C_6H_{12}$) ブテン化反応 ($CH_2=C_2H_2=CH_2+H_2 \rightleftarrows C_4H_8$) メタノール合成 ($CO+2H_2 \rightleftarrows CH_3OH$, $CO_2+3H_2 \rightleftarrows CH_3OH+H_2O$)
酸化脱水素反応	ホルムアルデヒト生成 ($CH_3OH+0.5O_2 \rightarrow HCHO+H_2O$) アセトアルデヒト生成 ($C_2H_5OH+0.5O_2 \rightarrow CH_3CHO+H_2O$)
酸化二量化反応	$CH_4+[O] \rightarrow CH_3*+[OH]$, $2CH_3* \rightarrow CH_3CH_3+CH_2=CH_2$
酸化反応	合成ガス製造 ($CH_4+0.5O_2 \rightarrow CO+2H_2$)，COの選択酸化 ($CO+O_2 \rightarrow CO_2$) アルケン酸化 ($C_2H_4+0.5O_2 \rightarrow C_2H_4O$, $C_3H_6+0.5O_2 \rightarrow C_3H_6O$) VOC成分の酸化分解 ($VOC+O_2 \rightarrow CO_2+H_2O$)
脱水反応	エステル化 (アルコール+酢酸 → エステル+水 など)
MBR (Membrane Bio-Reactor)	活性汚泥による排水処理において，膜で処理水と活性汚泥とを分離

は，水素に関する膜反応，なかでも水素選択透過膜によるExtractorとしての脱水素反応への適用が多い。例えば，熱力学的に平衡反応にある脱水素反応系では，生成物の水素を選択的に引き抜くことで，見かけの反応率を向上させることができる。表2に示すように，反応としてはシクロヘキサン脱水素反応，メタン水蒸気改質反応が典型的な例である。水素分離膜としてはパラジウム膜などの緻密膜による研究例がほとんどであったが，アモルファスシリカをはじめとする多孔質膜の選択透過性の向上とともに，多孔質膜の利用が活性化している[5]。

Distributorとは，分離膜を用いて原料を分散供給するものであり，部分酸化反応や酸化脱水素反応などに適用される。分散供給することで，原料と酸化剤との急激な反応を抑えることができ，また爆発限界をさけながら部分酸化反応を行うことができる。図2aに示すように，パラジウム膜を透過する原子状水素の反応活性は高く，ベンゼンからの一段フェノール合成のように，反応物を制御して供給するDistributorとしての報告もなされた[6]。酸化反応は，Distributorあ

第1章　膜反応器総論

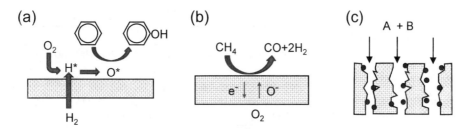

図2　膜反応器の機能の例

るいはActive Contactorのいずれかで適用され，Distributorの場合は，ペロブスカイトやYSZ膜（安定化ジルコニア）などの酸素選択透過性を有する緻密な固体電解質膜が用いられるケースが多い。図2bには，酸素イオン伝導と電子伝導を併せ持つ固体電解質を用いた，メタンからの合成ガス製造の概念図を示す。800℃程度の高温が必要であること，さらに透過流束が小さいことから，透過流束の比較的大きい多孔質膜も検討されている。膜反応器への応用とは異なるが，米国でペロブスカイト膜による100トン／日の酸素製造プラントが設計・試運転されているようである[7]。

　一方，Active Contactorとは，触媒活性を有する多孔質膜が拡散障壁となっており，この細孔内で反応を行わせる場合である。膜による分離選択性は必ずしも必要ではないが，細孔内で反応を行わせるため，触媒活性があることが必須である。典型的な例は，図2cに示すように多孔質膜を用い酸素（A）と反応物（B）を細孔内に導入し，細孔内で酸化反応を行わせるものである。粘性流支配の場合，差圧によって細孔内，すなわち触媒層での滞留時間を精密に制御可能となるため，酸化反応の中間生成物の選択的合成などへの応用に可能となる。また，AとBを膜を介して対向して供給すると，触媒活性のある細孔内のみで反応が進行し，生成物が多孔質膜内で生成する。なお，分子選択性が発現するKnudsenや分子ふるいでは，滞留時間は差圧では変更することはできないことには注意が必要である。

3　膜反応器で用いられる分離膜

　化学プロセスでは反応温度が200℃以上のプロセスが多く，膜反応器に高分子膜を適用することは難しく，耐熱性に優れる無機材料による分離膜が有望である。表3に膜反応器に用いられる分離膜をまとめた。金属膜やイオン伝導膜は溶解拡散により気体分子が膜透過する。パラジウムなどの金属膜では，水素分子が水素原子として金属中に溶解・拡散し，水素のみが膜透過可能であり，最小分子サイズであるヘリウムでさえ膜透過しない。一方，イオン伝導膜は酸素空孔に酸素イオンあるいは水素イオンとして溶解することで膜透過するものであり，それぞれ酸素および水素が原理的に選択率100％で膜透過する。ただ，十分な気体透過性を得るためには，一般に800℃レベルの高温が必要であり，反応系とのマッチングが必要である。

表3 膜反応器に用いられる膜

膜	透過機構	備考
金属 (Pd, Ag-Pd)	溶解拡散	H_2選択透過，高透過流束，高温では炭素の固溶化の可能性，高コスト
シリカ	分子ふるい	水素透過性は比較的高い，高選択性。水蒸気存在化で緻密化が問題。ゾルゲル法およびCVD法によって製膜。膜材料としては，シリカ，複合酸化物化シリカ，およびオルガノシリカ。
イオン伝導膜	溶解拡散（H_2のあるいはO_2の選択透過）	高温（～800℃）が必要なので，反応プロセスとの温度のマッチングが必要。水素透過膜には水蒸気雰囲気が必要。
炭素	分子ふるい	高温・酸化雰囲気での使用が困難
ゼオライト膜	分子ふるい	MeOH合成反応（$CO + 2H_2 \rightarrow CH_3OH$），$p$-キシレン製造。CCD処理でMFI膜の選択性が向上。
溶融炭酸塩	溶解拡散（CO_2の選択透過）	高温
アミノ基含有高分子膜	溶解拡散，促進輸送（CO_2の選択透過）	低温（150℃以下）

表4 多孔質膜を用いた膜反応器の例

反応系	膜	反応温度[℃]	供給圧[MPa]	触媒
Steam reforming of methane ($CH_4 + 2H_2O \leftrightarrow CO_2 + 4H_2$)	Carbon, Silica, Hybrid silica, Silica	250-500	0.1-0.2	$CuO/ZnO/Al_2O_3$, Rh, Ni, Ni/Al_2O_3
Water gas shift reaction ($CO + H_2O \leftrightarrow CO_2 + H_2$)	MFI zeolite	300-550	0.15-0.6	Fe/Ce, $CuO/ZnO/Al_2O_3$
NH_3 decomposition ($NH_3 \leftrightarrow 0.5N_2 + 1.5H_2$)	Silica	400-450	0.1-0.3	Ru/Al_2O_3
Cyclohexane dehydrogenation ($C_6H_{12} \leftrightarrow C_6H_6 + 3H_2$)	Hybrid silica, FAU zeolite	200-310	0.1-0.3	Pt/Al_2O_3
Methylcyclohexane dehydrogenation ($C_6H_{11}CH_3 \leftrightarrow C_6H_5CH_3 + 3H_2$)	Carbon, Hybrid silica	220-300	0.1-0.6	Pt/Al_2O_3

　一方，シリカやゼオライトなどの多孔質膜の分離機構はふるい機構であり，膜細孔径と透過分子サイズで選択性が決定づけられるため，その細孔径とその分布の制御が極めて重要である。多孔質膜を用いた膜反応器の代表例を表4に示す[5]。表2からもわかるように，膜反応器では脱水素反応への応用が最も多いが，水蒸気改質反応，シフト反応，アンモニア脱水素反応では，水素は窒素やCO_2といった，比較的小さなサイズの分子から分離する必要がある。現状では高い水素選択性を示すゼオライト膜の作製は難しいため，アモルファスシリカが多用されている。ただ，アモルファスシリカ膜は水熱条件において緻密化が起こることが知られており，実用化に際しては最大の研究開発課題である。水性ガス化反応で用いられたMFI膜は，methyldiethoxysilaneをCatalytic Cracking Deposition（CCD）することで水素選択性を向上させている。このCCD-

第1章　膜反応器総論

MFI膜は極めて高い H_2/H_2O 透過率比と水熱安定性を示していることから，そのメカニズム解明が注目される。一方，シクロヘキサンやメチルシクロヘキサンのような有機ハイドライド系は，反応温度が比較的低温であること，水素は比較的大きな分子から分離すればよいことから，有機無機ハイブリッドシリカ膜およびゼオライト膜を用いることができる。

4　膜反応器の分類

　膜反応器は，流動形式（完全混合槽，プラグフロー）と触媒の形式で分類可能である。図3には，触媒充填層型膜反応器（Packed-Bed Membrane Reactor：PBMR），触媒膜型膜反応器（Catalytic Membrane Reactor：CMR）および流動層型膜反応器（Fluidized-Bed Membrane Reactor：FBMR）の例を示す。触媒充填層型膜反応器は，装置としては一体化されているものの，その中は分離膜と触媒充填層からなり，分離と反応は別個の部分で行われる。たとえば，メタンの水蒸気改質反応において，触媒としてニッケル担持粒状触媒を用い，シリカやパラジウムなどの触媒活性のない（あるいは小さい）材質からなる水素分離膜の場合に相当する。膜反応器としては，膜自体の活性は必ずしも必要ではない。反応触媒は充填層ではなく流動層として組み合わせることも可能である。分離膜を用いた排水処理技術として，活性汚泥と精密ろ過膜や限外ろ過膜を組み合わせたメンブレンバイオリアクターが実用化技術として近年各所で導入されているが，これは引抜型の完全混合槽型膜反応器の典型例である。

　一方，触媒膜型膜反応器とは，膜自体が触媒活性を有する膜，すなわち，触媒膜を用いる膜反応器である。分離膜自体が分離活性と触媒活性を同時に有する場合であり，MFI型，Y型，TS-1などのゼオライト膜がこの分類に相当する。分離層がシリカなどの触媒活性の低い材料か

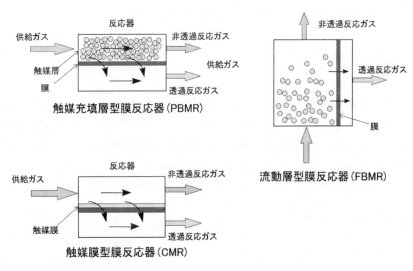

図3　膜反応器の形態

表5 触媒充填層型膜反応器と触媒膜型膜反応器の比較

	特徴	備考
触媒充填層型	触媒充填量を任意に制御可能	触媒と分離層の接触による膜劣化。物質移動抵抗・伝熱抵抗が大。
触媒膜型	膜と触媒が一体化されておりコンパクト。物質移動抵抗が小さい。	反応活性は膜自体で決定。触媒充填層との併用可能。伝熱抵抗が大。
流動層型	圧力損失が小さい。伝熱抵抗・物質移動抵抗が小さい。膜配置がフレキシブル。	流動粒子による膜の摩耗劣化

ら作製されていても，中間層や支持層などに触媒が担持され分離膜として一体化されている場合は，触媒膜として分類される。本構造の具体例は，第Ⅲ編第3章1.1で紹介する。表5には，充填層型，触媒膜型，流動層型膜反応器の比較をまとめた。触媒膜は分離膜と反応触媒層が一体化されているため，充填層型よりもコンパクトとなること，充填触媒と膜表面が直接接触せず膜劣化の可能性が少ないというメリットもある。しかしながら，触媒膜の触媒活性が膜透過速度に比べて小さいケースもありうるのに対して，触媒充填層型では触媒量を自由に調整可能である。また，膜反応器の実用化に際しては，反応触媒の劣化あるいは分離膜の劣化（選択性あるいは透過性）のバランスが重要と思われる。触媒膜の場合はどちらかの機能が劣化した場合は取り替える必要があるが，充填層型は劣化した方，例えば反応活性が劣化した場合は触媒のみを取り替えればよいという利点もある。充填層型の場合，触媒反応生成物は分離膜まで拡散する必要があり，気相での拡散といえども移動抵抗となる。一方，触媒膜では反応と分離が非常に近接しており，濃度分極の影響は少ない。触媒充填層と触媒膜を組み合わせた触媒充填層型触媒膜反応器（Packed-Bed Catalytic Membrane Reactor：PBCMR）も可能である。一方，流動層型では，伝熱抵抗，物質移動抵抗は小さいが，流動粒子による膜の摩耗劣化の可能性もある。それぞれの特徴を理解した上で，膜反応器の開発を進める必要がある。

5 膜反応器システムの構築

図4には，膜反応器の設計および反応解析に用いられる最も簡単なモデルを示す。触媒充填層型膜反応器において，膜供給および透過側はプラグフロー流れであり，反応器は等温系，供給側・膜透過側ともに圧力損失は無視小，触媒反応は膜供給側の触媒充填層のみで起こると仮定する。並流流れの膜反応器において，供給側および透過側の成分iのモル流量F_i，Q_iは，次式で表される[8]。

供給側（反応側） $$\frac{dF_i}{dz} = v_i R_i w_{cat} - s P_i (x_i p_h - y_i p_l) \tag{1}$$

透過側 $$\frac{dQ_i}{dz} = s P_i (x_i p_h - y_i p_l) \tag{2}$$

第1章 膜反応器総論

ここで，R_i および v_i は，触媒反応における反応速度式および成分iの量論係数を表す。P_i は気体透過率，p_h, p_l, x_i, y_i をそれぞれ膜供給側，透過側の全圧，および，成分iのモル分率とする。w_{cat}, s は膜単位長さあたりの触媒量（あるいは体積）および膜面積である。基礎式を数値的に解くことで，膜反応のシミュレーションが可能となるが，シミュレーションパラメーターは極めて多い。見通しを良くするために，基礎式を無次元数で表してみよう。ここで脱水素反応の反応速度 R_C を，入口での反応速度 $R_{C,0}$ で無次元化した反応速度 r^* を（$=R_C/R_{C,0}$）用い，さらに入口原料流量 $F_{C,0}$ で無次元化した供給流量 f_i，および透過流量 q_i，無次元膜長さ ζ（$=z/L$）を用いることで，膜反応器での物質収支は以下の無次元式で表すことができる。

$$\frac{df_i}{d\zeta} = \frac{Lw_{cat}R_{C,0}}{F_{C,0}} v_i \frac{R_i}{R_{C,0}} - \frac{LsP_{H_2}p_h}{F_{C,0}} \frac{P_i}{P_{H_2}} (x_i - y_i p_r) \tag{3}$$

$$= Da\, v_i r^* - \theta \frac{(x_i - y_i p_r)}{\alpha_i}$$

$$\frac{dq_i}{d\zeta} = \frac{\theta (x_i - y_i p_r)}{\alpha_i} \tag{4}$$

ここで p_r は膜透過側と非透過側の圧力比（$p_r = p_l/p_h$），α_i は透過係数比（$\alpha_i = P_{H_2}/P_i$），表6の無次元数の一覧に示すように，Da は Damköhler 数とよばれ，反応速度と供給流量の比，Permeation 数 θ は最大膜透過流量と供給流量の比である。一例として図5に水蒸気改質反応の例を示す。Da 数が無限大は，供給原料無限小あるいは触媒充填量無限大で達成され，供給側組成は局所平衡に達していることに相当する。Permeation 数 θ は供給メタン流量に対する最大水素透過流量に相当し，膜による水素引き抜き割合を表す無次元パラメーターである。式(3)(4)は無次

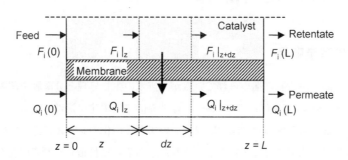

図4 膜反応器のモデル化（プラグフローモデル）

表6 シミュレーションに用いる無次元数

Permeation 数	$\theta = \dfrac{P_{H_2}sLp_h}{F_{C,0}}$	Damköhler 数	$Da = \dfrac{R_{C,0}w_{cat}L}{F_{C,0}}$
無次元長さ	$\zeta = z/L$	無次元反応速度	$R_i^* = R_i/R_{C,0}$

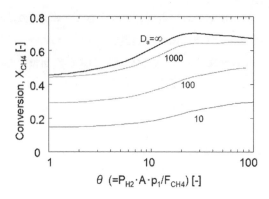

図5 メタン水蒸気改質における CH$_4$ 反応率の Da 数および θ 数依存性
(供給圧力 100 kPa,透過圧力 20 kPa；S/C = 3；α (H$_2$/N$_2$) = 100, α (H$_2$/H$_2$O) = 3)

元で表されるために，膜反応特性も無次元数で整理可能である。すなわち，水素透過率を10倍大きくすることは，膜面積あるいは膜長さを10倍，あるいは供給流量を10分の1にすることと，同じ膜反応特性（反応率）を与えることを意味する[8]。

上記のモデルは，プラグフロー，等温が仮定されていたが，脱水素反応は一般に吸熱反応であり，等温に保つためには熱供給が必要となる。これまでの膜反応実験のほとんどが単管モジュールで行われており，大きな問題になっていないが，実用上は膜面積の増大などとともに熱供給を考慮する必要がある。さらに，触媒反応により生成した水素は，水素分離膜まで拡散する必要があり，濃度分極現象も考慮する必要がある。したがって，実験的な検討とともに，膜分離と熱移動を組み込んだ数値流動計算による設計支援が有用である。

6　膜反応器の産業応用

膜反応器の研究開発が活発に進められているが，排水の生物処理と分離膜を組み合わせた膜分離活性汚泥法（メンブレンバイオリアクター）は世界的に実用化が進んでいる。一方，水素や二酸化炭素分離と反応を組み合わせた膜反応器は，いまだ実用化のレベルに達していないと言わざるを得ない。ここでは化学プロセスに実用化された，あるいは目指した研究開発をいくつか紹介したい。

水素の製造プロセスへの産業利用について，Pd 膜を用いたスケールアップと耐久試験が進行している。表7に示すように，Kinetics Technology 社はイタリア政府の資金援助を得て，反応器と分離器を直列にしたユニットを複数個設置した水素製造プロセスを検討した[9]。反応器の下流に Pd 膜分離器を別個に設置することで，平衡以上の反応率を達成することが可能となる。メリットとして，それぞれの最適条件で運転可能であることをあげており，1,000 hr 以上の実証を

第1章　膜反応器総論

表7　実用化を目指した膜反応器の開発状況

研究グループ	膜	規模	特徴	文献
東京ガス	Pd	0.06-40 Nm^3/h	充填層型膜反応器（40 m^3/h），および触媒膜反応器（60 L/h）。分離膜は，三菱重工（PBMR），日本特殊陶業（CMR）が製造。	11)
Kinetics Technology, イタリア	Pd	20 Nm^3/h	反応器と分離器は別個。Pd膜は，ECN（オランダ），MRT（カナダ），日本製を使用。	9)
Eindhoven University of Technology, オランダ	Pd-Ag	1 Nm^3/h	流動層型膜反応器	10)
中国科学院大連化学物理研究所	Pd	800 Nm^3/h	反応器と分離器は別個	12)

行った。最近，Eindhoven University of Technology は流動層型膜反応器の長期試験を達成した[10]。東京ガスによる 40 Nm^3 級水素製造の膜反応器は極めて進んだ技術である[11]。2017 年に中国大連化学物理研究所は，膜反応器ではないが水素精製量 800 Nm^3/h（水素製造量として 500～600 t/year）のデモンストレーションプラントを設置した[12]。おそらく世界最大と思われ，今後の展開に興味がもたれる。

　メンブレンバイオリアクターと同様に，化学プロセスにおいても完全混合槽型膜反応器が，中国で実用化されているようである。カプロラクタムの原料であるシクロヘキサノンオキシムは，副生物を伴わない製造法として，チタノシリケートゼオライト TS-1 触媒により，シクロヘキサノンと過酸化水素，アンモニアから直接合成される。TS-1 が 100～300 nm の微細触媒粒子のため，中国・南京工業大学の研究グループは TS-1 を反応液中に懸濁させ，多孔質膜を浸漬あるいは外部循環型で用い，99.5％以上の選択率と反応率を得ている。さらに，Ni ナノ粒子触媒での p-nitrophenol の p-aminophenol への直接水素化反応へもセラミック精密ろ過膜を用いて，連続槽型反応へ応用した[13]。いずれも，触媒粒子を反応器の中に保持し，分子混合物の分離を行うものではないが，実プラントに応用されているという点，1 万トン／年以上のプラント規模ですでに 20 プラント以上が導入されているようであり，注目に値する。

7　おわりに

　膜反応器は，膜分離と触媒反応が組み合わされた学際的領域であり，表8にまとめるように，さまざまな観点からのアプローチが必要となる。膜および触媒はそれぞれが別個に開発するのではなく，共同して膜反応器の開発を目指すべきである。例えば，水素引抜を伴う触媒反応では，コーキングなどの条件が決定的に異なるからである。さらに，膜反応特性は，各反応条件（圧力，温度）における供給速度，触媒反応速度，膜透過速度によって決定付けられる。分離膜特性と触媒反応を組み込んだプロセスシミュレーションを行い，エネルギーやコストに基づき最適な操作条件，開発すべき膜性能をあらかじめ明らかにしておく必要がある。

表8 膜反応器構築へのアプローチ

膜	選択性，透過性 触媒膜，非触媒膜 分離駆動力（膜透過側：減圧，スイープ） 安定性，コスト
反応	触媒 反応速度式 可逆反応，不可逆反応 反応熱：発熱，吸熱
プロセス	流動形式（向流，並流） プロセス条件：圧力，温度，それらの分布 供給流量，反応速度，透過速度の関係 モジュール化（熱供給・除熱法，濃度分極）

文　　献

1) H. P. Hsieh, Inorganic Membranes for Separation and Reaction, Elsevier (1996)
2) J. Sanchez Marcano & T. Tsotsis, Catalytic Membranes & Catalytic Membrane Reactors, Wiley-VCH (2018)
3) F. Gallucci et al., *Chem. Eng. Sci.*, **92**, 40 (2013)
4) A. Julbe et al., *J. Membr. Sci.*, **181**, 3 (2001)
5) L. Meng & T. Tsuru, *Curr. Opin. Chem. Eng.*, **8**, 83 (2015)
6) S. Niwa et al., *Science*, **295**, 105 (2002)
7) L. Anderson et al., *Solid State Ion.*, **288**, 331 (2016)
8) T. Tsuru et al., *AIChE J.*, **50**, 2794 (2004)
9) M. De Falco et al., Handbook of membrane reactors, p.508, Woodhead Publishing (2013)
10) A. Helmi et al., *Molecules*, **21**, 376 (2016)
11) Y. Shirasaki & I. Yasuda, Handbook of membrane reactors, p.487, Woodhead Publishing (2013)
12) http://www.carhy.dicp.ac.cn/index.php?m=content&c=index&a=show&catid=24&id=182
13) J. Hong et al., *Chin. J. Chem. Eng.*, **21**, 205 (2013)

第2章　二酸化炭素透過膜を用いる膜反応器

熊切　泉*

1　はじめに

　反応と分離を一体化した膜反応器は，熱力学的平衡制限を超えた高い反応転化率や，反応の低温化，装置の小型化等が実現できる可能性があり，次世代の技術として大いに期待されている。本章では，水素製造プロセスを例として，二酸化炭素を選択的に透過する膜を用いた膜反応器の特徴や，膜開発の視点からの課題を紹介する。

2　炭化水素を原料とした水素製造への膜反応器の適用

　水素の製造法の一つに，炭化水素の水蒸気改質が挙げられる[1]。以下には，例として，メタン水蒸気改質と，それに続く水性ガスシフト（Water Gas Shift：WGS）反応を示す。WGS反応は平衡律速な発熱反応で，高温シフト反応器，低温シフト反応器の2段法を用いて転化率を向上させる。高純度の水素を得る場合は，さらに圧力スイング法（Pressure Swing Adsorption：PSA）などが用いられる。

$$CH_4 + H_2O \rightleftarrows CO + 3H_2 \quad \Delta H = 206 \text{ kJ/mol}$$
　　（700〜800℃，Ni触媒など）
$$CO + H_2O \rightleftarrows CO_2 + H_2 \quad \Delta H = -41 \text{ kJ/mol}$$
　　（高温シフト反応 450〜300℃，Fe-Cr触媒など）
　　（低温シフト反応 250〜200℃，Cu-Zn触媒など）

　上記反応への膜分離法の適用は，図1に示すような，異なるプロセスが考えられる。図の上から下の順に，反応後の混合ガスからの水素分離，低温WGSへの適用，高温WGSへの適用，水蒸気改質への適用の概略図を示した。用途が代わるに従って，膜にはより高い耐熱性が必要となる。

　この反応系へは，水素を選択的に透過する膜の適用検討が進んでおり，様々な利点が報告されている。例えば，Pd-alloy膜を図1(d)に示す形の膜反応器に適用すると，反応転化率の向上や，反応温度を現状の700〜800℃から500〜550℃程度へ低温化できることに加えて，装置の小型化も可能である[2]。同様の効果は，二酸化炭素の除去でも期待できる。

　＊　Izumi Kumakiri　山口大学　大学院創成科学研究科　准教授

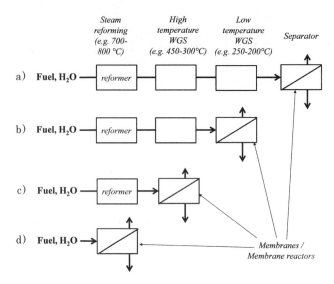

図1 炭化水素からの水素製造への膜分離法の組み合わせの例

3 水素選択透過膜，または，二酸化炭素選択透過膜を適用したプロセスの違い

　水素を選択的に透過するPd-alloy膜は，原理的に水素以外を通さないので，膜の透過側に高純度の水素が得られる。また，未反応の炭化水素や，一酸化炭素などは膜を透過しないので，供給された炭素分はすべて，膜の供給側出口成分に含まれる（図2a）[3,4]ので，100％の炭素分の回収率が可能である。一方，膜の供給側に含まれるすべての水素を透過側に分離することはできない。これは，水素が，膜の供給側と透過側の化学ポテンシャル差を駆動力として透過するためである。例えば，水素が膜を透過するに従い供給側の水素圧力が下がるので，膜の後段になるほど水素の透過量は減少する。無限に膜面積を大きくすれば，供給側と透過側の水素分圧が同じになるまで透過するが，実際には，膜のコストやプロセスサイズ，水素の回収率（（膜を透過した水素の量）／（膜に供給された水素の量））等を考慮して，有限の膜面積を選択することになり，水素回収率は100％にはならない。さらに，膜の透過後の水素圧力は，供給側に比べて低くなるので，水素利用に際して昇圧が必要となる場合もある。

　これに対して，二酸化炭素選択透過膜の場合は，水素に加えて未反応の炭化水素や一酸化炭素などの可燃性ガスも高圧の供給側出口ガス（未透過成分）に保持できる（図2b）。ただし，すべての二酸化炭素を膜の透過側に除くことはできないので，二酸化炭素回収率は100％にはできない。また，高純度の水素が必要な場合は，膜反応器の後段に，分離プロセスを必要とする[3,4]。

　炭化水素の改質により得た水素を用いてタービンで発電するプロセスを例として，水素選択透過膜，または，二酸化炭素選択透過膜とWGS反応を複合化した場合の比較計算が行われた[3]。

第2章　二酸化炭素透過膜を用いる膜反応器

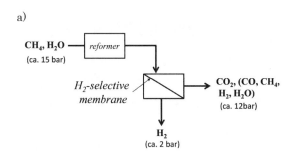

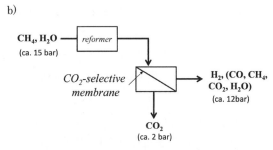

図2　メタン改質による水素製造への膜の適用の概略図
a) 水素選択透過膜を用いる場合，b) 二酸化炭素選択透過膜を用いる場合
（図中には，プロセス計算[3]で用いられた圧力を例として示した）。

表1　天然ガスの改質・膜シフト反応器・水素タービン発電プロセスで用いた膜性能[3]

膜の種類	膜性能	
	透過性（μmol m^{-2} s^{-1} Pa^{-1}）	分離性（－）
H$_2$ 選択透過膜	10（H$_2$）	∞
CO$_2$ 選択透過膜	0.10（CO$_2$）	50（CO$_2$/others）

膜の分離性能を無限大（水素，または，二酸化炭素しか膜を透過しない）と仮定し，透過性は考慮に入れない場合では，プロセス全体の効率は，二酸化炭素透過膜を用いた方が高い結果が得られた。これは，水素選択透過膜を透過した水素を，タービンへ供給する際の昇圧に要するエネルギーが大きなことが主な原因である。一方，表1の膜性能を用いて試算すると，水素選択透過膜の方が，二酸化炭素選択膜に比べて高い効率が得られた。供給ガスが高圧になるほど水素選択透過膜では効率が向上したが，分離性能に限界を設定した二酸化炭素透過膜は，圧力の増加に伴って，膜を透過する水素やメタンが増えるため，プロセス全体の効率は低下した。

このように，二酸化炭素選択透過膜が優位となるプロセスがあり得るが，膜の選択性は大きな鍵の一つである。加えて，反応場への寄与や，膜サイズやコストに大きく影響を与える透過性の向上や，安定性の検討も，二酸化炭素選択透過膜の開発課題である。以下では，具体的な例を用いて，二酸化炭素分離を取り入れたプロセスを紹介する。

4 水性ガスシフト反応への二酸化炭素分離技術の適用

　反応場からの二酸化炭素除去は，吸収剤を用いたプロセス[5,6]が先行している。例えば，ハイドロタルサイトベースの二酸化炭素吸収剤をWGS反応に組み合わせたプロセス（Sorption Enhanced Water Gas Shift：SEWGS）が，オランダECN研究所を中心としてヨーロッパプロジェクト（例えば，第7次欧州フレームワークプロジェクト，Carbon-free Electricity by SEWGS: Advanced materials, Reactor and process design, CAESAR, 2008-2011 や，それを引き継いだ，SEWGS Technology Platform for cost effective CO_2 reduction in the Iron and Steel Industry STEPWISE, Horizon 2020, 2015-2019）などを通して開発が進んでいる。この吸収剤は，350～400℃でCO_2とH_2Sを同時に除去する[6]ことができ，スウェーデンのLuleåで14 ton-CO_2/日規模のパイロット試験も始まった[5]。一方で，吸収剤を利用する本法は，吸収剤の再生が必要であり，また，複数の塔を組み合わせて制御しなくてはならない。もし，二酸化炭素を膜により除ければ，連続的に分離でき再生設備がいらないことから装置の簡略化が可能となる。

　二酸化炭素／水素分離性能を示す，促進輸送膜やイオン性液体膜等を，低温WGSへ適用することが提案されている[7～10]。反応場から二酸化炭素を除去することで，供給側出口での一酸化炭素濃度が10 ppm以下で，水素回収率を97％以上にできるなどの効果が報告されている[4]。膜によっては，二酸化炭素と同時に硫化水素を透過できる[10]ので，燃料電池用途のような高純度の水素が必要な場合などで，有望なシステムが構築でき得る。一方で，膜の適用温度は〜200℃程度までの報告が多い。膜反応器前の降温負荷が少なくなるほど，プロセス効率は上がるので，より高温でも安定に使用できる膜の開発が望まれる。

5 高温二酸化炭素分離技術の適用

　Pd-alloy膜反応器[2]のように，水蒸気改質，WGS反応と，膜による反応生成物の選択的除去を同一反応器（図1d）で行うためには，500～550℃程度で，CO_2を選択的に除く必要がある。また，反応条件下でも安定な材料が求められる。このような高温域での二酸化炭素の吸収剤として，セラミックス系材料が報告されている。これら材料の二酸化炭素吸収・放出は，以下の可逆的な化学反応によると考えられている[11]。

$$Li_4SiO_4 + CO_2 \rightleftarrows Li_2SiO_3 + Li_2CO_3$$
$$Li_2SiO_3 + CO_2 \rightleftarrows SiO_2 + Li_2CO_3$$

　シリカの代わりにジルコニアやチタン，リチウムの代わりにナトリウムやバリウムなどを使用したセラミックス系吸収剤も報告されている[12,13]。材料によって，二酸化炭素を吸収・放出する温度や圧力，反応速度が異なるが，熱力学計算によれば，550℃程度では上記の二酸化炭素吸収・放出は，水蒸気や共存ガスの影響を受けない。これら吸収剤の課題の一つは，二酸化炭素の放出

第2章　二酸化炭素透過膜を用いる膜反応器

に700℃以上の高温を必要とする点である。

　Li_2ZrO_3・溶融炭酸塩からなる膜が500℃以上で二酸化炭素を選択的に透過することが報告[14]されてから，様々な種類の無機の多孔質材料と溶融炭酸塩からなる高温二酸化炭素選択透過性なDual-Phase膜が報告[15,16]されるようになってきた。このタイプの膜は，高温域で溶融した炭酸塩が多孔体の空隙を自動的に閉塞し，緻密な膜を形成する。溶融炭酸塩への溶解が小さい水素などの透過量は無視できるので，原理的には極めて高い二酸化炭素選択透過性能を示す膜となる。膜合成は簡易で，SiO_2やステンレススティール（SS）等の多孔体を，500〜600℃で溶融した炭酸塩中に浸漬することで得られる。溶融炭酸塩には，純成分に比べて融点が低い2成分や3成分系が用いられることが多い（例えば，Li_2CO_3の融点は723℃だが，Li_2CO_3-Na_2CO_3-K_2CO_3の共晶の融点は395℃[17]である）。

　Li_2ZrO_3・溶融炭酸塩膜の二酸化炭素の透過は，図3a)のような機構で起きると考えられている。供給側の二酸化炭素が，酸素導電体中の酸素イオンと反応して，炭酸イオンを形成（$CO_2 + O^{2-} \rightarrow CO_3^{2-}$）し，膜の溶融炭酸塩部分を透過する。二酸化炭素濃度は供給側の方が高いので，炭酸イオン濃度も供給側に近いほど高く，透過側ほど低い。この濃度差を駆動力として，炭酸イオンが溶融炭酸塩層を拡散する。透過側近傍では，炭酸イオンの分解反応（$CO_3^{2-} \rightarrow CO_2 + O^{2-}$）が起こり，二酸化炭素は透過側へ，酸素イオンは酸素イオン伝導体へ移動する。酸素イオン伝導体中の酸素イオン濃度は，透過側の方が高くなり，透過側から供給側へと拡散する。炭酸イオンの透過方向への拡散と，酸素イオンの逆拡散により，電荷バランスがとれていると考えられている。

　溶融炭酸塩を含浸させる材料に，ステンレススティール（SS）焼結体を用いると，SSがプロトン伝導体となり，図3b)のような機構で二酸化炭素が透過すると考えられている[15]。この膜の場合，供給側に酸素を加えることで，二酸化炭素の透過は増加する。多孔体材料に，混合導電体を用いれば，酸素イオンと電子の両者が二酸化炭素の透過に関与するようになる（図3c)）。供給ガスや透過ガスに水蒸気を加えると，二酸化炭素の透過性が上がることも報告されている。この場合は，水蒸気の存在で形成する水酸化物イオンの逆拡散が，炭酸イオンの透過を促進していると考えられている（図3d)）[18]。

　膜に欠陥がなければ，二酸化炭素の透過性は温度の上昇や，膜間の二酸化炭素分圧差の増加に伴い増加する。二酸化炭素以外のガスは緻密膜をほぼ透過しないので，二酸化炭素選択性も透過性の上昇に伴って増加する。例えば，混合導電体の中でも高い酸素イオン導電性を示すガドリニウムやサマリウム添加セリア（$Ce_{0.85}Gd(Sm)_{0.15}O_{2-\delta}$）・溶融炭酸塩の膜は，700℃で1,000以上の二酸化炭素／ヘリウムの分離係数と，0.15 mL/(cm^2 min)の透過流束を示した[19]。透過速度の温度依存性から求めた見かけの活性化エネルギーは，無機材料中の酸素イオンの拡散係数の活性化エネルギーと同じオーダーで，酸素イオンの拡散が，膜透過の律速過程である可能性を示している。これは，無機材料中の酸素イオンの拡散係数が，溶融炭酸塩中の炭酸イオンの拡散係数よりも小さいことや，膜厚が1〜数mm程度と厚く，表面反応よりも膜中の拡散が律速となる可能

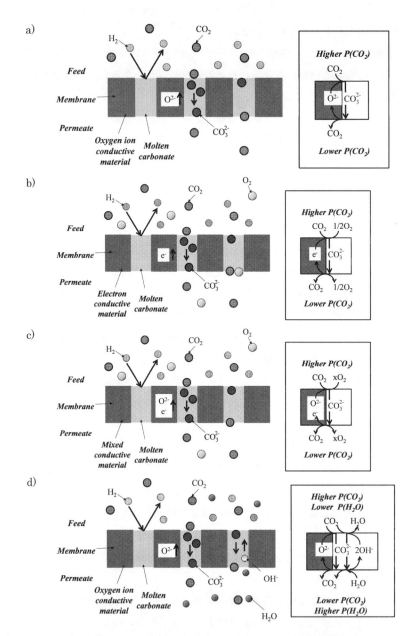

図3　400℃以上の高温で二酸化炭素を選択的に透過する Dual-Phase 膜の透過モデルの例
枠内には，寄与していると考えられているイオンの閉回路を示した。

性が高いことと相反しない。

　これらの提案された透過機構が正しければ，溶融炭酸塩の保持に酸素導電率が高い材料を用い，膜の透過側では水蒸気をスイープとして用いて透過側の水蒸気圧を高くすれば，膜の二酸化炭素分離・透過性能が向上する。また，二酸化炭素の引き抜きと同時に水を反応場に供給したり，

第 2 章　二酸化炭素透過膜を用いる膜反応器

透過側ガス中の水を凝縮により除けば，高純度の二酸化炭素を得ることもできる。

　報告されている Dual-Phase 膜は 1～数 mm 程度の厚みであることが多く，薄膜化することで透過性の向上が見込まれる。一方で，溶融炭酸塩を長時間にわたって膜の細孔内に保持できるかを始め，安定性についてはさらなる検討が必要である。例えば，長期実験後の膜モジュール出口で溶融炭酸塩由来と思われる白色の結晶が見られる。また，膜の高温シール材は限られているが，ガラス系のシール材はリチウムと反応してしまう。銀などの金属をシールに用いると，高温試験中に金属が膜中に拡散し，金属含有の膜となる場合もある。このように，薄膜化，膜の安定性，スケールアップ，シール材の選定，モジュール設計など，種々の課題があるが，溶融炭酸塩型燃料電池の知見を応用したさらなる開発が期待される。

6　おわりに

　二酸化炭素を反応場から膜により抜くプロセスは，反応転化率の向上などの利点に加えて，水素などの反応生成物を高圧側に保つことができること，純度の高い二酸化炭素を透過側に得られることなどのユニークな特徴がある。プロセスの実現には，高い二酸化炭素選択性と透過性を持ち，反応条件下で安定な膜が必要である。小さな水素よりも，二酸化炭素を選択的に透過させることは難しいが，近年，～200℃程度や，400℃以上で，二酸化炭素選択透過性を示す膜が報告されるようになってきており，今後のさらなる開発が期待される。

文　献

1) L. Barelli *et al.*, *Energy*, **33**, 554 (2008)
2) Y. Shirasaki *et al.*, *Int. J. Hydrogen Energy*, **34**, 4482 (2009)
3) K. Kaggerud, M. Gjerset, T. Mejdell, I. Kumakiri, A. Bolland, R. Bredesen, GHGT-7 Conference, Vancouver, BC, Canada, September 5-9, 2004.
4) J. Huang *et al.*, *J. Membr. Sci.*, **261**, 67 (2005)
5) H. A. J. van Dijk *et al.*, *Energy Procedia*, **114**, 6256 (2017)
6) E. van Dijk *et al.*, *Energy Procedia*, **4**, 1110 (2011)
7) J. Zou *et al.*, *Ind. Eng. Chem. Res.*, **46**, 2272 (2007)
8) R. Yegani *et al.*, *J. Membr. Sci.*, **291**, 157 (2007)
9) C. Myers *et al.*, *J. Membr. Sci.*, **322**, 28 (2008)
10) K. Ramasubramanian *et al.*, *AIChE J.*, **59**, 1033 (2013)
11) 加藤雅礼，中川和明，日本セラミックス協会学術論文誌，**109**，911 (2001)
12) T. Zhao *et al.*, *Chem. Mater.*, **19**, 3294 (2007)
13) K. Izumi *et al.*, *Chem. Lett.*, **44**, 1016 (2015)

14) H. Kawamura *et al.*, *J. Chem. Eng. Japan*, **38**, 322 (2005)
15) S. J. Chung *et al.*, *Ind. Eng. Chem. Res.*, **44**, 7999 (2005)
16) M. Anderson & Y. S. Lin, *J. Membr. Sci.*, **357**, 122 (2010)
17) S. H. White & U. M. Twardoch, *Electrochim. Acta*, **27**, 1599 (1982)
18) W. Xing *et al.*, *J. Membr. Sci.*, **482**, 115 (2015)
19) M. L. Fontaine *et al.*, *Energy Procedia*, **37**, 941 (2013)

第3章　水素透過膜を用いる膜反応器

1　メタン水蒸気改質膜反応器
1.1　多孔質膜

都留稔了[*1]，長澤寬規[*2]，金指正言[*3]

1.1.1　はじめに

アモルファスシリカ膜によって水素が分離可能であることが1989年にCVD法[1]で，1990年にゾルゲル法[2]で初めて報告されてから，すでに30年になろうとしている。ゾルゲルおよびCVDのいずれの方法でも，高選択透過性シリカ膜の作製が可能であることが報告されている。これらシリカ膜は，パラジウムなどの金属膜と同様に，以下で示されるメタンと水素が関係する平衡反応への膜反応器への応用が期待されている。

水蒸気改質反応　　　$CH_4 + H_2O \Leftrightarrow CO + 3H_2$　　　$\Delta H_{298K} = 206$ kJ

水性ガスシフト反応　$CO + H_2O \Leftrightarrow CO_2 + H_2$　　　$\Delta H_{298K} = -41$ kJ

ドライリフォーミング　$CH_4 + CO_2 \Leftrightarrow 2CO + 2H_2$　　$\Delta H_{298K} = 247$ kJ

水蒸気改質反応（Steam Reforming of Methane：SRM）は水素製造に広く用いられているが，吸熱反応のため高温の方が有利であり，また，実用的な反応速度と反応率を得るために，水蒸気／メタン比（S/C）3程度，反応温度800〜900℃，圧力20 bar程度で運転されている。膜反応器は，このSRM反応をコンパクトな装置で高効率に行える可能性がある。すでに各研究グループから優れた研究成果が報告されている[3〜5]が，特に，水素引抜による平衡シフトにより，反応温度500℃レベルへの低温化のみならず分離精製を同時に行えることは大きなメリットである。ここでは当研究グループの研究を中心として，SRM膜反応器を紹介する。

1.1.2　シリカ膜の耐水蒸気性および水素選択性の向上

シリカ膜をSRM膜反応器に応用する際に注意すべき点は，水素選択性と耐水蒸気性である。アモルファスシリカ膜は乾燥ガス中では安定であり，長期間にわたって気体透過率は変化しない。しかしながら，湿りガス中では透過率は大幅に低下し，再び乾燥雰囲気に戻しても膜透過性

---

* 1　Toshinori Tsuru　広島大学　大学院工学研究科　化学工学専攻　教授
* 2　Hiroki Nagasawa　広島大学　大学院工学研究科　化学工学専攻　助教
* 3　Masakoto Kanezashi　広島大学　大学院工学研究科　化学工学専攻　准教授

は不可逆的に変化してしまう。特に，SRM反応条件である高温・高圧水蒸気でアモルファスシリカの焼結が促進され，シリカネットワークが緻密化し，水素透過率の低下，場合によってはピンホールの拡大が起きる。この対策として，異種金属との複合化，膜材料の疎水化，高温焼成によるネットワークの安定化などが行われている。詳細は第Ⅰ編第3章2.1を参照されたい。異種金属との複合化に関して，各種金属イオンのシリカへのドープ，さらには水蒸気安定性の評価が行われた。Fe，Alはシリカネットワークの緻密化を促進するのに対して，NiやCoが有効であることが報告されている[6]。図1に示すように，Coドープシリカ膜は水蒸気分圧300 kPaで安定した気体透過率を示し，水素透過率$1.8×10^{-7}$ mol/(m^2 s Pa)，H_2/N_2透過率比700以上を示した[7]。シリカネットワーク中のドープ金属は，酸化物あるいはイオンとして存在し，高温水蒸気雰囲気でのシラノール基の生成や，生成したシラノール基の緻密化を妨げていると考えられる。

SRM反応では，原料のCH_4，H_2Oおよび反応生成物のCO_2，COが共存し，これらから目的物質である水素を選択的に引き抜かなければならない。500℃レベルの高温になると，透過分子と膜材質との相互作用よりも，分子ふるいによる選択性が重要になる。He，H_2およびH_2Oの動的分子径はそれぞれ0.26 nm，0.289 nmと0.265 nmとされており，H_2/H_2O透過率比はHe/H_2透過率比と比較的良い相関を示す（図2）のに対して，大きな分子であるN_2（0.364 nm）のH_2/N_2透過率比とは相関性が認められない[8,9]。これは，ほぼ同じ分子サイズのHe，H_2およびH_2Oはアモルファスシリカネットワーク細孔を主に透過しているのに対して，N_2はピンホールのような大きな細孔を透過しているからと考えられる。ここで注意しなければならないのは，H_2/H_2O透過率比は常に1以上であることである。各種のメカニズムを検討した結果，H_2Oの分子サイズはH_2より大きく，0.2995 nmや0.317 nmが高温シリカ膜に適切と考えられる[10]。一方で，CO_2（0.33 nm）に対してH_2/CO_2透過率比が10～20程度にもかかわらず，H_2O/H_2透過率比が100を超えるケースも報告[11]されており，分子サイズの妥当性を含めて今後より詳細な研究が必要である。

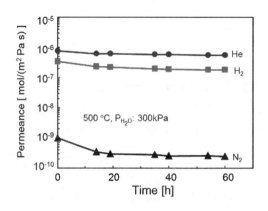

図1　Coドープシリカ膜の高温水蒸気中での安定性

第3章 水素透過膜を用いる膜反応器

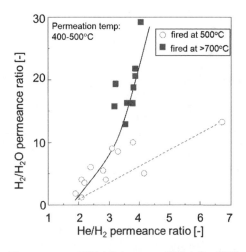

図2 H_2/H_2O 透過率比と He/H_2 透過率比の関係
（400-500℃）

1.1.3 触媒膜の開発と膜反応器への応用

水素製造膜反応器は，第Ⅲ編第1章の図1に示したように，分離膜と触媒を反応器内に充填した充填層型膜反応器（PBMR），および分離膜自体が触媒反応活性を有する触媒膜型膜反応器（CMR）に大別され，CMRはPBMRと比べてよりコンパクトな膜反応器になると考えられる。シリカの触媒活性は低いことから，水素分離膜は多孔質である支持層と分離機能を有する分離層からなる点を考慮して，図3に示すような多孔質支持体に触媒を担持した触媒膜が提案されている[12]。膜としては分離機能と触媒反応機能を有するため，触媒膜に分類される。触媒を膜支持体細孔に担持した触媒膜はコンパクトであるだけでなく，触媒表面で生成した水素が分離膜表面まで拡散する距離が短いため，引き抜き効果が顕著であるという利点もある。

多孔質支持体にNi触媒を担持することで触媒支持層を作製し，その上にシリカ系分離層を形成した触媒膜が，まず提案された[12]。約100 nmのNi粒子が α-Al_2O_3 表面上に分散しており，SRM反応に応用された結果を図4に示す。メタン供給量が多い時の反応率はほぼ平衡反応率

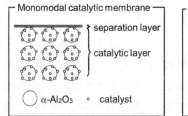 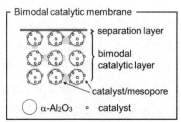

図3 モノモーダル触媒膜（左）およびバイモーダル触媒膜（右）の構造
原料は多孔質側に供給され，分離層のある方が透過側となる。

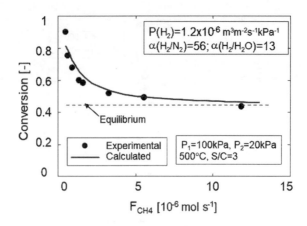

図4 メタン反応率の供給流量依存性
（供給圧：100 kPa，透過圧：20 kPa，S/C = 3，500℃）

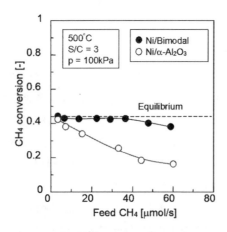

図5 モノモーダル触媒膜（Ni/α-Al₂O₃）とバイモーダル触媒膜
（Ni/bimodal）の触媒活性の供給メタン流量依存性
（引抜なし，100 kPa，500℃）

(0.44) を示し，この反応条件では10 μmol/sまでは反応速度は十分早いこと，つまり反応速度と供給流量の比の目安である Da 数は無限大に近いことに相当する。供給量の減少とともに引抜効果が現れ，メタン反応率が増大し最大0.8〜0.9に達した[8]。

モノモーダル触媒膜では，細孔径1 μm程度のαアルミナ支持体の細孔表面に金属触媒を直接担持するため，担持触媒の表面積が十分でない可能性，さらにシンタリングによる活性低下の可能性がある。そこで，αアルミナ支持体細孔内にまずγアルミナなどのメソ孔材料を担持することで，二元構造（バイモーダル構造）を有する多孔質支持体を作製し，その後に金属触媒を担持するバイモーダル触媒膜支持体が提案された[13]。図5には，水素引抜なしにおける，モノモーダル触媒膜とバイモーダル触媒膜のメタン反応率の供給メタン流量依存性を示す[14]。バイモーダル

第3章 水素透過膜を用いる膜反応器

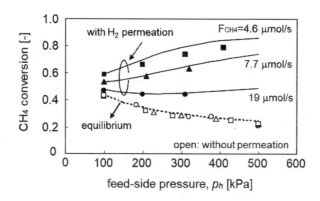

図6　メタン反応率の供給圧力依存性
（500℃，S/C = 3，膜透過側圧力 20 kPa）

触媒膜は高メタン流量まで平衡反応率を示したことから，触媒活性が向上したことが明らかである。水素吸着量を測定したところ，Ni担持量は同程度にもかかわらずモノモーダル触媒膜と比べると15倍増大したことから，Niが高分散していることが確認された。バイモーダル構造では，マクロ孔での高いガス拡散性とメソ孔での高い触媒分散性が可能となる。

図6には，バイモーダル触媒膜をSRM反応へ適用した結果を示す[14]。引抜なしでの反応率は圧力とともに低下し，供給流量に関わらずほぼ平衡反応率を示した。一方，引抜のある場合は，反応率は向上する傾向を示し，引抜による反応促進が確認された。図4および図6中の曲線は，膜透過特性（水素透過率，各種ガスに対する透過率比），および反応条件を用いて，第Ⅲ編第1章の式(1)〜(4)を用いたシミュレーションを示す。Da = 無限大とした，フィッティングパラメーターなしでの計算結果であるが，いずれの供給流量においても比較的良く実験値を説明可能であった。なお，メタン水蒸気改質反応のみならず NH_3 脱水素反応[15]およびメチルシクロヘキサン脱水素反応[16]においても，バイモーダル触媒膜が有効であること，さらにシミュレーションとよく一致することが報告されている。

1.1.4 まとめ

水素分離膜の開発状況，および触媒膜反応器への応用について，筆者の研究グループを中心に紹介した。第Ⅲ編第1章で説明したように，膜反応器では，膜，触媒，操作条件に加え，触媒反応は入熱・発熱を伴うため，熱供給システムの考慮も必要となる。まさに総合工学として取り扱う必要がある。水素分離膜の観点からは，より安定性が高く，選択透過性の向上へ引き続きチャレンジしてゆく必要がある。

文　　献

1) G. R. Gavalas et al., *Chem. Eng. Sci.*, **44**, 1829 (1989)
2) S. Kitao et al., *MAKU (Membrane)*, **15**, 222 (1990)
3) A. Prabhu et al., *J. Membr. Sci.*, **176**, 83 (2000)
4) M. Nomura et al., *Ind. Eng. Chem. Res.*, **45**, 3950 (2006)
5) K. Akamatsu et al., *AIChE J.*, **57**, 1882 (2011)
6) M. Kanezashi & M. Asada, *J. Chem. Eng. Jpn.*, **38**, 908 (2005)
7) R. Igi et al., *J. Am. Ceram. Soc.*, **91**, 2975 (2008)
8) T. Tsuru et al., *AIChE J.*, **50**, 2794 (2004)
9) M. Kanezashi et al., *J. Am. Ceram. Soc.*, **96**, 2950 (2013)
10) T. Tsuru et al., *AIChE J.*, **57**, 618 (2011)
11) H. Wang et al., *J. Membr. Sci.*, **450**, 425 (2014)
12) T. Tsuru et al., *Sep. Sci. Technol.*, **36**, 3721 (2001)
13) T. Tsuru et al., *Appl. Catal. A Gen.*, **302**, 78 (2006)
14) T. Tsuru et al., *J. Membr. Sci.*, **316**, 53 (2008)
15) G. Li et al., *AIChE J.*, **59**, 168 (2013)
16) L. Meng et al., *AIChE J.*, **50**, 2794 (2004)

1.2 触媒一体化モジュール

川瀬広樹[*1], 高木保宏[*2], 伊藤正也[*3], 井上隆治[*4]

1.2.1 はじめに

水素をエネルギーとして利用する"水素社会"を実現すべく, 政府主導で技術開発が進められているなかで, 家庭用燃料電池の普及が拡大し, 燃料電池自動車が市販開始され, 水素ステーションの整備も着実に進められている。2014年6月に策定された水素燃料電池戦略ロードマップが2016年3月に改訂され, 新たな目標設定や取組の具体化が行われた。燃料電池自動車については普及台数目標が明示され, 2020年までに4万台, 2025年までに20万台程度, 2030年までに80万台程度とされている。この台数目標を達成するためには水素を供給する水素ステーションのさらなる整備の拡大が必要である。我々は2025年以降を燃料電池自動車の本格普及期と考え, 水素ステーション向けの次世代型水素製造装置の開発を行ってきた。本稿では, 次世代型水素製造装置の心臓部である水素製造モジュールの耐久性について紹介する。

1.2.2 開発背景

水素ステーションには, 大規模かつ集中的に製造された水素をトレーラーなどでステーションに運び供給するオフサイト型と, ステーションで都市ガスから水素を製造し, 供給するオンサイト型がある[1]。オンサイト型は, 既設の都市ガス導管網を利用することが可能であるため, 有力な水素製造手段の一つである。一般に都市ガスから水素を製造する場合は, 脱硫, 水蒸気改質, CO変性, PSA (Pressure Swing Adsorption) を用いた水素精製の4段階のプロセスを経て製造される (以降PSA方式)。これに対して, 改質器に膜分離技術を組み合わせた反応器である水素分離型リフォーマーは, 水蒸気改質, CO変性, 水素精製を1段のプロセスで行えるため, コンパクトかつPSA方式に比べて200℃以上低い温度で水素製造ができるという特徴を持ち, 次世代のオンサイト向け水素製造装置として期待されている[2]。この水素分離型リフォーマーを, さらにコンパクトに, かつ低コストにするべく, 水素を分離精製する膜を, 触媒機能を有したセラミック多孔質支持体上に形成した触媒一体化モジュール (Membrane On Catalyst : MOC) の開発を東京ガス㈱と共同で, 新エネルギー・産業技術総合開発機構 (New Energy and Industrial Technology Development Organization : NEDO) のサポート (2005~2012年度) を受けながら行ってきた。

---

*1　Hiroki Kawase　日本特殊陶業㈱　事業開発事業部　事業開発部　主任
*2　Yasuhiro Takagi　日本特殊陶業㈱　技術開発本部　戦略技術企画部　課長
*3　Masaya Ito　日本特殊陶業㈱　事業開発事業部　企画管理部　副参事
*4　Ryuji Inoue　日本特殊陶業㈱　技術開発本部　課長

1.2.3 MOCの構造・動作原理

MOCは図1に示すように，改質触媒兼多孔質支持体，Pd-Ag水素透過膜，バリア層，金属継手からなる。支持体にはメタンガスの水蒸気改質反応とCO変性反応を引き起こす"触媒"の機能が，水素透過膜には支持体の改質機能により発生した水素を純度99.99 vol%以上に"精製"する機能が，バリア層には水素透過膜と改質触媒であるNiが相互拡散することを抑止する機能が，そして金属継手にはセラミックスであるMOCと金属である配管とをガス漏れなく接合する機能が，それぞれ付与されている。

PSA方式においては原料となる都市ガスと水蒸気を改質器に投入し，式(1)に表される反応によって水素を生成させ，次にCO変性器で式(2)の反応によりCOと水蒸気から，さらに水素を生成し，最終的にPSAで99.99 vol%以上の水素に精製する。この時，式(1)の反応を十分に促進させるために必要な改質器の温度は800℃である。

$$CH_4 + H_2O \Leftrightarrow CO + 3H_2 \tag{1}$$
$$CO + H_2O \Leftrightarrow CO_2 + H_2 \tag{2}$$

MOCにおいてもモジュール内側に都市ガスと水蒸気を投入し，式(1)，(2)に表される反応により水素が生成する点は同じである。しかし，生成と同時に水素がバリア層を介して配置されたPd-Ag膜から引き抜かれる点が大きく異なり，生成物である水素を反応場から引き抜くと，ルシャトリエの原理に従い，式(1)，(2)の反応ともに平衡が水素生成側に移動する。この水素引き抜きによる非平衡状態を実現することにより，反応の低温化が可能となり，PSA方式よりも200℃以上低い500～550℃でも，PSA方式と同等の都市ガス転化率を確保できる。

次にMOCの製造方法について説明する。支持体は触媒成分のNiO，構造材としてのイットリア安定化ジルコニア（Yttria Stabilized Zirconia：YSZ），造孔材である有機ビーズを混合・造粒した粉末を，プレス成形法にて有底管形状に成形する。成形後，焼成工程を経て外径φ10 mm，長さ300 mm，肉厚2 mmの多孔質の支持体を得る。バリア層は厚み20～30 μmの多孔質YSZ層で支持体の表面にディップコーティング法により塗布したスラリーを焼き付けることで得られる。水素透過膜であるPd-Ag膜はバリア層上にめっき法でPd, Agの順で成膜し，総厚みは8～10 μmである。成膜後，Pd, Agを合金膜にするため，不活性雰囲気で熱処理を実施し，さら

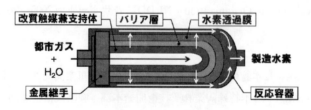

図1　MOCの構造，水素製造方法

第 3 章　水素透過膜を用いる膜反応器

に支持体中の NiO を Ni に還元するために還元雰囲気で熱処理を実施する。最後に金属継手を締付けて完成となる。

1.2.4　MOC の耐久性

　MOC の水素製造能を確認するために，都市ガスを用いた連続水素製造試験を実施した。試験条件は，反応温度 550℃，原料ガスは都市ガス 13A，S/C（スチーム／カーボン比）= 3.0，原料供給側圧力 0.8 MPaG，水素透過側圧力 0.0 MPaG である。開発当初のモジュールは試験開始後，70 時間足らずで目標である製造水素純度 99.99 vol% を下回るレベルであった（図 2：対策前）。製造水素純度が低下した MOC を調査したところ，耐久性が劣化する要因は図 3 に示す「継手」「金属異物」「膜剥離」の 3 つであることがわかった。これらの要因に対して対策を実施することで，MOC の耐久性は 6,000 時間に亘って製造水素純度 99.99 vol% を維持するレベルまで改善が見られた（図 2：対策後 MOC）。次項では耐久性を飛躍的に改善できた 3 つの対策について説明する。

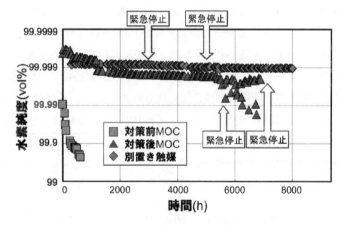

図 2　耐久性試験の結果

図 3　MOC の劣化要因

1.2.5 MOCの耐久性を支える3つの対策

まずは1つ目の劣化要因である「継手」について説明する。継手はMOCと原料ガスと水蒸気を投入する配管とを繋ぐ役割があり，0.8 MPaGの負荷に対してMOCが抜け出ないように保持する機能と，不純物ガスを通さないガスシール機能が求められる。継手はオーステナイト系ステンレス鋼のSUS316としたが，この材質は，熱膨張係数が〜17 ppm/℃程度と大きく，セラミック材料の中でも比較的熱膨張係数の大きいYSZ（〜10 ppm/℃）を用いてもその乖離は大きい。我々は開発当初，膨張黒鉛製フェルール（Graphite Ferrule：GF）を使用する構造（図4(a)参照）を採用したが，本構造では内圧負荷に対して支持体を保持する機能は果したものの，ガスシール機能は不十分であった。これは金属継手と支持体との熱膨張差により生じた隙間を閉塞することができず，図4(a)の矢印で示した経路により改質ガスの漏れが発生したためである。そこで我々はガスシール機能を補うために，ガラスを併用したGF-ガラス併用継手構造（図4(b)参照）を考案した。この構造は試験温度で半溶融するガラスでシールするところがポイントである。半溶融状態のガラスは，自身の形状を維持することができないが，GFでガラスを挟み込むことでその問題も解決した。これにより，継手にMOCが抜け出ないように保持する機能に加え，不純物ガスを通さないガスシール機能を付与することができた。

次に2つ目の劣化要因である「金属異物」について説明する。Pd-Ag膜には水素のみを選択的に透過する機能が求められる。しかし，金属異物がPd-Ag膜に付着するとカーケンダルボイドによるピンホールを形成し，水素以外の不純物ガスが漏れ出してしまうことでその機能が損なわれてしまう。このピンホールは，①Pd-Ag膜への金属異物の付着，②金属異物へのPd拡散，③金属異物のPd-Ag膜からの離脱の3段階で形成される（図5）。金属異物にはNiやFeが挙げられ，Niは支持体の構成材料に含まれ，Feは試験中にMOCを格納する反応容器の構成材料に含まれる。①は，これらの材料がMOCの製造工程，およびMOCの試験中に膜に付着する段階。②は，この状態でMOCが試験温度である550℃に曝されると金属異物とPd-Ag膜が相互

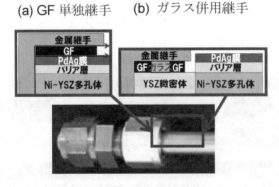

図4 継手構造

第 3 章　水素透過膜を用いる膜反応器

図 5　カーケンダルボイドによるピンホール形成のメカニズム

に拡散する段階。このとき，Pd が Fe へ拡散する速度が，Fe が Pd に拡散する速度より速いため，反応全体では Fe に Pd が吸い寄せられることになり Pd-Ag 膜と Fe との間に隙間（カーケンダルボイド）が形成される。③は，②のカーケンダルボイドが成長し連結することで，Pd を吸い込んだ金属異物が，Pd-Ag 膜の拘束から外れ離脱する段階である。

　我々はこの問題に対して 2 つの対策を実施した。1 つ目は，製造設備のクリーン化により製造工程中の金属異物侵入を防止しながら，MOC 完成後には，念のため膜表面を塩酸で洗浄した。2 つ目は，試験中に反応容器から飛散する金属異物に対しては，反応容器の内面のめっき処理により飛散防止膜を設け，さらに MOC 自体を保護するためにアルミナ繊維で MOC の膜部を覆った。この 2 つの対策によりカーケンダルボイドの形成は抑制された。

　最後に 3 つ目の劣化要因である「膜剥離」について説明する。膜剥離は Pd-Ag 膜がバリア層から剥離し，内圧により膨れた膜が破れることにより，水素以外の不純物ガスが漏れ出してしまう劣化である。Pd-Ag 膜とバリア層の密着は，Pd-Ag 膜の成膜時に多孔質セラミックであるバリア層の細孔に入り込む（アンカー効果）ことで担保されているため，密着性を向上させるためにはこの入り込みを深く，そして太くする必要があった。そこで，バリア層の細孔径を 0.1 μm から 1 μm に拡張した。その結果，図 6 のように Pd-Ag 膜の入り込み深さが 1〜3 μm から 5〜10 μm まで深化し，入り込みの太さは 0.1 μm から 1 μm まで拡張され，密着性を改善することができた。

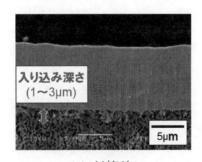
(a) 対策前

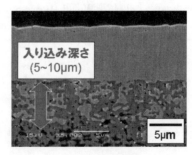
(b) 対策後

図 6　MOC の断面 SEM 像

1.2.6 さらなる耐久性の向上のために

　今回紹介した3つの対策を行うことで大幅な耐久性の向上を図ることができた。しかしながら，実用化を見据えると，現状の数千時間レベルの耐久性では不充分であり，数万時間の耐久性が必要である。今回6,000時間で99.99 vol%を下回った主要因は図2のグラフ中に示した緊急停止による支持体の破損が原因であった。この緊急停止では原料となる都市ガスの供給が止まり，MOC内部が水蒸気雰囲気となった。これにより支持体の触媒成分であるNiが水蒸気により酸化して体積膨張し，支持体の破損に至ったと考えられた。これはMOC外側に別置き触媒を配置し，MOC外側より都市ガスと水蒸気を供給する方式で連続試験を実施したところ，同じく緊急停止を伴いながらも8,000時間に亘って99.99 vol%以上の製造水素純度を維持した（図2の別置き触媒参照）ことにも裏付けられている。つまり，今後さらなる耐久性を確保するためには，緊急停止時の動作整備を含めたシステム面での改善を検討する必要がある。

1.2.7 おわりに

　今後普及が進んでゆくであろう燃料電池車向け水素ステーション用の水素製造モジュールの開発，特に苦心した耐久性の改善について述べた。実用化に至るには，さらなる耐久性の向上を図ると共に，コスト面でも適合するよう開発を進める必要がある。

謝辞

　本研究開発は，新エネルギー・産業技術総合開発機構より委託を受けて，東京ガス㈱と共同で実施されたものであり，関係各位に謝意を表します。

文　　献

1) 2012年版 水素燃料関連市場の将来展望, pp.47-75, 富士経済（2012）
2) H. Kurokawa *et al.*, 17th World Hydrogen Energy Conference, p.113 (2008)

2 MCH脱水素膜反応器

西田亮一*

2.1 はじめに

　触媒と無機分離膜を組み合わせた膜反応器（図1）は，反応と分離・精製を一つの反応器で同時に行うことができる。反応と分離・精製を別々に行う従来法と比較して，高いプロセス効率，低コスト化，省スペースなどが期待され，革新的なプロセスイノベーションをもたらすものとして大きな注目を集めている。しかしながら，一方で実用化に向けた課題も少なからずあり，それらを解決すべく多くの企業や大学等で様々な取り組みが進められている。

　本稿では，筆者らが取り組んでいるメチルシクロヘキサン（MCH）の脱水素用膜反応器開発の取り組みを通じて，実用化に向けた開発の現状と今後の展望を概説したい。

2.2 水素社会構築とエネルギーキャリアとしてのメチルシクロヘキサン（MCH）

　2014年4月に閣議決定された第4次エネルギー基本計画において，「"水素社会"の実現に向けた取組の加速」が強く打ち出され，その中で，「水素輸送船や有機ハイドライド，アンモニア等の化学物質や液体水素への変換を含む先端技術等による水素の大量貯蔵・長距離輸送など，水素の製造から貯蔵・輸送に係わる技術開発等」の重要性が謳われたことは記憶に新しい。さらに2017年12月には安倍首相の指示の下，水素基本戦略が策定され，国際的な水素サプライチェーン構築への動きも加速している。

　水素の輸送・貯蔵技術の本命として期待されているのが，有機ハイドライドやアンモニアなどいわゆる「エネルギーキャリア」である。取り扱いやすく輸送・貯蔵効率の高い水素含有化学物質の形態で貯蔵・輸送してそこから水素を取り出す技術で，水素社会の構築に不可欠な技術と言

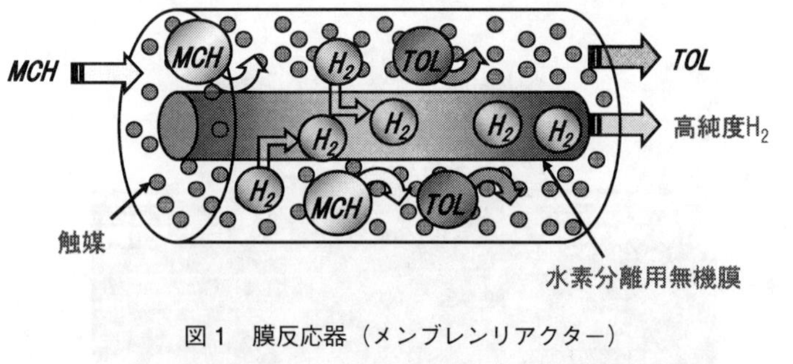

図1　膜反応器（メンブレンリアクター）

---

*　Ryoichi Nishida　（公財）地球環境産業技術研究機構　無機膜研究センター
　　副センター長／主席研究員

える。

　有機ハイドライドの代表例であるメチルシクロヘキサン（MCH）を例にあげると，トルエンの水素化反応によってMCHを製造して液体の形で輸送・貯蔵して，水素を必要とする場所で脱水素反応により水素を取り出す（図2）。しかしながら，このプロセスの課題は，効率的な脱水素の手法がこれまで確立されていないことであった。

　この課題を解決したのが，千代田化工建設が開発した脱水素触媒である。アルミナ担体の断面全体にわたってナノサイズの白金粒子を均一に高分散させたナノ白金／アルミナ触媒を新たに開発し，パイロットプラント（図3）を用いた実証試験ですでに約1万時間の運転を達成してい

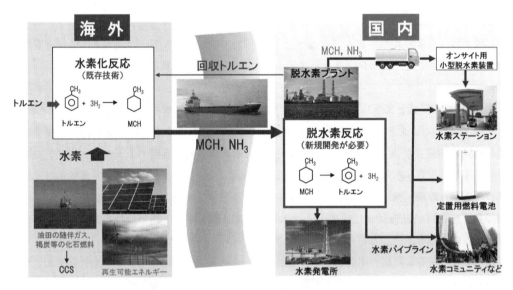

図2　エネルギーキャリアコンセプト（MCH）

写真提供　千代田化工建設株式会社

図3　MCH脱水素パイロットプラント

第3章 水素透過膜を用いる膜反応器

る[1]。

　MCHなど有機ハイドライドの幅広い普及のためには，燃料電池を有する商業施設やオフィスビル，水素ステーションなど中小の需要家に適用できるシステムの開発が必要である。千代田化工建設が開発した脱水素触媒は水素の大量貯蔵・長距離輸送を可能とする優れたものであるが，得られる水素の純度は約98.5%であり，そのままでは燃料電池への水素供給に適用することは難しい。水素の精製工程にPSA（圧力スイング吸着法）を用いると高純度な水素は得られるが，大量の吸着材が必要なため設置容積が大きくなる。また効率やコストの点でも改善が望まれるため，これらの課題を解決する新しい脱水素・精製法の開発が望まれていた。

2.3 MCH脱水素用膜反応器の開発

　膜反応器は，従来法と比較してプロセスの効率化，低コスト化，省スペース化が期待されるが，特に適用する反応が平衡反応である場合，生成物を系外に分離することによって平衡が生成物側にシフトし，転化率が向上する。これは「平衡シフト効果」と言われ，膜反応器の最大の特長である。

　MCHの脱水素反応に膜反応器を適用した場合の例を図4に示す。この反応条件の場合，同じ反応温度280℃で比較すると，平衡転化率が約60%であるのに対し，膜反応器を用いることによって約90%まで転化率が向上する。また，同じ転化率90%で比較すると必要な反応温度が約310℃から約280℃まで30℃程度低減することが分かる。反応温度の低減によって，副反応や触媒劣化を抑制することが可能となり，プロセス効率の大きな向上が図れる。

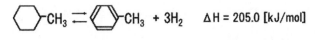

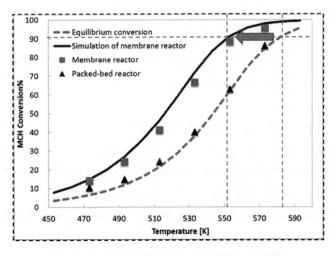

図4　MCH脱水素膜反応器による平衡シフト効果

有機ハイドライドからの脱水素プロセスでは，水素の動的分子径は0.3 nm 弱，トルエンやMCH は約 0.6 nm と比較的分子径が異なることから，「分子ふるい機構」による水素の分離・精製を行う炭素膜[2]，ゼオライト膜[3]，シリカ膜[4]など無機系水素分離膜の適用が検討されている。

炭素膜の場合，水素透過率の低さを克服するため中空糸膜形状を採用していることから，精製だけに使用する場合には軽量化などの点で優位性はあるものの，膜反応器に適用することはできない。

ゼオライト膜は，種類によって細孔径が決まり，およそ 0.3〜0.8 nm となる。適切な構造のゼオライトを選択した上で，薄膜化の際に粒界における透過を抑制することが課題となるが，水素とトルエン／MCH の選択性が着実に向上しつつあり，今後の性能向上が期待される。

シリカ膜は一般にゾルゲル法[5]あるいは CVD 法[6]で作製され，アモルファス構造を有しているため，ゼオライトと異なり粒界による透過が生じない利点がある。最大の特長は，構造制御の自由度の高さであり，適切に構造を制御すると，すなわち細孔径分布を 0.3 nm と 0.6 nm の間でできるだけ 0.6 nm に近づけると，水素透過率と選択性を高いレベルで兼ね備えることができ，有機ハイドライドからの有効な水素分離膜となりうる。

シリカ膜を用いた膜反応器は，MCH 脱水素への適用が期待されるが，実用化するにあたっては，以下の課題があげられる。

① 水素分離用シリカ膜の実機レベルの長尺化
② 脱水素プロセスの低コスト化
③ 耐久性の確認
④ エンジニアリングデータの収集と装置設計
⑤ スケールアップおよび実証試験

以下に，各課題に対するこれまで筆者らが進めてきた開発の成果，および今後の見通しについて述べる。

2.3.1　水素分離膜の長尺化

基礎検討用のシリカ膜は通常 70 mm の長さのものを用いており，実用化の際には，より膜長の大きなものを使用する必要がある。100 kW の燃料電池への水素供給を念頭においたシミュレーション結果，および流通している支持体の長さなどを検討した結果，500 mm 程度の膜長が適切であるとの結論に至った。

筆者らは，シリカ膜の製膜に対向拡散 CVD 法（図 5）を用いている。多孔質セラミック支持体表面に 4 nm 程度の微細孔を有する γ-アルミナ中間層を形成する。その外側にシリカ原料，内側に酸素を通じ 600℃に加熱すると，中間層の微細孔内にシリカ膜が形成される。その膜形成原理から均質なシリカ膜を再現性良く製膜できることが大きな特長である。

膜長 70 mm から 200 mm を経て，500 mm 製膜の検討を行った。200 mm 製膜は，製膜条件を最適化することによって，優れた水素分離性能を有するシリカ膜の製膜が可能となった（図 6）[7]。500 mm 製膜については，原料を支持体の一方から供給するだけでは支持体全体に原料を十分に

第3章 水素透過膜を用いる膜反応器

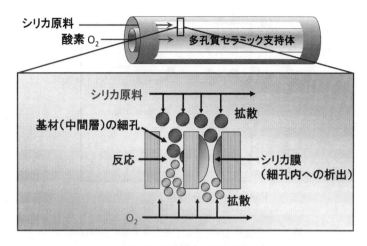

図5 対向拡散 CVD 法

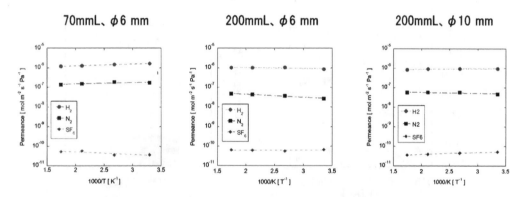

図6 対向拡散 CVD 法によるシリカ膜の分離性能（膜長 70～200 mm）

供給することが難しく，原料の供給方法を工夫することによって 200 mm と同等の優れた水素分離性能を有するシリカ膜の製膜が実現できた（図7）[8]。これによって，実用レベルの水素分離用シリカ膜の製膜が可能となった。

2.3.2 脱水素プロセスの低コスト化

脱水素プロセスの低コスト化も，実用化にとって不可欠な開発項目である。低コスト化の方法として，筆者らは，シリカ膜の水素透過性能の向上，分離膜透過側の常圧化，低コストモジュール化技術の開発，の3つの観点から開発を進めている。

シリカ膜の水素透過性能の向上については，非対称構造の高透過性支持体の採用，それに適した中間層形成条件の最適化，そしてシリカ膜製膜条件を検討することによって，水素透過率を従来の約3倍の 3.5×10^{-6} mol/m^2・s・Pa を実現することができた（図8）[9]。これは同じ水素量を得るのに必要なシリカ膜面積が3分の1で済むことになり，大幅なコスト低減が可能となる。

MCH 脱水素プロセスに膜反応器を適用する場合，高圧ガス保安法の関係で，供給側圧力が 0.2

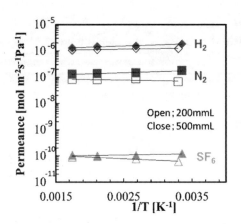

図7 対向拡散CVD法によるシリカ膜の分離性能
（膜長500 mmと200 mm）

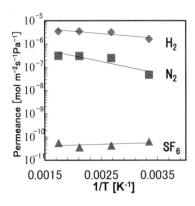
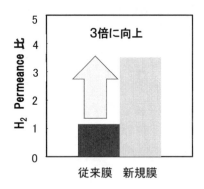

図8 水素透過性能の向上

MPa-Gに制限されており，駆動力である十分な分圧差を確保するには，透過側を減圧にする必要があった（図9）。水素用の真空ポンプが必要となるとともに，配管継ぎ手などからの空気の巻き込みを避けるための安全措置が必要となり，システム全体の高コスト化が避けられないことになる。幸い，2016年11月に高圧ガス保安法が緩和され[10]，供給圧を1.0 MPa-Gまで高めることが可能となった。シミュレーションの結果，上述のシリカ膜の水素透過性能向上と相まって供給圧を0.4 MPa-G以上とすれば透過側が常圧でも同等の分離性能が得られ，水素用真空ポンプや措置が不要になることが分かり（図10），これは実験的にも確認できている。

　分離膜や膜反応器の実用化のためには，分離膜／反応管を複数本束ねる必要がある。従来は機械的接手で一本一本接続する必要があったが，そのような方式では高コストになってしまう。筆者らは，十分なシール性を確保しつつ複数本を一度に束ねる方式の検討を進めている。本技術も低コスト化，そして膜反応器の実用化にとって重要な開発だと言える。

第3章　水素透過膜を用いる膜反応器

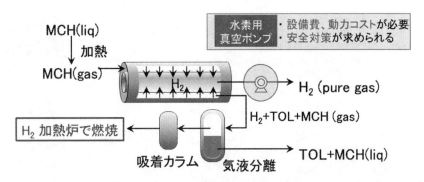

図9　高圧ガス保安法規制緩和前のプロセス

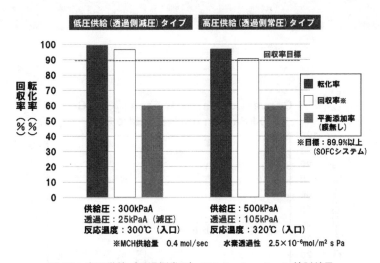

図10　高圧供給（透過側常圧）のシミュレーション検討結果

2.3.3　その他課題への対応

上記以外の課題として，水素分離膜および膜反応器の耐久性も重要である。分離膜については少なくとも触媒と同程度以上の寿命を有することが望ましい。MCH脱水素プロセスへの適用に関するこれまでの実験結果から大きな問題にはならないとの感触を得ているが，今後詳細な検討が必要である。筆者らは，劣化要因の解明をしつつ，2,000時間程度の耐久評価試験を予定しており，その結果に基づき実用的な耐久性を有することを確認する計画である。

膜反応器を実用化するには，パイロットプラント等の設計に必要なエンジニアリングデータの収集が必要である。筆者らは，複数（3～7本）の水素分離膜をモジュール化した膜反応器の小

271

図11　膜反応器モジュール試験装置

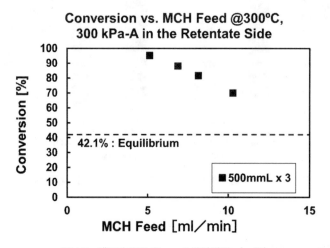

図12　膜反応器モジュール試験結果（一例）

型試験装置（図11）を設計・製作し，種々の反応条件下で脱水素・精製実験を行って各種データを収集している。500 mm シリカ膜3本を用いて反応を行った結果，転化率が平衡転化率より大きく向上し，顕著な平衡シフト効果が得られることが確認できている（図12)[11]。

第3章　水素透過膜を用いる膜反応器

2.4　おわりに

　上述のように，シリカ膜を用いた膜反応器は，エネルギーキャリアである MCH から高純度水素を取り出す脱水素・精製技術として有望である．実用化に向けた課題も着実に解決されつつあり，今後，モジュール構造の最適化や耐久性の確認を行って要素技術の確立を図っていくとともに，共同研究先と MCH 脱水素装置のプロセス検討を進め，実機の詳細設計を経てスケールアップにつなげる計画である．水素社会構築に不可欠なエネルギーキャリア MCH の普及に貢献できるよう，MCH 脱水素膜反応装置の早期の実用化を図る考えである．

　本稿で紹介した MCH 脱水素・精製用のシリカ膜を用いたメンブレンリアクターの研究開発は，千代田化工建設と共同で受託している NEDO「水素利用等先導研究開発事業／エネルギーキャリアシステムの調査・研究／水素分離膜を用いた脱水素」により実施された．関係各位に深く謝意を表す．

文　　献

1) 今川健一ほか，石油学会第 64 回研究発表会予稿集（2015）
2) 吉宗美紀，原谷賢治，石油学会第 63 回研究発表会予稿集，77（2014）
3) M. Noack *et al.*, *Micropor. Mesopor. Mater.*, **82**, 147 (2005)
4) K. Akamatsu & S. Nakao, *J. Jpn. Petrol. Inst.*, **54**(5), 287 (2011)
5) T. Tsuru, *Membrane*, **31**(5), 258 (2006)
6) Y. Ohta *et al.*, *J. Membr. Sci.*, **315**, 99 (2008)
7) 平成 28 年度 NEDO 新エネルギー成果報告会 H220
8) 浦井宏美，西野仁，西田亮一，中尾真一，化学工学会第 82 年会，PD376，東京
9) 平成 29 年度 NEDO 新エネルギー成果報告会 H210
10) http://www.meti.go.jp/policy/safety_security/industrial_safety/oshirase/2016/11/281101.html
11) 西野仁，浦井宏美，佐々和明，西田亮一，中尾真一，化学工学会第 82 年会，N205，東京

3 アンモニア分解-脱水素膜反応器

伊藤直次[*1], 古澤 毅[*2]

3.1 水素貯蔵輸送材料としてのアンモニア

アンモニアは，世界で年間1.6億トン以上生産され[1]，そのほとんどが硝酸などの基礎化学品や硫安（硫酸アンモニウム）などの窒素肥料の原料として利用されている。その一方で，アンモニアは窒素の水素化物であり，近年水素貯蔵輸送用の化合物（水素キャリア）としての利用への関心が高まってきている。その水素キャリアとしての主な特徴は，高い重量水素密度（17.7 wt%），容量水素密度（107 g-H_2/L）を有し，水素とともに生成する窒素の回収の必要がないことである。そして常温でプロパンガスと同程度の圧力で液化可能（0.85 MPa）であり，液化ガスとして比較的容易に貯蔵輸送が可能であることも注目される点である。こうしたことからアンモニアは，表1に挙げた高圧水素や液化水素の純水素系を含めた有機系および無機系の水素キャリアの候補と比較しても将来有望な水素キャリアの一つと言える[2]。

表1 純水素，有機系および無機系の水素キャリアの候補

特徴	貯蔵物質（貯蔵形態）	水素ガス量[※1] [cm^3]
短期貯蔵 500 km 走行	高圧水素ガス（常温で気体） 200 気圧 350 気圧 700 気圧	171（200）[※2] 272（350） 457（700）
短期貯蔵 液水タンカー	液体水素（-253℃）	867
長期貯蔵 短距離輸送 （定置型）	金属水素化物（常温で固体） MgH_2 Mg_2NiH_4 VH_2 $LaNi_5H_6$	1230 990 1160 1087
長期貯蔵 長距離輸送 （常温液体）	化学系水素化物（常温で液体）[※3] シクロヘキサン メチルシクロヘキサン（MCH） デカリン アンモニア（8.6 bar）	684（7.19 wt%） 579（6.16 wt%） 798（7.29 wt%） 1454（17.7 wt%）

※1 貯蔵物質1 cm^3 に含まれる水素を25℃，1気圧に戻した時の水素ガス量
※2 括弧内の数字は理想気体とした場合
※3 反応によって全ての水素を取り出した場合

[*1] Naotsugu Itoh　宇都宮大学　大学院工学研究科　物質環境化学専攻　教授
[*2] Takeshi Furusawa　宇都宮大学　大学院工学研究科　物質環境化学専攻　准教授

第3章 水素透過膜を用いる膜反応器

しかし，アンモニアは特有の刺激臭を持つ毒性の強い気体であり，作業環境基準では25 ppm，悪臭防止法では1～5 ppm以下にすることが定められていることから[3]，使用にあたっては十分留意されるべきである。以下では，アンモニアを水素キャリアとして利用する上での課題，とりわけ分解して水素を取り出す過程での諸問題とその対策について技術的観点から概説する。

3.2 アンモニア分解による水素製造の課題

アンモニアから水素を得るには分解する必要があるが，その分解反応は次の化学反応式で書き表される。

$$NH_3 \rightarrow \frac{1}{2}N_2 + \frac{3}{2}H_2$$

この反応は，吸熱（46.1 kJ/mol）を伴う平衡反応であり，その平衡分解率は図1のようになり，高温かつ低圧ほど分解率が高くなることがわかる。そこで，こうした反応特性を有するアンモニアを利用して水素を製造する場合の課題をまとめると以下のようになる。

(1) **分解温度と触媒に関する課題**

まず挙げられる課題が触媒の性能である。分解には固体触媒が用いられRu，Ir，Ni，Fe等の金属種が活性を示すことが知られており[4]，実用的には安価なNi系が使用される。図1に示したように，分解平衡的には400℃程度でも問題はないものの，Ni系の場合は分解速度が小さいために600℃以上の高温で行われる。しかし，エネルギー輸送という見地からは分解に要するエネルギーも小さくすべきであり，それにはできるだけ低温領域での分解が可能な高活性な触媒が求められる。その探索の検討は3.3項において述べる。

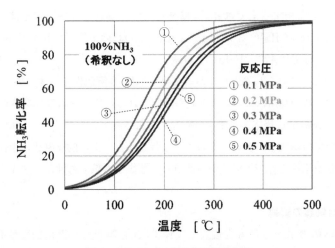

図1 アンモニア分解の平衡転化率

(2) 分解速度と水素精製に関する課題

次の課題は，分解反応速度の向上である。低温活性触媒によって分解温度の低温化は可能ではあるが，当然ながら分解速度の低下を避けることは難しい。加えて，たとえ首尾よく分解できたとしても，生成ガスは水素と窒素に加えて未反応のアンモニアの混合ガスとなるわけで，水素は精製しなければならない。とりわけ燃料電池に用いる水素は，アンモニア濃度を 0.1 ppm 以下にすることが求められることから高度な分離精製法が適用されなければならない[5]。

こうした 2 つの課題に対して，高度な水素精製が可能な膜分離法とりわけパラジウム系膜の利用が有効である。何故なら金属パラジウム膜は水素を原子状に解離溶解する性質があり，水素のみを透過分離できるので混合ガスから高純度水素を得ることが可能であるからである。加えて，分解反応進行下で水素分離を同時に行えば，生成物除去に伴う可及的な非平衡反応操作が可能になり分解率向上につながる。この水素分離は，同時に分解速度そのものを加速する効果もある。つまり，水素を分解反応と同時に膜分離する型式の反応器である膜反応器（メンブレンリアクター，Membrane Reactor）の採用が低温アンモニア分解と高純度水素製造のための新規かつ有効な手法として期待される。

そこで，低温で耐久性のあるパラジウム複合膜の開発について 3.4 項において，また膜反応器によるアンモニア分解の低温化を 3.5 項で述べる。

3.3 低温分解に活性な触媒の探索
3.3.1 アンモニア分解触媒の現状

2000 年代初頭よりアンモニア分解用触媒は探索されてきたが，アンモニアが水素貯蔵輸送材料として注目されたのを契機に，開発がさらに活発となり，近年多くの触媒が特許あるいは論文で報告されている。NH_3 分解活性を示す金属として Ru と Ni が挙げられるが，本稿のように低温で高活性な触媒を開発する上では Ru 金属を利用する場合が多い。例えば，空間速度（Gas Hourly Space Velocity：GHSV）3,000 mL/h.g-cat., 350℃の条件下で NH_3 分解率 50〜90％を達成する触媒として Ru/C12A7[6], K-Ru/Al_2O_3[7], Cs-Ru/Pr_6O_{11}[8], Ru/Cs_2O/Pr_6O_{11}[9] などが報告されている。しかし，これらは 350℃において高い NH_3 分解活性を示す一方で，触媒調製の複雑化あるいは希少金属の利用によるコスト高が懸念される。また，水素分離膜を具備したメンブレンリアクターを NH_3 分解反応へ適用する研究も報告されているが[10〜12]，充填触媒が Ru/Al_2O_3 など市販品を用いている場合が多い。このような背景から，汎用的な酸化物担体と安価な Ru 前駆体を用いて簡便な手法で作製可能，かつ前述した触媒と匹敵する性能を達成する Ru 担持触媒の調製を試みた。

3.3.2 低温活性触媒の調製

数々の Ru 前駆体の中から最も安価な $RuCl_3\cdot 3H_2O$ を選定し，汎用的な酸化物担体として Al_2O_3, SiO_2, TiO_2, CeO_2, ZrO_2, MgO, 活性炭などを選び，含浸法で種々の Ru 触媒を調製した。調製した Ru 触媒を用いて，400℃，GHSV = 2,000 mL-NH_3/h.g-cat. の条件下で 100％NH_3 を供

第3章　水素透過膜を用いる膜反応器

給した結果，NH₃分解率は20％以下と活性は非常に低くかった[13]。これは，H₂還元後にも関わらずRu前駆体由来Clが触媒上に残存し，Ru金属の形成を阻害するためと判明した。そこで，前駆体由来Clを十分に除去し，かつ簡便な手法である「NaBH₄を用いた液相還元法」に着目し，同手法でRu担持触媒を調製後，触媒の物性評価とNH₃分解特性を検証した。

　まず，各触媒のXRF測定結果（表2）より，いずれの触媒においてもCl残存量は0.5 wt％以下であり，含浸法で調製した触媒でのCl残存量（3～5.6 wt％）よりも顕著に減少することを明らかにした[13]。また，Ru/CeO₂触媒について，XPS測定結果から液相還元法で調製した直後でRu金属が形成していること，TEMおよびCO化学吸着量測定結果よりRu平均粒子径は6 nm前後であることも確認した[14]。このような液相還元法で調製した触媒を用いて，400℃，GHSV＝2,000 mL-NH₃/h.g-cat.の条件下で100％NH₃を供給した結果，Ru/CeO₂，Ru/ZrO₂，Ru/MgO，Ru/Al₂O₃の4種類の触媒においてNH₃分解率95％以上の高活性を示すことが分かった[13,15]。

　これらの活性測定結果より，前駆体由来Clの除去およびRu金属の形成がNH₃分解活性を向上させる重要なポイントであると考えた。また，液相還元法で調製した触媒に関して，GHSV＝2,000 mL-NH₃/h.g-cat.，100％NH₃供給条件下，300～700℃の範囲でNH₃分解特性を検討した結果を図2に示した。これより，

表2　各触媒のXRF測定結果

触媒	Ru/CeO₂	Ru/ZrO₂	Ru/MgO	Ru/Al₂O₃	Ru/SiO₂
Ru [wt％]	4.2	5.1	3.3	3.2	2.6
Cl [wt％]	0	0.4	0.07	0.04	0

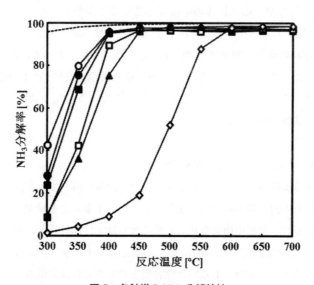

図2　各触媒のNH₃分解特性
○ Ru/CeO₂，● Ru/ZrO₂，■ Ru/MgO，□ Ru/Al₂O₃，
▲ 市販Ru/Al₂O₃，◇ 市販Ni/Al₂O₃，---- 熱平衡

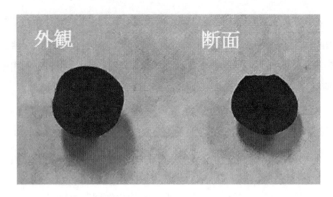

図3　Ru/CeO₂球状触媒の外観および断面写真

- 調製した触媒はいずれも市販 Ru 触媒および Ni 触媒よりも高活性である
- 低温領域（300〜350℃）での活性は，Ru/CeO₂ > Ru/ZrO₂ > Ru/MgO > Ru/Al₂O₃ の順に低下する
- その活性の序列は，担体の塩基性および Ru 平均粒子径が影響している

などが分かった[16]。さらに，Ru/CeO₂，Ru/ZrO₂ 触媒に関して GHSV の影響を検討した結果，いずれの触媒も GHSV＝3,000 mL-NH₃/h.g-cat.，350℃の条件下で NH₃ 分解率 70％以上を達成し，安価な原料および簡便な方法で調製しても既報触媒と同等の性能を示すことを見出した。

しかしながら，メンブレンリアクターへ充填した際に，粒状触媒の形状が Pd 膜を物理的に擦過あるいは剥離する可能性がある。そこで，CeO₂ 球状担体の造粒を外部委託し，粒状触媒と同様に液相還元法を試みたが，球状担体の破損が生じることが判明したため，incipient wetness 法で Ru を担持した後，アンモニア水を用いて Cl 分を洗浄する調製方法へ変更した。その結果，図3に示すように球状担体の内外表面へ均一に Ru を担持でき，かつ Cl 残存量を 0.1 wt％ 以下にすることに成功した。また，同触媒を NH₃ 分解反応へ適用した結果，Ru/CeO₂ 粒状触媒と同程度の性能であったことから，Ru/CeO₂ 球状触媒はメンブレンリアクターへ充填するに相応しい触媒として後述の試験で用いることにする。

3.4　低温下で耐久性のあるパラジウム複合膜の開発

複合膜ゆえに生ずる支持体材料からのパラジウム膜の剥離を抑制する手段として，著者らはパラジウムと支持体材料の間に接着剤の役割を果たし，発生する応力を軽減する金属中間層を設ける方法を提案している[17]。金属中間層を用いた膜の強度は支持体材料との相互作用が重要になると考えられるが，ここでは熱的・化学的に安定な多孔質アルミナ（Al₂O₃）を選択した。Al₂O₃ と金属中間層が図4のような結合，あるいは化合物を形成させれば低温耐久性が発現すると考えられる。そこで，金属中間層の選択には合金形成の生成熱，酸化物の生成熱，熱膨張係数の3つの物理的・化学的性質に関するデータに基づいて金属種の選択を試みた。

第3章 水素透過膜を用いる膜反応器

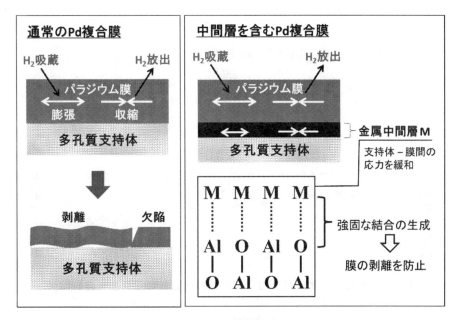

図4 金属中間層の役割

支持体材料の表面にはアルミニウム Al もしくは酸素原子 O が露出していると考えられ，金属中間層 M との相性が良ければ，界面に結合が形成される可能性がある。この接合力の目安として合金形成の生成熱，酸化物の生成自由エネルギー[18]を比較する。まず，M-Al 合金の生成熱を小さいものから順に並べると，Cu < Ni < Ti < Pt の順序になる。これに対して，M-O 酸化物の生成自由エネルギーを小さいものから順に並べると Pt < Cu < Ni << Ti となる。よってアルミナ中のアルミニウムと合金化する場合は白金が，アルミナ中の酸素と反応し，酸化物を形成する場合はチタンが強い界面を形成すると考えられる。次に熱膨張率を比較すると，アルミナとパラジウムのそれはそれぞれ 7.7×10^{-6} と 11.8×10^{-6} K^{-1} である。一方白金 Pt とチタン Ti は，それぞれ 9.0×10^{-6} と 8.9×10^{-6} K^{-1} であり，アルミナとパラジウムの中間に位置しており，これらは熱的伸縮に対する緩和の効果を期待できる。

以上の考察に基づいて，有力と考えられる Pd/Pt/Al$_2$O$_3$ 複合膜と Pd/Ti/Al$_2$O$_3$ 複合膜を作製して水素透過性能試験を行った結果を以下に示す[17,19]。なお，多孔質アルミナ支持体は，アルミニウム金属円板をシュウ酸水溶液中での陽極酸化によって自家製したものを使用した（直径14 mm，厚さ $80\,\mu m$，孔径約 60 nm）。

3.4.1 Pd/Pt/Al$_2$O$_3$ 複合膜

金属中間層として白金を用いて基板温度150℃にて白金層を 57 nm，パラジウム層を $1.2\,\mu m$ スパッタリングして複合膜を得た。その水素および窒素の透過試験結果を図5に示した。窒素透過量は検出限界以下であり，分離係数 10^3 オーダーを150℃においても保ち続けた。水素透過試験後の膜写真を図6に示したが，透過試験後においてもパラジウム膜に剥離は発生しておらず，

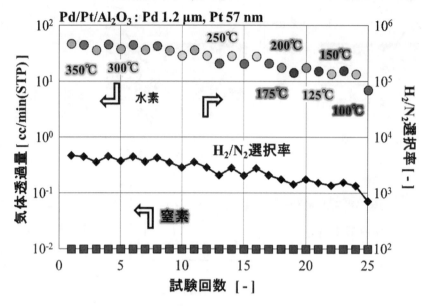

図5　Pd/Pt/Al₂O₃複合膜の水素透過試験

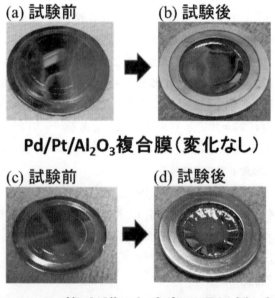

図6　Pd複合膜の水素暴露試験前後の様子

第3章 水素透過膜を用いる膜反応器

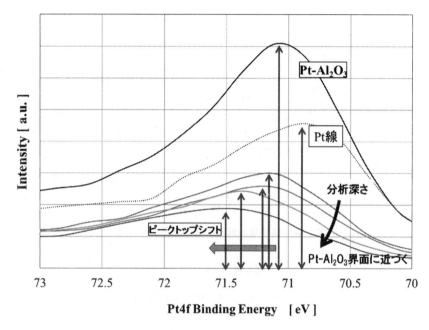

図7 Pt-Al$_2$O$_3$のXPS分析結果

膜面全体にわたって金属光沢を保っていた。その一方で，Pd/Al$_2$O$_3$複合膜では同図で見られるように剥がれが生じた。よって，Pd/Pt/Al$_2$O$_3$複合膜は白金薄層が仲介役になって支持体のアルミナとは結合力を増し，Pd膜とは金属同士のより強固な付着力を生み出し，低温領域における水素透過に伴う水素吸蔵-放出に耐えることのできる膜となることが明らかになった。

その低温耐久性向上の原因については前述したような推測によるものであるが，その証拠を明確にするために，X線光電子分光法（X-ray Photoelectron Spectroscopy：XPS, PHI 5000 VersaProbe II, ULVAC-PHI製）を用いて金属中間層とアルミナ支持体の界面部分の分析を行った。Pt-Al$_2$O$_3$のXPS分析結果を図7に示したが，ここでバルクの白金ピークは白金線を分析した結果である。アルミナ上に存在する白金ピークはバルクの白金よりも高エネルギー側にシフトしており，分析深さが深くなるほど，すなわちPt／アルミナ界面に近づくにつれてさらに高エネルギー側にシフトしている。こうしたことから，スパッタリングによって高いエネルギーを持った状態で基板に到達することでPt-Al$_2$O$_3$界面では強固なPt-Al結合の形成が促進されるものと考えられる。なお，白金の水素溶解度は著しく小さいために水素吸蔵・放出時の体積変化の影響を受けにくいために低温においても白金-アルミナ支持体間での剥離は起こらないと思われる。

3.4.2 Pd/Ti/Al$_2$O$_3$複合膜試験

スパッタリング時に基板を加熱することで膜形態の変化だけでなく，支持体表面が活性化され結合の形成を促すことができると考えられることから，基板温度300℃でチタンをスパッタリン

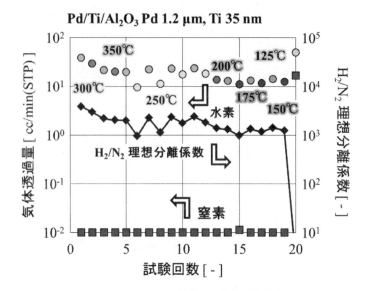

図8　Pt/Ti/Al₂O₃複合膜の水素透過試験

グし，その後150℃でパラジウムをスパッタリングしてPd/Ti/Al₂O₃複合膜を作製した。その試験結果を図8に示したが，350→250℃の降温試験において窒素の透過は観測されず，優れた選択性を示した。200→150℃の試験においても剥離は発生せず，10³オーダーの理想分離係数を保ち続けた。125℃の試験において著しく気体透過量が増加したことから，試験を終了し膜表面の観察を行ったところ，支持体上で膜が断裂していた。ただ，露出した支持体部分の電子顕微鏡画像とEDX分析を行ったところ，支持体は金属中間層Tiが支持体に残存していたことから，Ti-Al₂O₃間で強固な結合が生じていたと推測される。

3.5　膜反応器によるアンモニア分解の促進
3.5.1　CVD法による管状パラジウム膜の作製

　上述の低温耐久性の高いパラジウム複合膜（平板）作製法に基づいて管状パラジウム膜をスパッタリング法で試みたものの，形状が管であることから，やや欠陥が残り製膜性が不十分（H_2/N_2分離係数が10程度）であったために，CVD（Chemical Vapor Deposition）法による作製を行った。その製膜方法の詳細は既報[20, 21)]に譲るとして，ここでは概要を述べる。

　図9に示したような箱型CVD製膜器内に，外径2.8 mmの多孔質アルミナ支持管を取り付け，下部にCVD原料として酢酸パラジウム（($CH_3COO)_2Pd$）粉1.0 gを敷き詰める。器内部をロータリーポンプにより約5 Paになるまで減圧した後，反応器にArを10 cc/minで流す。圧力が安定した後，あらかじめ最適化したプログラムに沿って昇温を開始する。製膜器下部を160～200℃に温度制御し，酢酸パラジウムを昇華させつつ，支持体内部を吸引力が強いロータリーポンプを用いて製膜器内部よりも圧力を低くする。それによって，昇華した酢酸パラジウムガスが

第3章 水素透過膜を用いる膜反応器

支持体であるアルミナ細孔内へと強制流入して熱分解（200〜220℃）することで，アンカー構造が形成されて支持体との付着力が増し，したがって耐久性の大きなパラジウム薄膜（約1.0 μm）となる。

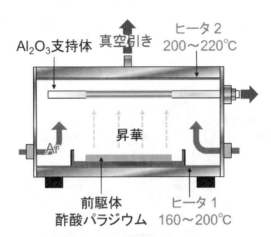

$$Pd(CH_3COO)_2 \rightarrow Pd + (CH_3CO)_2O + 1/2 O_2$$

図9　箱型CVD製膜器

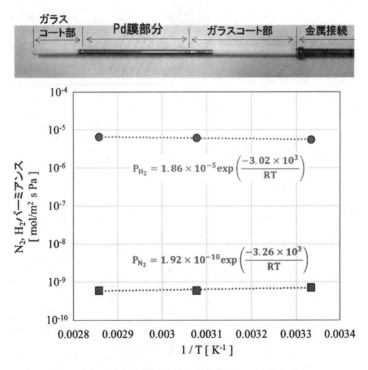

図10　管状パラジウム複合膜の外観写真と水素および窒素のパーミアンス

二酸化炭素・水素分離膜の開発と応用

　CVD 法を用いて作製した管状パラジウム複合膜（パラジウム膜厚 1 μm，長さ 5 cm）の外観写真と水素透過係数を図 10 に示した。作製したパラジウム膜表面にはメンブレンリアクターへの導入を考慮し，触媒との直接接触を防ぐために 50 wt％アルミナゾル 10A（カワケン製）溶液をコーティングして保護した。H_2 と Ar の気体透過量は石鹸膜流量計を用いて測定し，水素および窒素のパーミアンスを算出し，その比より H_2/N_2 の理想分離係数を算出すると，8,000〜11,000 という高い値が得られた。なお，窒素のパーミアンスの温度依存性は高温ほど小さくなる

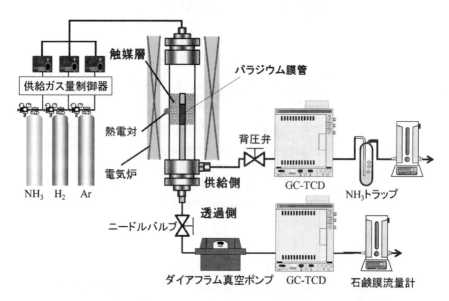

図 11　アンモニア分解実験装置

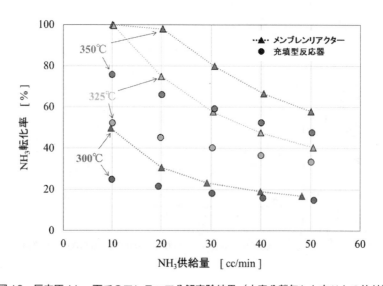

図 12　反応圧 1 bar 下でのアンモニア分解実験結果（水素分離無しと有りとの比較）

第3章　水素透過膜を用いる膜反応器

Knudsen流と考えられる傾向を示していることから，わずかに残存する欠陥の孔径は数nmレベルであることが推測される。

3.5.2　メンブレンリアクターによるアンモニア分解

調製した5 wt%Ru/CeO$_2$触媒（平均粒径1 mm）と上記のCVD法によって作製したパラジウム複合膜からなるメンブレンリアクターを作製し，アンモニア分解試験に組込んだ装置全体を図11に示した。図12には反応圧1 bar，透過圧0.01 barとして反応温度300, 325, 350℃での結果を示した。水素分離のない反応のみの場合（触媒充填型）と比べて，メンブレンリアクターではパラジウム膜の優れた水素分離効果により分解反応が促進され，すべての領域においてメンブレンリアクターの転化率は充填型反応器を上回った。また，325℃と350℃の時には，供給量10 cc/minでは転化率99.5％となり，平衡転化率を上回る結果となった。高温低流量になるにつれて，メンブレンリアクターによる転化率向上の効果が大きくなることがわかるが，これは原料量に対する水素の分離割合が増加することによって，より大きな反応促進効果を生み出したためである[12, 19]。

文　　献

1) 平井晴己ほか，アンモニアの需給および輸入価格の現状について，日本エネルギー経済研究所，IEEJ　2015年10月号
2) 伊藤直次，アロマティクス，**64**, 138 (2012)
3) 臭気対策行政ガイドブック，環境省環境管理局大気生活環境室 (2002)；http://www.env.go.jp/air/akushu/guidebook/index.html
4) S.-F. Yin *et al.*, *J. Catal.*, **224**, 384 (2004)
5) 富岡秀徳，*JARI Res. J.*, **20130806**, 1 (2013)
6) H. Hosono *et al.*, World Patent Disclosure 2014045780 A1
7) T. Mori *et al.*, Japanese Patent Disclosure 2011-078888
8) K. Nagaoka *et al.*, Japanese Patent Disclosure 2011-056488
9) K. Nagaoka *et al.*, *Int. J. Hydrogen Energy*, **39**, 20731 (2014)
10) M. Asanuma *et al.*, Japanese Patent Disclosure 2013-095618
11) G. Li *et al.*, *Int. J. Hydrogen Energy*, **37**, 12105 (2012)
12) N. Itoh *et al.*, *Catal. Today*, **236**, 70 (2014)
13) T. Furusawa *et al.*, Japanese Patent Disclosure 2016-198720
14) 古澤毅ほか，新技術説明会，Youtubeで視聴可能
15) T. Furusawa *et al.*, *Ind. Eng. Chem. Res.*, **55**, 12742 (2016)
16) K. Sugiyama, T. Furusawa *et al.*, Proceeding of ASCON-IEEChE 2016, p.641
17) N. Itoh *et al.*, *Sep. Purif. Technol.*, **121**, 46 (2014)

18) 菅沼克昭,セラミックスと金属の接合,セラミック材料学,p.1 (2000)
19) 大島淳志,宇都宮大学大学院物質環境化学専攻 平成27年度 修士論文 (2015)
20) N. Itoh *et al., Catal. Today*, **104**, 231 (2005)
21) 伊藤直次ほか,化学工学論文集,**33**, 211 (2007)

4 シリカ膜を用いる硫化水素の熱分解膜反応器

中尾真一*

4.1 水素化脱硫と硫化水素の熱分解反応

　原油は産地によっても異なるが，硫黄分を含んでいる。この硫黄分は，燃焼によりSOxとなるため，大気汚染防止の観点から，硫黄分の除去が義務づけられている。発電用ボイラー等の固定・大型燃焼器では，通常，燃焼後の排ガス中からSOxを除去する脱硫装置が設置されるが，ガソリン，ディーゼル燃料，ジェット燃料や灯油，燃料油等，自動車や飛行機，家庭の石油ストーブや商用施設の小型ボイラー等，移動・小型燃焼器で使用される際には，排出ガス中からのSOxの除去は難しい。したがって，燃焼前に硫黄分を除去しておく必要がある。

　石油中の硫黄成分は，硫黄単体として存在しているわけではなく，通常，いろいろな形の硫黄化合物として存在している。このため，石油中からの硫黄分の除去には水素化脱硫と呼ばれる，触媒化学プロセスが用いられている。水素化脱硫プロセスは以下の工程から成り立っており，まず，石油と水素を混合し，反応温度まで加熱したのち，触媒充填反応器に導入する。反応生成物は冷却され，ガスと液体（石油分）に気液分離される。ガスは未反応の水素と反応生成物である硫化水素が主成分である。硫化水素はアミン吸収法により分離回収され，水素は再び水素化脱硫に使用される。回収された硫化水素は，硫黄回収装置により単体硫黄に転換される場合もあるが，硫黄の需要はさほど多くないことから，通常は硫化水素は燃焼処理され，水と硫黄とに分離される。すなわち，水素化脱硫では，石油中に含まれる硫黄原子数に相当する水素分子が水素化のために消費され，最終的には燃焼により水となり，水素が消費されている。このような硫化水素の処理方法はクラウス法と呼ばれている。クラウス法の反応式を以下に示す。

$$1/3 H_2S + 1/2 O_2 \rightarrow 1/3 H_2O + 1/3 SO_2$$
$$2/3 H_2S + 1/3 SO_2 \rightarrow 2/3 H_2O + S$$

全体としては

$$H_2S + 1/2 O_2 \rightarrow H_2O + S$$

となり，硫化水素1モルの処理には水素1モルが消費され水となっていることになる。

　現在，地球温暖化防止の観点から，水素はCO_2を排出しないクリーンエネルギーとして注目されており，水素をエネルギー源とする水素社会の構築が急がれている。このような背景の下では，水素は貴重なエネルギーであり，脱硫のために水となって消費されてしまうのは必ずしも望ましくない。そこで，クラウス法に代わる硫化水素の処理方法として，筆者は熱分解法の採用を

---

*　Shin-ichi Nakao　工学院大学　先進工学部　環境化学科　教授

提案している。硫化水素の熱分解反応には，反応温度により3種類の反応があり，それらを以下に示す。

	反応熱	反応温度
$H_2S \rightarrow H_2 + S$	ΔH = 258.21 kJ/mol	＜717.75 K
$H_2S \rightarrow H_2 + 1/8 S_8$	ΔH = 33.4 kJ/mol	717.15〜900 K
$H_2S \rightarrow H_2 + 1/2 S_8$	ΔH = 170 kJ/mol	＞900 K

熱分解反応では，いずれの反応においても硫化水素は水素と硫黄に分解されるので，水素は再び水素化脱硫に再利用することができ，水素の消費は生じない。したがって，この熱分解反応を硫化水素の処理に利用することが，水素社会における水素化脱硫では必須であろう。

これらの反応はいずれも吸熱反応であることから，熱供給が少なくて済む2番目の反応が有利である。しかしながら，この反応の最大の欠点は，熱力学的な平衡転化率が極めて低いことである。平衡転化率は1,200 Kで20％，1,600 Kでも40％しかなく，これではこの反応は実用的には利用できず，それがこれまで水素化脱硫プロセスで採用されてこなかった理由である。

熱力学的な平衡転化率を上回る転化率を得る方法としては，膜反応器が知られている。反応場に反応生成物が選択的に透過する膜を設置すると，反応生成物を瞬時に反応場から抜き出すことができ，反応平衡を生成側に動かすことができる。筆者らは，水素選択透過性を示すシリカ膜を用いて膜反応器を構成し，硫化水素の熱分解反応を行うことで，低い平衡転化率から，大幅に転化率を上げることに成功している。ここでは，筆者らの研究成果[1]を紹介する。

4.2 シリカ膜の製膜と膜反応器

シリカ膜は，基材として細孔径約0.1 μm のαアルミナ多孔管（外径3 mm）を用い，その表面にベーマイトゾルをコーティングし，焼成することで細孔径約4 nm のγアルミナ層を形成した。この基材にシリカ源としてテトラメトキシシラン（TMOS：Si(OCH$_3$)$_4$）を，酸化剤として酸素を用いる対向拡散CVD法により製膜温度600℃でシリカ膜を製膜した。製膜法の詳細については，筆者らの文献[2〜4]に詳しい。得られた膜の細孔径はおよそ0.3 nmであり，600℃におけるガス透過性能は，水素透過率が1.4×10^{-7} mol m^{-2} s^{-1} Pa^{-1}で，窒素との理想分離係数は約10,000 であった。得られた膜の透過率の温度依存性を図1に示す。この管状膜の内側に市販の脱硫触媒を詰めて膜反応器とした。膜反応器の概略図を図2に示す。

膜反応器の運転条件は以下の通りである。反応ガスは硫化水素と窒素の混合ガスとし，硫化水素濃度は1％とした。これを流量0.45〜2.8 mL/minで触媒層に供給し，膜の透過側はスイープガスとして窒素を20 mL/minで流した。圧力は反応側，透過側ともに1気圧とし，反応温度は600℃とした。水素の分子サイズは窒素とほぼ同様であり，硫黄は反応温度600℃では前述のように8量体なので，水素と窒素の選択性が10,000のシリカ膜では，硫化水素，硫黄を十分に阻止可能で，透過側には水素しか透過してこない。

第3章 水素透過膜を用いる膜反応器

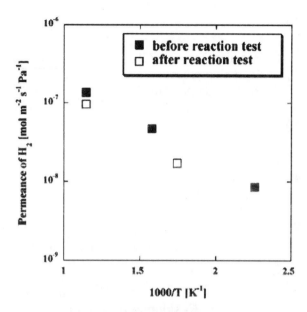

図1 シリカ膜の水素透過率の温度依存性

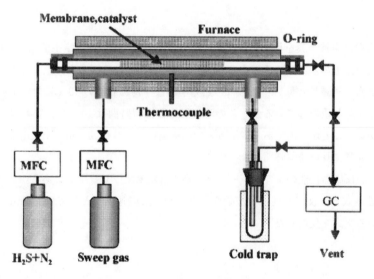

図2 膜反応器の概略

4.3 膜反応器の性能

図3に膜反応器で得られた硫化水素の転化率と膜反応器滞留時間との関係を示す。滞留時間は，硫化水素の供給流量により1から7秒と変化した。この反応温度，圧力における熱力学的平衡転化率は7.8％である。図より明らかなように，転化率は滞留時間の増加に伴い増加し，滞留時間7秒では69％となった。このような大幅な転化率の上昇が膜反応器の大きな利点である。

二酸化炭素・水素分離膜の開発と応用

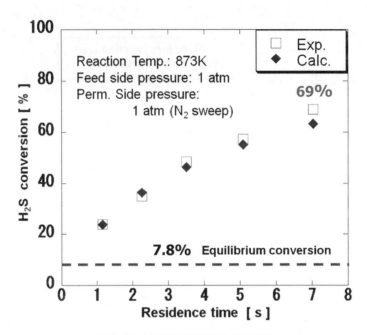

図3 硫化水素熱分解膜反応器の性能

　高い水素選択性を持つ膜を用いた硫化水素熱分解膜反応器の報告は，EdlundとPledgerの多層金属膜を用いたものがあるのみである[5]。膜は硫化水素による腐食を防止するために多層膜となっており，水素透過性が低い。彼らは，熱力学的な平衡転化率の13％に対して膜反応器では99.4％が得られたと報告しているが，この時の反応器滞留時間は10分で，これは多層金属膜の水素透過性が低いことが原因であり，筆者らの高透過性のシリカ膜を用いた反応器の秒単位の滞留時間に比べ非常に長い滞留時間となっている。

　図3には，膜反応器性能のシミュレーション結果も併せてプロットしてある。シミュレーションには反応速度式と，反応速度定数が必要となるが，反応速度式としては，ZamanとChakmaが報告している次式を使用した[6]。

$$r_{H_2S} = k_1 \left(p_{H_2S} - \frac{1}{K} p_{H_2} p_{S_2}^{1/2} \right)$$

$$K = 2.77 \times 10^4 \exp\left(-\frac{9350}{T}\right)$$

$$k_1 = 7.738 \times 10^3 \exp\left(-\frac{E}{RT}\right),$$

ここで，r は反応速度（mol m^{-3} s^{-1}），k_1 は反応速度定数（mol m^{-3} s^{-1} Pa^{-1}），p は分圧（Pa），K は反応の平衡定数（Pa$^{1/2}$），E は反応の活性化エネルギー（J mol^{-1}）である。下付き文字の H$_2$S,

第3章　水素透過膜を用いる膜反応器

H_2, S_2は，それぞれ硫化水素，水素，硫黄を表す。活性化エネルギーは，触媒層高2 cmのキャピラリー型微分反応器を用いた実験結果から120 kJ mol^{-1}と決定した。ZamanとChakmaは活性化エネルギーの値として112～195.8 kJ mol^{-1}という値を報告しており，筆者らの測定値が妥当な値であることが明らかである。

図より明らかなように，シミュレーション結果は実験値とよく一致しており，シミュレーターの有効性が示されている。このシミュレーターを用いることにより，膜反応器の性能は操作条件を与えることで計算し予測することができ，膜反応器プロセスの設計，最適化が可能となる。

シリカ膜の耐久性についてはいまだ不明な点が多いが，図1には硫化水素の熱分解反応後のシリカ膜の性能も示している。反応後の膜の水素の透過率は反応で使用する前に比べ，600℃で1.4×10^{-7}から1.0×10^{-7} mol m^{-2} s^{-1} Pa^{-1}へと若干小さくなっているが，ほとんど影響がないことが明らかである。長期間の耐久性ではないが，少なくとも600℃での使用，さらには硫化水素の暴露によるダメージはなく，膜は安定であると言える。長期の安定性については，今後の課題である。

文　　献

1) K. Akamatsu et al., *J. Membr. Sci.*, **325**, 16 (2008)
2) M. Nomura et al., *J. Membr. Sci.*, **251**, 151 (2005)
3) Y. Ohta, et al., *J. Membr. Sci.*, **315**, 93 (2008)
4) Y. Yoshino et al., *J. Membr. Sci.*, **267**, 8 (2005)
5) D. J. Edlund & W. A. Pledger, *J. Membr. Sci.*, **77**, 255 (1993)
6) J. Zaman & A. Chakma, *Int. J. Hydrogen Energy*, **20**, 21 (1995)

二酸化炭素・水素分離膜の開発と応用《普及版》 (B1446)

2018年 3月15日　初　版　第1刷発行
2024年11月11日　普及版　第1刷発行

監　修　中尾真一，喜多英敏　　　　　　　　Printed in Japan
発行者　辻　賢司
発行所　株式会社シーエムシー出版
　　　　東京都千代田区神田錦町 1-17-1
　　　　電話 03（3293）2065
　　　　大阪市中央区内平野町 1-3-12
　　　　電話 06（4794）8234
　　　　https://www.cmcbooks.co.jp/

〔印刷　柴川美術印刷株式会社〕　　　　　Ⓒ S.NAKAO, H.KITA, 2024

落丁・乱丁本はお取替えいたします。

本書の内容の一部あるいは全部を無断で複写（コピー）することは，法律で認められた場合を除き，著作者および出版社の権利の侵害になります。

ISBN978-4-7813-1782-3　C3043　¥4400E